机械类"3+4"贯通培养规划教材

机械制造工艺与夹具

主　编　李长河　王玉玲

副主编　韩志光　纪合聚

　　　　刁玉臣　柳先知

主　审　刘贵杰

U0228201

科学出版社

北　京

内 容 简 介

本书是按照高等学校机械类"3+4"贯通培养本科专业规范、培养方案和课程教学大纲的要求,结合山东省本科教学质量与教学改革工程项目(项目名称:以工程素质培养和创新能力提升为核心的"3+4"中职-本科对口贯通分段培养模式的探索与实践;"三三三"卓越工程人才培养模式构建与实施)、山东省高水平应用型立项建设专业(群)项目以及编者所在学校的教育教学改革、课程改革经验编写而成的。全书主要内容包括绪论、机械加工工艺规程设计、机床夹具设计原理、典型零件的加工过程分析、机械加工精度及其控制、机械加工表面质量及其控制、机器装配工艺规程设计等内容。每章后面附有习题与思考题。

本书在教学内容上可针对不同的专业进行取舍,理顺了与前导课程、后续课程之间相互支撑的关系,整合了课程体系中内容重叠的部分,落实了知识盲点的讲解。本书十分重视学生获取知识、分析问题及解决工程技术问题能力的培养,特别注重学生工程素质与创新能力的提高。为此在本书的编写内容上既注重理论密切联系生产实际,又介绍了机械制造的新技术、新工艺。

本书可作为高等学校机械类、近机类各专业的教材和参考书,也可作为高职类工科院校及机械工程技术人员的学习参考书。

图书在版编目(CIP)数据

机械制造工艺与夹具/李长河,王玉玲主编. —北京:科学出版社,2019.5
机械类"3+4"贯通培养规划教材
ISBN 978-7-03-061025-6

Ⅰ.①机… Ⅱ.①李… ②王… Ⅲ.①机械制造工艺-高等学校-教材 ②机床夹具-高等学校-教材 Ⅳ.①TH16 ②TG75

中国版本图书馆 CIP 数据核字(2019)第 069020 号

责任编辑:邓 静 张丽花 王晓丽 / 责任校对:王 瑞
责任印制:张 伟 / 封面设计:迷底书装

科 学 出 版 社 出版
北京东黄城根北街 16 号
邮政编码:100717
http://www.sciencep.com

中煤(北京)印务有限公司印刷
科学出版社发行 各地新华书店经销
*
2019 年 5 月第 一 版 开本:787×1092 1/16
2024 年 8 月第二次印刷 印张:15 1/4
字数:362 000

定价:59.00 元
(如有印装质量问题,我社负责调换)

机械类"3+4"贯通培养规划教材

编　委　会

主　任：李长河

副主任：赵玉刚　刘贵杰　许崇海　曹树坤

　　　　韩加增　韩宝坤　郭建章

委　员（按姓名拼音排序）：

安美莉　陈成军　崔金磊　高婷婷

贾东洲　江京亮　栗心明　刘晓玲

彭子龙　滕美茹　王　进　王海涛

王廷和　王玉玲　闫正花　杨　勇

杨发展　杨建军　杨月英　张翠香

张效伟

前　言

"机械制造工艺与夹具"课程是机械工程专业的一门综合性很强的专业必修课程。为学生从事机械产品的设计、制造、运用、维修和管理工作打下良好基础，本课程重点培养学生了解和运用机械工程基本知识的能力、机械加工技术应用能力、工艺实施应用能力。课程的主要任务是向学生讲授零件从毛坯到合格产品的主要过程、方法等知识，加强学生工艺理论研究、工装设计开发、先进制造工艺探讨和应用等方面的能力，并培养学生分析问题和解决问题的能力。

本书是根据高等学校机械类"3+4"贯通培养"机械制造工艺与夹具"课程教学大纲要求，按照近几年来全国高等学校教学改革的有关精神，结合编者多年教学实践并参照国内外有关资料和书籍编写而成的。全书突出体现了以下特点。

(1) 紧密结合教学大纲，在内容上注重加强基础、突出能力的培养，做到系统性强、内容少而精。

(2) 体现了机械制造理论与实践相结合，以零件和机器装配工艺设计为主线，全面讲述了生产过程和工艺过程等基本概念、机械加工工艺规程设计、机床夹具设计原理、典型零件的加工过程分析、机械加工精度及其控制、机械加工表面质量及其控制、机器装配工艺规程设计等内容。能综合运用已学过的知识进行加工方法的选择，保证加工精度和表面质量的要求，既有传统机械制造的基础知识，又有新技术、新工艺在机械制造领域的应用和发展，特色明显。

(3) 为适应机械制造学科的进步和发展形势需要，各章内容贯穿了制造系统的思想，同时考虑到扩大知识面，适当加入了制造业发展的历程、制造业对国民经济发展的贡献、制造业的变革及挑战等反映国内外新成果、新技术的内容。

(4) 全书采用最新国家标准及法定计量单位。

(5) 为方便学生自学和进一步理解课程的主要内容，在各章后均编入了一定数量的习题，做到理论联系实际，学以致用。

本书由青岛理工大学李长河、王玉玲主编，山东欧泰隆重工有限公司韩志光、青岛东佳纺机(集团)有限公司纪合聚、青岛华瑞汽车零部件股份有限公司刁玉臣、青岛海科佳电子设备制造有限公司柳先知任副主编。本书第1章由李长河编写，第2章由纪合聚编写，第3章由李长河、柳先知编写，第4章由柳先知编写，第5章由王玉玲编写，第6章由刁玉臣编写，第7章由韩志光编写。全书由李长河统稿和定稿。

本书承蒙中国海洋大学刘贵杰教授主审。刘贵杰教授提出了许多宝贵的建议，在此表示衷心的感谢。

在本书编写过程中得到了许多专家、同仁的大力支持和帮助，参考了许多教授、专家的有关文献，在此也一并向他们表示衷心的感谢。

本书的出版得到了科学出版社和青岛理工大学的大力支持，在此表示衷心感谢！

由于编者的水平和时间有限，书中难免存在不足之处，恳请广大读者批评指正。

编　者
2019 年 1 月

目　　录

第1章 绪 论

本章知识要点

通过本章的讲授，使学习者了解机械制造工程学科的发展，掌握生产过程、生产类型、工艺过程、工艺系统及工艺特点的内涵。了解零件获得方法，制造业的变革及挑战，制造业对国民经济发展的贡献以及制造业发展的历程等内容。

本章主要内容

(1)机械产品生产过程和工艺过程。
(2)零件获得方法。
(3)机械制造装备与工艺系统。
(4)制造业的变革及挑战。
(5)制造业对国民经济发展的贡献。
(6)制造业发展的历程。
(7)机械制造工艺的主要任务。

探索思考

生产类型不同，工件的装夹方法和对操作工人平均技术水平要求有何不同？请举例说明。

1.1 机械产品生产过程和工艺过程

1.1.1 制造的相关概念

1. 制造

制造是人类所有经济活动的基石，是人类历史发展和文明进步的动力。

狭义的定义：制造是机电产品的机械加工工艺过程。

广义的定义：制造是涉及制造工业中产品设计、物料选择、生产计划、生产过程、质量保证、经营管理、市场销售和服务的一系列相关活动与工作的总称。

2. 制造技术

制造技术是指按照人们所需的目的，运用知识和技能，利用客观物资工具，将原材料物化为人类所需产品的工程技术，即使原材料成为产品而使用的一系列技术的总称。

3. 制造过程

制造过程是指产品设计、生产、使用、维修、报废、回收等的全过程，也称为产品生命周期。

4. 制造业

制造业是指将制造资源(物料、能源、设备、工具、资金、技术、信息和人力等)利用制造技术，通过制造过程，转化为供人们使用或利用的工业品或生活消费品的行业。

5. 机械制造系统

机械制造系统是制造业的基本组成实体，由完成机械制造过程所涉及的硬件(物料、设备、工具、能源等)、软件(制造理论、工艺、技术、信息和管理等)和人员(技术人员、操作工人、管理人员等)组成，是通过制造过程将制造资源(原材料、能源等)转变为产品(包括半成品)的有机整体。

机械制造系统的功能是将输入制造系统的资源(原材料、能源、信息、人力等)通过制造过程输出产品，其结构由硬件、软件和人员组成，并包括了市场分析、产品策划、开发设计、生产组织准备、原材料准备及储存、毛坯制造、零件加工、机器装配、质量检验以及许多其他与之相关的各个环节的生产全过程。机械制造系统如图 1-1 所示，系统中的物料流、信息流和能量流之间是相互联系、相互影响的，是一个不可分割的整体。

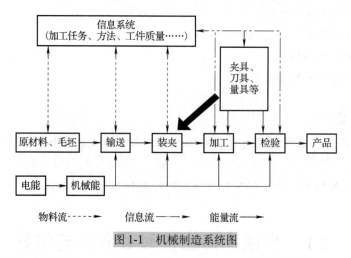

图 1-1 机械制造系统图

根据考察研究的对象不同，一个工厂、一个车间、一条生产线甚至一台机床，都可以看作不同层次的机械制造系统。包括一台机床的机械制造系统是单级制造系统，包括多台机床的机械制造系统是多级制造系统。

1.1.2 生产过程和工艺过程

从原材料(或半成品)进厂到把成品制造出来的一系列相互关联的劳动过程的总和统称为生产过程，它包括原材料的运输保管、把原材料做成毛坯、把毛坯做成机器零件、把机器零件装配成机器、检验、试车、油漆、包装等。生产过程和狭义的制造概念一致。

在生产过程中凡属直接改变生产对象的尺寸、形状、物理化学性能以及相对位置关系的过程，统称为工艺过程，包括毛坯制造、零件加工、热处理、质量检验和机器装配等。而为保证工艺过程正常进行所需要的刀具、夹具制造，机床调整维修等则属于辅助过程。工艺过程又可分为铸造、锻造、冲压、焊接、机械加工、热处理、装配等。在工艺过程中，以机械加工方法按一定顺序逐步地改变毛坯形状、尺寸、表面性质，直至成为合格零件的过程称为机械加工工艺过程。生产过程、工艺过程、辅助过程和机械加工工艺过程的关系如图 1-2 所示。

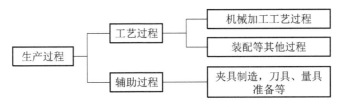

图 1-2 生产过程的组成

1.1.3 工艺过程的组成

机械加工工艺过程由若干个工序组成，每一个工序又可分为安装、工位、工步和走刀。

1. 工序

一个工人(或一组工人)在一个工作地点对同一工件(或同时对几个工件)所连续完成的工艺过程，称为工序。工序是工艺过程的基本组成部分，工序是制定生产计划和进行成本核算的基本单元。

在工序的定义中，强调工人、工作地点和被加工工件三者都不能改变，且连续完成，若有其一变化或不是连续完成，则应成为另一个工序。例如，图 1-3 所示的阶梯轴简图，如果各个表面都需要进行机械加工，则根据生产类型的不同，采用不同的工艺方案进行加工。对于单件小批生产类型，可按表 1-1 方案进行加工；如果属于大批大量生产，则应用表 1-2 方案加工。因此，同一个零件，同样的加工内容可以有不同的工序安排。

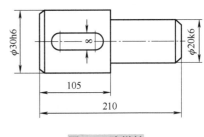

图 1-3 阶梯轴

表 1-1 单件小批生产的工艺过程

工序	内容	设备
10	车小端面，钻中心孔，车小外圆及倒角；调头车大端面，钻中心孔，车大外圆及倒角	车床
20	铣键槽，去毛刺	铣床

表 1-2 大批大量生产的工艺过程

工序	内容	设备
10	车小端面，钻中心孔，车小外圆及倒角	车床
20	车大端面，钻中心孔，车大外圆及倒角	车床
30	铣键槽	铣床
40	去毛刺	钳工台

在零件加工工艺过程中通常还包括检验、打标记等一些虽然不改变零件形状、尺寸和表面性质，但却对工艺过程的完成有直接影响的工序，这些工序一般称为辅助工序。

2. 安装

在机械加工的工艺过程中，使工件在机床或夹具中占据某一正确位置并被夹紧的过程，称为安装。在一道工序中，可能只需一次安装，也可能进行多次安装。例如，表 1-1 中的工序 10 进行两次装夹才能完成全部工序内容，而表 1-2 中的工序 20 则需一次装夹就能完成所加工的工序内容。从减小装夹误差及减少装夹工件所花费的时间考虑，应尽量减少安装次数。

3. 工位

在同一工序中，有时为了减少由多次装夹带来的误差及时间损失，往往采用转位工作台或转位夹具。在工件的一次安装中，工件相对于机床(或刀具)每占据一个确切加工位置称为工位。图 1-4 为利用转塔车床的转塔刀架、前后刀架依次进行粗车外圆、钻中心孔、钻孔、挖槽、内孔倒角、扩孔、精车外圆、铰孔、车端面、倒角等工作，此安装由 9 个工位组成。采用多工位加工可以减少工件的安装次数，从而缩短工时，提高工作效率。

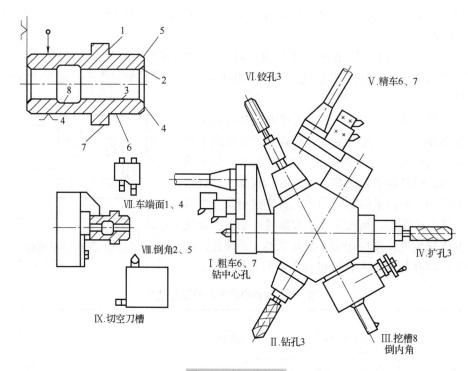

图 1-4　多工位加工

4. 工步

在加工表面、切削刀具和切削用量(仅指机床主轴转速和进给量)都不变的情况下所完成的工艺过程，称为一个工步。在一个工序(或一次安装或一个工位)中可以完成一个或几个工步。例如，图 1-5 为底座零件的孔加工工序，在一个工序(一次安装或一个工位)完成钻孔、扩孔和锪孔三个工步。因此，若在加工表面、切削刀具和切削用量中只要有一个要素改变，就不能认为是同一个工步。转塔自动车床转塔每转换一个加工位置，切削刀具、加工表面及车床转速和进给量一般都发生变化，这样就构成了不同的工步，如图 1-4 所示。

为了提高生产效率，机械加工中有时用几把刀具同时加工几个待加工表面，这也可看作一个工步，并称为复合工步，图 1-6 中为复合工步的加工实例。

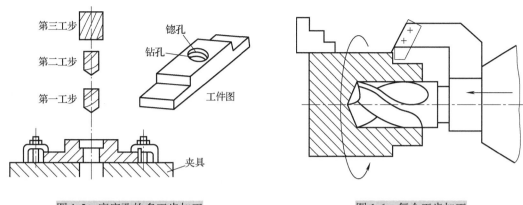

图 1-5 底座孔的多工步加工   图 1-6 复合工步加工

5. 走刀

在一个工步中，由于加工余量较大，需要用同一切削用量对同一表面进行多次切削，这样刀具对工件的每一次切削，就称为一次走刀。图 1-7 所示表面分两次切削就是两次走刀。

综上所述，工艺过程由许多工序组成，一个工序可能有几个安装，一个安装可能有几个工位，一个工位可能有几个工步，一个工步可能有几次走刀。

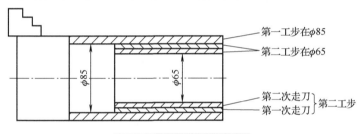

图 1-7 棒料多次走刀加工

1.1.4 生产类型及其对工艺过程的影响

机械加工工艺受到生产类型的影响。各种机械产品的结构、技术要求等差异很大，但它们的制造工艺则存在着很多共同的特征。这些共同的特征取决于企业的生产类型，而企业的生产类型又由企业的生产纲领决定。

1. 生产纲领

生产纲领是指企业在计划期内应当生产的产品产量和进度计划。计划期常定为一年，所以年生产纲领也称年产量。

零件的生产纲领要计入备品和废品的数量，可按式(1-1)计算：

$$N = Qn(1+\alpha)(1+\beta) \tag{1-1}$$

式中，N 为生产纲领，件/年；Q 为产品的年产量，台/年；n 为每台产品中该零件的数量，件/台；α 为备品的百分率；β 为废品的百分率。

2. 生产类型

生产类型是指企业(或车间、工段、班组、工作地)生产专业化程度的分类。根据零件的生产纲领或生产批量可以划分出不同的生产类型：单件小批生产、成批生产、大量生产。

(1)单件生产。基本特点是生产的产品品种繁多，每种产品仅制造一个或少数几个，少重复生产。重型机械制造、专用设备制造、新产品试制等都属于单件生产。

(2)成批生产。基本特点是一年中分批次生产相同的零件,生产呈周期性重复。机床、工程机械、液压传动装置等许多标准通用产品的生产都属于成批生产。

(3)大量生产。基本特征是同一产品的生产数量很大,通常是同一工作地长期进行同一种零件的某一道工序的加工。汽车、拖拉机、轴承等的生产都属于大量生产。

对于成批生产而言,每一次投入或产出的同一产品(或零件)的数量简称批量。批量可根据年产量及一年中的生产批数计算确定。一年的生产批数根据用户的需要、零件的特征、流动资金的周转、仓库容量等具体情况确定。在一定的范围内,各种生产类型之间并没有十分严格的界限。按批量的多少,成批生产又可分为小批、中批和大批生产三种。在工艺上,小批生产和单件生产相似,常合称为单件小批生产;大批生产和大量生产相似,常合称为大批大量生产。生产类型的具体划分,可根据生产纲领和产品及零件的特征或工作地每月担负的工序数确定,如表1-3所示。

在生产过程中,习惯性地将生产类型称为单件小批生产、成批生产、大批大量生产三种。

表1-3 生产类型和生产纲领的关系

生产类型	生产纲领/(件/年或台/年)			工作地每月担负的工序数/(工序数/月)
	小型机械或轻型零件	中型机械或中型零件	重型机械或重型零件	
单件生产	≤100	≤10	≤5	不作规定
小批生产	100~500	10~150	5~100	20~40
中批生产	500~5000	150~500	100~300	10~20
大批生产	5000~50000	500~5000	300~1000	1~10
大量生产	>50000	>5000	>1000	1

表1-3中的轻型、中型和重型零件可参考表1-4所列数据确定。

表1-4 不同机械产品的零件质量型别

机械产品类别	零件的质量/kg		
	轻型零件	中型零件	重型零件
电子机械	≤4	4~30	>30
机床	≤15	15~50	>50
重型机械	≤100	100~2000	>2000

根据上述划分生产类型的方法可以发现,同一企业或车间可能同时存在几种生产类型的生产。判断企业或车间的生产类型,应根据企业或车间中占主导地位的工艺过程的性质来确定。随着科学技术的发展和市场需求的变化及竞争的加剧,产品更新换代的周期越来越短、产品向多样化、个性化发展,制造业中单件或多品种、小批量生产占多数并有逐渐增加的趋势。

3. 各种生产类型的工艺特征

生产批量不同时,采用的工艺过程也有所不同。一般对于单件小批量生产,只需制定一个简单的工艺路线;对于大批量生产,则应制定一个详细的工艺规程,对每个工序、工步和工作过程都要进行设计和优化,并在生产中严格遵照执行。详细的工艺规程,是工艺装备设计制造的依据。

为了获得最佳的经济效益，对于不同的生产类型，其生产组织、生产管理、车间管理、毛坯选择、设备工装、加工方法和操作者的技术等级要求均有所不同，具有不同的工艺特点，各种生产类型的工艺特征见表1-5。

表 1-5 中一些项目的结论都是在传统的生产条件下归纳的。由于大批大量生产采用专用高效设备及工艺装备，因而产品成本低，但往往不能适应多品种生产的要求；而单件小批生产由于采用通用设备及工艺装备，因而容易适应品种的变化，但产品成本高，有时还跟不上市场的需求。因此，目前各种生产类型的企业既要适应多品种生产的要求，又要提高经济效益，它们的发展趋势是既要朝着生产过程柔性化的方向发展，又要上规模、扩大批量，以提高经济效益。成组技术为这种发展趋势提供了重要的基础，随着成组技术的应用和数控机床的普及，各种生产类型下的工艺特征也在发生着相应的变化，各种现代先进制造技术也都是在这种要求下应运而生的。

表 1-5 各种生产类型的工艺特征

工艺特征	生产类型		
	单件小批	成批	大批大量
零件的互换性	配对制造，互换性低，多采用钳工修配	多数互换，部分试配或修配	全部互换，高精度偶件采用分组装配、配磨
毛坯的制造方法及加工余量	自由锻造，木模手工造型；毛坯精度低，余量大	部分采用模锻、金属模造型；毛坯精度及余量中等	广泛采用模锻、机器造型等高效方法；毛坯精度高，加工余量小
机床设备及布置形式	通用机床按机群式排列；部分采用数控机床及柔性制造单元	通用机床和部分专用机床及高效自动机床，机床按零件类别分工段排列	广泛采用自动机床、专用机床，采用自动线或专用机床流水线排列
夹具及尺寸保证	通用夹具、标准附件或组合夹具；画线试切保证尺寸	通用夹具、专用或成组夹具；定程法保证尺寸	高效专用夹具；定程及自动测量控制尺寸
刀具与量具	通用刀具，标准量具	专用或标准刀具、量具	专用刀具、量具，自动测量
对工人的要求	需要技术熟练的工人	需要一定熟练程度的技术工人	对操作工人的技术要求较低，对调整工人的技术要求较高
工艺规程	编制简单的工艺过程卡片	编制详细的工艺规程及关键工序的工序卡片	编制详细的工艺规程、工序卡片、调整卡片
生产率	用传统加工方法，生产率低，用数控机床可提高生产率	中等	高
成本	较高	中等	低
发展趋势	采用成组工艺、数控机床、加工中心及柔性制造单元	采用成组工艺、柔性制造系统或柔性自动线	用计算机控制的自动化制造系统、车间无人工厂，实现自适应控制

1.2 零件获得方法

1.2.1 零件成型方法分类

任何机械产品都是由许多单个零件装配而成的，零件制造是机械制造的基础。根据加工方法的机理和特点，零件成型方法可分为去除成型、结合成型和受迫成型三大类。

(1)去除成型。去除成型又称为分离成型，是从工件上去除多余材料而成型的方法。车、铣、刨等切削加工方法，磨削、珩磨、研磨等磨粒加工方法，电火花加工、激光加工、超声波振动加工等特种加工方法，都是常见的零件去除成型方法。这一方法在机械加工中获得广泛应用。

（2）结合成型。结合成型又称堆积成型，是利用理化方法将相同材料或不同材料结合在一起而成型的方法。焊接、黏接、快速成型（3D 打印、增材制造）等均属于这种方法。这一方法也在机械制造中获得应用。

（3）受迫成型。受迫成型又称流动成型，是利用力、热、分子运动等手段使工件产生变形，改变其尺寸、形状和性能，锻造、铸造、冲压等都是这种成型方法。这一方法主要用于毛坯的制造和特种材料的成型。

在这三种成型方法中，去除成型要去除余量材料并产生切屑，材料利用率较低；受迫成型一般也要产生飞边、浇冒口等工艺废料；而结合成型则材料利用率相对较高。去除成型通常为最终成型，可达到的精度最高；结合成型也能达到高的精度；而受迫成型一般精度较低，但精密锻造、精密铸造、注塑成型等成型精度也较高，属于净成型或近净成型范畴。去除成型难以制造形状复杂的零件；受迫成型的铸造可以制造形状复杂的零件；而结合成型中快速成型可以制造的零件形状复杂程度最高。通常的零件是由受迫成型方法制造毛坯，再由去除成型方法最后制得。

在这三种成型方法中，去除成型是使工件材料逐步减少；结合成型是使工件材料在加工过程中逐步增加；受迫成型是指在加工过程中工件材料基本不变。

1.2.2　零件加工方法分类

从加工方法的机理来分类，零件的获得方法可分为传统加工、特种加工、复合加工。传统加工是指使用刀具或磨具进行的切削加工和磨削加工的方法；特种加工是指利用机、光、电、声、热、化学、磁、原子能等能源来进行加工的方法；复合加工是指采用多种加工方法的复合。目前，传统加工仍然是零件的主要加工方法。

传统加工中切削加工和磨削加工的共同特点是利用机械能与依靠切削刃进行工作。切削刃的硬度比工件材料高，在力的作用下可以侵入工件，使工件材料产生分离破坏。切削加工和磨削加工方法比较简便，可以加工各种大小尺寸的工件和多种形状的表面，适应性强，并且成本较低。所以切削加工和磨削加工作为传统的加工方法，目前在机械制造中还占有非常重要的地位，尚不能被其他方法所取代。

切削加工和磨削加工方法也有其固有的不足：加工过程中能量的利用率极低，难以加工一些难加工材料（如玻璃、陶瓷）和某些特形表面（如微小孔、异型孔）等，这促进了特种加工方法的发展和应用。

1. 常见的利用机械能的特种加工方法

（1）磨料喷射加工。它是使磨料在喷管内随高压气体喷出，打击在工件表面上而去除其余量进行加工的方法。

（2）水射流加工。它是利用高压细束水射流的冲击能量对薄的金属片、纤维增强复合材料等进行精密切割的加工方法，也称高压水切割技术。

（3）混磨料水射流加工。水射流加工难以切割很硬的材料。混磨料水射流加工是高压细束水射流和细磨料相混合作为介质进行加工的方法，可以进行难加工材料的切割。

（4）磨料流加工。它是利用含有磨料的半流体介质在压力下在工件内腔往复低速运动而对金属产生去除作用，能进行表面光饰、去毛刺、倒圆角等工作。

(5)超声波加工。它是利用工具作超声频振动，使在悬浮液中的磨料去除加工硬脆材料的一种加工方法。

2. 常见的利用化学能的特种加工方法

(1)化学铣削。一般用于铝材整体壁板的加工，它是用氢氧化钠对外露的铝板表面进行腐蚀，而非加工表面用耐腐蚀性涂层保护起来，使特定部位的金属发生溶解去除而达到加工目的。

(2)电解加工。它是利用电化学作用过程中金属阳极溶解的原理进行的加工方法。通常是以氯化钠的水溶液为电解液，将工具和工件分别连接阴极与阳极，通电后工件表面就会逐渐溶解而被去除一层金属。

3. 常见的利用热能的特种加工方法

(1)电火花加工。该种方法利用工具和工件之间脉冲性的火花放电，依靠电火花局部、瞬间产生的高温把金属材料蚀除。电火花线切割是电火花加工的一种特殊形式。

(2)激光束加工。激光束加工是利用激光能的加工方法，可以产生极高的温度。该种方法的原理是利用激光器发出的强光束，经过光学系统聚焦，可以在百分之几毫米范围内产生几百万摄氏度的高温，使各种难加工材料熔融而致气化。

(3)电子束加工。电子束加工是在真空条件下利用电流加热阴极，使之发射电子束，并以极高的能量密度轰击被加工材料，将其气化去除。该种方法可以加工 $10\sim20\mu m$ 的小孔和窄缝。

(4)等离子束加工。它的加工原理和电子束加工类似，也在真空条件下进行。它是使惰性气体通过离子枪产生离子束，并经过加速、集束、聚焦后投射到工件表面的加工部位以实现去除材料的目的。

4. 常见利用几种能量形式的复合加工方法

(1)加热切削。它是利用等离子电弧或激光加热工件待加工部位，瞬时改变材料的物理力学性能，达到使金属余量容易被去除的目的。

(2)低温切削。它是利用低温使工件材料产生脆性，可改善其切削性能，断屑容易。

(3)电解磨削。它是利用电化学作用使工件表面的金属在电解液中发生阳极溶解，然后用导电砂轮通过机械作用将溶解了的金属去除。

其他复合加工方法还有电解电火花加工、超声切削、磁力抛光、磁化切削、机械化学抛光等。常用的零件获得方法如表 1-6 所示。

表 1-6　零件获得方法

分类	加工机理	加工方法
去除成型	利用机械能	车削、刨削、铣削、磨削、研磨、抛光、冲孔、落料、水射流加工
	利用化学能	电解加工、腐蚀加工
	利用热能	电火花加工、激光加工、离子束加工
	复合加工	电解磨削、化学机械抛光、超声波车削
结合成型	物理化学方法	焊接、黏接、快速成型、电镀、电铸、物理(化学)气相沉积
受迫成型	利用力、热、分子运动	锻造、拉伸、铸造、液晶定向

1.3　机械制造装备与工艺系统

1. 机械制造装备的组成

机械制造装备包括加工装备、工艺装备、仓储输送装备和辅助装备。它与制造方法、制造工艺紧密联系在一起，是机械制造技术的重要载体。

加工装备主要指机床，而机床又可分为金属切削机床、锻压机床以及特种加工机床等。工艺装备是产品制造过程中所用的各种工具的总称，包括刀具、夹具、模具、辅具、量具、检具和钳工工具等。在工艺装备中，刀具是能从工件上切除多余材料或切断材料的带刃工具。夹具是用以装夹工件(和引导刀具)的装置。辅具是用以连接刀具和机床的工具。量具是用以直接或间接测出被测对象量值的工具、仪器、仪表等。

工艺装备根据其通用性分为专用工艺装备、通用工艺装备和标准工艺装备。专用工艺装备是专为某一产品所设计的工艺装备；通用工艺装备是能为几种产品所共用的工艺装备；标准工艺装备是已纳入标准的工艺装备。

仓储输送装备主要指坯料、半成品或成品在车间内工作地点间的转移输送装置和机床的上下料装置，仓储输送装置主要应用于流水线和自动生产线上。

辅助装备包括清洗、排屑装置和计量装置等。

2. 工艺系统

在零件加工过程中，被加工的是工件，直接完成加工过程的是刀具，决定被加工工件尺寸和精度的是刀具与工件之间的相对位置。如图 1-8 所示的钻孔加工，刀具固定于机床之上，工件通过夹具也固定于机床之上，刀具—机床—夹具—工件构成一个闭环，切削力和尺寸关系分别通过它们也构成一个闭环，即刀具和工件之间的相对运动与位置取决于这一闭环，它们形成了一个统一体来共同影响加工过程。这个在机械加工中由机床、刀具、夹具和工件所组成的统一体称为工艺系统。

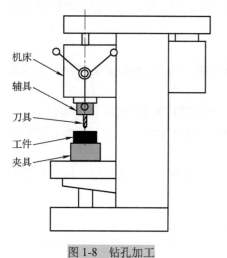

机床

辅具

刀具

工件

夹具

图 1-8　钻孔加工

在工艺系统中，机床用来向制造过程提供刀具和工件之间的相对位置与相对运动，以及为改变工件的形状和性质而提供能量；刀具从工件上切除多余材料以完成加工工作；夹具用以正确地确定工件相对机床和刀具位置，并在加工时将它牢固地夹紧。

1.4　制造业发展的历程

1.4.1　制造业的三个发展阶段

19 世纪末 20 世纪初，蒸汽机的发明，自动机床、自动线的相继问世，以及产品部件化、部件标准化和科学管理思想的提出，掀起了制造业革命的新浪潮。20 世纪中期，电力电子技术和计算机技术的迅猛发展及其在制造领域所产生的强大的辐射效应，更是极大地促进了制造模式的演变和产品设计与制造工艺的紧密结合，也推动了制造系统的发展和管理方式的变革。同时，制造技术的新发展也为现代制造科学的形成创造了条件。回顾制造技术的发展，从蒸汽机出现到今天，主要经历了三个发展阶段。

1. 用机器代替手工，从作坊形成工厂

18 世纪末，蒸汽机和工具机的发明标志着制造业已完成从手工生产到以机器加工生产方式的转变。20 世纪初，各种金属切削加工工艺方法陆续形成，近代制造技术已成体系。但是机器(包括汽车)的生产方式是作坊式的单件生产。它产生于英国，在 19 世纪先后传到法国、德国和美国，并在美国首先形成了小型的机械工厂，使这些国家的经济得到了发展，国力大大增强。

2. 从单件生产方式发展成大量生产方式

推动这种根本变革的是两位美国人：泰勒和福特。泰勒首先提出了以劳动分工和计件工资制为基础的科学管理，成为制造工程科学的奠基人。福特首先推行所有零件都按照一定的公差要求来加工(零件互换技术)，1913 年建立了具有划时代意义的汽车装配生产线，实现了以刚性自动化为特征的大量生产方式，它对社会结构、劳动分工、教育制度和经济发展，都产生了重大的影响。20 世纪 50 年代发展到了顶峰，产生了工业技术的革命和创新，传统制造业及其大工业体系也随之建立和逐渐成熟，近代传统制造工业技术体系的形成，其特点是以机械电力技术为核心的各类技术相互联结和依存的制造工业技术体系。

3. 由单一性到个性化与多样化的发展趋势

随着电子、信息等高新技术的不断发展，市场需求个性化与多样化，现代制造技术发展向精密化、柔性化、网络化、虚拟化、智能化、绿色集成化、全球化的方向发展。现代制造技术的发展趋势大致有以下九个方面。

(1)信息技术、管理技术与工艺技术紧密结合，现代制造生产模式会获得不断发展。

(2)设计技术与手段更现代化。

(3)成型及制造技术精密化，制造过程实现低能耗。

(4)新型特种加工方法的形成。

(5)开发新一代超精密、超高速制造装备。

(6)加工工艺由技艺发展为工程科学。

(7)实施无污染绿色制造。

(8)制造业中广泛应用虚拟现实技术。

(9)制造以人为本。

1.4.2　工业革命的演化进程

1. 第一次工业革命——机械化时代

工业 1.0 是机械制造时代，即 18 世纪引入的机械设备制造时代，时间大概是 18 世纪 60 年代至 19 世纪中叶，通过水力和蒸汽机实现工厂机械化。这次工业革命的结果是机械生产代替了手工劳动，经济社会从以农业、手工业为基础转型到以工业、机械制造带动经济发展的新模式。那时的机械设备还没有电气自动化控制的概念。

2. 第二次工业革命——电气化时代

第二次工业革命以电器的广泛应用为显著特征，19 世纪六七十年代开始，出现了一系列的重大发明。1866 年，德国人西门子制成了发电机，到 70 年代，实际可用的发电机问世。电器开始被广泛应用，成为补充和取代以蒸汽机为动力的新能源。随后，电灯、电车、电影放映机相继问世，人类进入了"电气时代"。

科学技术应用于工业生产的另一项重大成就，是内燃机的创新和使用。19 世纪七八十年代，以煤气和汽油为燃料的内燃机相继诞生，90 年代柴油机创制成功。内燃机的发明解决了交通工具的发动机问题。80 年代德国人卡尔·弗里特立奇·本茨等成功地制造出由内燃机驱动的汽车，内燃汽车、远洋轮船、飞机等也得到了迅速发展。内燃机的发明，推动了石油开采业的发展和石油化工工业的生产。科学技术的进步也带动了电信事业的发展。70 年代，美国人贝尔发明了电话，90 年代意大利人马可尼试验无线电报取得了成功，这些都为信息的迅速传递提供了方便。世界各国的经济、政治和文化联系进一步加强。

3. 第三次工业革命——数字化时代

第三次工业革命是人类文明史上继蒸汽技术革命和电力技术革命之后科技领域里的又一次重大飞跃。第三次工业革命以原子能、电子计算机、空间技术和生物工程的发明与应用为主要标志，涉及信息技术、新能源技术、新材料技术、生物技术、空间技术和海洋技术等诸多领域的一场信息控制技术革命。第三次工业革命不仅极大地推动了人类社会经济、政治、文化领域的变革，而且影响了人类的生活方式和思维方式。随着科技的不断进步，人类的衣、食、住、行、用等日常生活的各个方面也发生了重大的变革。第三次工业革命加剧了资本主义各国发展的不平衡，使资本主义各国的国际地位发生了新变化，使社会主义国家与西方资本主义国家的贫富差距逐渐拉大，促进了世界范围内社会生产关系的变化。

4. 第四次工业革命——智能化时代

1) 背景与提出

"工业 4.0"研究项目由德国联邦教研部与联邦经济技术部联合资助，在德国工程院、弗劳恩霍夫协会、西门子公司等德国学术界和产业界的建议与推动下形成，并已上升为国家级战略。德国联邦政府提出"工业 4.0"战略，并在 2013 年 4 月的汉诺威工业博览会上正式推出，其目的是提高德国工业的竞争力，在新一轮工业革命中占领先机。该战略已经得到德国科研机构和产业界的广泛认同，弗劳恩霍夫协会将在其下属 6～7 个生产领域的研究所引入"工业 4.0"概念，西门子公司已经开始将这一概念引入其工业软件开发和生产控制系统。自 2013 年 4 月在汉诺威工业博览会上正式推出以来，"工业 4.0"迅速成为德国的另一个标签，并在全球范围内引发了新一轮的工业转型竞赛。

"工业 4.0"这一名称的含义是人类历史上的第四次工业革命，是基于工业发展的不同阶段作出的划分。按照目前的共识，工业 1.0 是机械化时代，工业 2.0 是电气化时代，工业 3.0 是数字化时代，工业 4.0 则是利用信息化技术促进产业变革的时代，也就是智能化时代。"工业 4.0"是由德国政府《德国 2020 高技术战略》中所提出的十大未来项目之一。该项目由德国联邦教研部和联邦经济技术部联合资助，投资预计达 2 亿欧元。旨在提升制造业的智能化水平，建立具有适应性、资源效率及基因工程学的智慧工厂，在商业流程及价值流程中整合客户及商业伙伴。其技术基础是网络实体系统及物联网。德国的"工业 4.0"是指利用物联信息系统(Cyber Physical System，CPS)将生产中的供应、制造、销售信息数据化、智慧化，最后达到快速、有效、个人化的产品供应。

2）三大主题

一是智能工厂，重点研究智能化生产系统及过程，以及网络化分布式生产设施的实现。

二是智能生产，主要涉及整个企业的生产物流管理、人机互动以及 3D 技术在工业生产过程中的应用等。该计划将特别注重吸引中小企业参与，力图使中小企业成为新一代智能化生产技术的使用者和受益者，同时也成为先进工业生产技术的创造者和供应者。

三是智能物流，主要通过互联网、物联网、物流网，整合物流资源，充分发挥现有物流资源供应方的效率，而需求方则能够快速获得服务匹配，得到物流支持。

3）核心特征

"工业 4.0"的本质，就是通过数据流动自动化技术，从规模经济转向范围经济，以同质化规模化的成本，构建出异质化定制化的产业。对于产业结构改革，这是至关重要的作用。

"工业 4.0"驱动新一轮工业革命，核心特征是互联。互联网技术降低了产销之间的信息不对称，加速两者之间的相互联系和反馈，因此，催生出消费者驱动的商业模式，而"工业 4.0"是实现这一模式的关键环节。"工业 4.0"代表了"互联网+制造业"的智能生产，孕育了大量的新型商业模式。

4）目标

德国制造业是世界上最具竞争力的制造业之一，在全球制造装备领域拥有领头羊的地位。这在很大程度上源于德国专注于创新工业科技产品的科研和开发，以及对复杂工业过程的管理。德国拥有强大的设备和车间制造工业，在世界信息技术领域拥有很高的能力水平，在嵌入式系统和自动化工程方面也有很专业的技术，这些因素共同奠定了德国在制造工程工业上的领军地位。"工业 4.0"战略的实施，将使德国成为新一代工业生产技术（即信息物理系统）的供应国和主导市场，会使德国在继续保持国内制造业发展的前提下再次提升它的全球竞争力。在社会根本上，德国完善的民主法制和知识产权保护，是保障德国制造业健康发展的坚实后盾，更是降低社会生产成本、提升效率的真正利器。

5）"工业 4.0"联盟

由德国"工业 4.0"研究机构、中国相关院所和中德两国企业组成的青岛中德"工业 4.0"推动联盟，在青岛西海岸国家级新区成立，成为中国首个"工业 4.0"联盟。青岛中德生态园是中德两国共同建设的生态型、智能型、开放型利益共同体。"工业 4.0"是大数据革命、云计算、移动互联时代背景下，对企业进行智能化、工业化相结合的改进升级，是中国企业更好地提升和发展的一条重要途径。中德"工业 4.0"联盟成立后，青岛西海岸新区将投入 1 亿元对区域内部分企业进行试点，未来将逐步实现企业"工业 4.0"升级。

1.4.3 中国制造 2025

"中国制造 2025"与德国"工业 4.0"的合作对接渊源已久。2013 年 4 月，德国政府正式推出"工业 4.0"战略。2015 年 5 月，国务院正式印发《中国制造 2025》，部署全面推进实施制造强国战略。

1. 背景意义

制造业是国民经济的主体，是立国之本、兴国之器、强国之基。18 世纪中叶开启工业文明以来，世界强国的兴衰史和中华民族的奋斗史一再证明，没有强大的制造业，就没有国家和民族的强盛。打造具有国际竞争力的制造业，是我国提升综合国力、保障国家安全、建设世界强国的必由之路。中华人民共和国成立尤其是改革开放以来，我国制造业持续快速发展，建成了门类齐全、独立完整的产业体系，有力推动工业化和现代化进程，显著增强综合国力，支撑世界大国地位。然而，与世界先进水平相比，中国制造业仍然大而不强，在自主创新能力、资源利用效率、产业结构水平、信息化程度、质量效益等方面差距明显，转型升级和跨越发展的任务紧迫而艰巨。当前，新一轮科技革命和产业变革与我国加快转变经济发展方式形成历史性交汇，国际产业分工格局正在重塑。

"中国制造 2025"是在新的国际国内环境下，中国政府立足于国际产业变革大势，作出的全面提升中国制造业发展质量和水平的重大战略部署。其根本目标在于改变中国制造业"大而不强"的局面，通过十年的努力，使中国迈入制造强国行列，为到 2045 年将中国建成具有全球引领和影响力的制造强国奠定坚实基础。

2. 提出过程

2014 年 12 月，"中国制造 2025"这一概念被首次提出。

2015 年 3 月 5 日，《政府工作报告》首次提出"中国制造 2025"的宏大计划。

2015 年 3 月 25 日，国务院常务会议部署加快推进实施"中国制造 2025"，实现制造业升级。审议通过了《中国制造 2025》。

3. 原则

(1)市场主导，政府引导。全面深化改革，充分发挥市场在资源配置中的决定性作用，强化企业主体地位，激发企业活力和创造力。积极转变政府职能，加强战略研究和规划引导，完善相关支持政策，为企业发展创造良好环境。

(2)立足当前，着眼长远。针对制约制造业发展的瓶颈和薄弱环节，加快转型升级和提质增效，切实提高制造业的核心竞争力和可持续发展能力。准确把握新一轮科技革命和产业变革趋势，加强战略谋划和前瞻部署，扎扎实实打基础，在未来竞争中占据制高点。

(3)整体推进，重点突破。坚持制造业发展全国一盘棋和分类指导相结合，统筹规划，合理布局，明确创新发展方向，促进军民融合深度发展，加快推动制造业整体水平提升。围绕经济社会发展和国家安全重大需求，整合资源，突出重点，实施若干重大工程，实现率先突破。

(4)自主发展，开放合作。在关系国计民生和产业安全的基础性、战略性、全局性领域，着力掌握关键核心技术，完善产业链条，形成自主发展能力。继续扩大开放，积极利用全球资源和市场，加强产业全球布局和国际交流合作，形成新的比较优势，提升制造业开放发展水平。

4. 目标

第一步：力争用十年时间，迈入制造强国行列。

到 2020 年，基本实现工业化，制造业大国地位进一步巩固，制造业信息化水平大幅提升。掌握一批重点领域关键核心技术，优势领域竞争力进一步增强，产品质量有较大提高。制造业数字化、网络化、智能化取得明显进展。重点行业单位工业增加值能耗、物耗及污染物排放明显下降。

到 2025 年，制造业整体素质大幅提升，创新能力显著增强，全员劳动生产率明显提高，两化(工业化和信息化)融合迈上新台阶。重点行业单位工业增加值能耗、物耗及污染物排放达到世界先进水平。形成一批具有较强国际竞争力的跨国公司和产业集群，在全球产业分工和价值链中的地位明显提升。

第二步：到 2035 年，我国制造业整体达到世界制造强国阵营中等水平。创新能力大幅提升，重点领域发展取得重大突破，整体竞争力明显增强，优势行业形成全球创新引领能力，全面实现工业化。

第三步：中华人民共和国成立一百年时，制造业大国地位更加巩固，综合实力进入世界制造强国前列。制造业主要领域具有创新引领能力和明显竞争优势，建成全球领先的技术体系和产业体系。

5. 五大工程

五大工程指制造业创新中心(工业技术研究基地)建设工程、智能制造工程、工业强基工程、绿色制造工程、高端装备创新工程。

6. 十大领域

十大领域指新一代信息技术产业、高档数控机床和机器人、航空航天装备、海洋工程装备及高技术船舶、先进轨道交通装备、节能与新能源汽车、电力装备、农机装备、新材料、生物医药及高性能医疗器械。

1.5　制造业对国民经济发展的贡献

国民经济中的任何行业的发展，必须依靠机械制造业的支持并提供装备。在国民经济生产力构成中，制造技术的作用占 60%以上。美国认为社会财富的来源机械制造业占 68%。当今制造科学、信息科学、材料科学、生物科学四大支柱科学相互依存，但后三种科学必须依靠制造科学才能形成产业和创造社会物质财富。而制造科学的发展也必须依靠信息、材料和生物科学的发展，机械制造业是任何其他高新技术实现工业价值的最佳集合点。例如，快速原型成型机、虚拟轴机床、智能结构与系统等，已经远远超出了纯机械的范畴，而是集机械、电子、控制、计算机、材料等众多技术于一体的现代机械设备，并且体现了人文科学和个性化发展的内涵。

1. 国外制造业的发展及其启示

大部分经济发达国家把制造业作为本国的经济支柱，并十分重视制造业的发展，并且根据不同时期科技和经济的发展，不断摆正制造业在国民经济中的地位，不断调整制造业的发展战略和政策方针。为保证制造业工程研究的世界一流水平和世界一流制造业的地位，近年来，美国政府、大学研究所、公司企业等采取了一系列战略性措施，其中最重要的就是鼓励和支持大学及科研单位的科学技术向工业界转化。为此，成立了国家制造工程中心、工业大学合作研究中心、制造技术中心等，从而为确立美国在制造业的优势奠定了基础。

日本经过几十年的努力，已经成为制造业的世界巨人。就金属切削机床而言，其产值几乎占全球产值的 30%。日本制造业一直以来特别重视数控机床和数控技术的推广，近年来其数控机床占其机床总产量的 70%以上，这主要得益于日本政府和工业界不断地主动采用新的制造技术。

德国制造业的特长是革新与质量，德国企业能够根据用户的特殊需要，以市场能够接受的价格在最短的时间内向市场提供高质量的产品，这是通过生产过程的合理化而实现的。他们认为，产品的竞争力不是单纯通过降低成本，而更主要的是通过在今天和未来始终保持技术领先来实现的。为了保持一个国家在制造业的优势地位，依靠科技进步促进科研成果的转化是基本方针，注重先进制造技术的开拓和推广是根本途径，良好的组织结构和现代的管理思想是有力的组织保证。

2. 我国制造业的发展及其在国民经济中的地位

近年来我国机械工业获得迅速发展，现在中国已是一个制造大国：中国已能生产计算机、DVD、半导体等各种家电和电信设备等精密产品，并且价格低廉。据统计，2003 年中国生产了世界上 29%的彩色电视机、24%的洗衣机、16%的电冰箱、50%以上的空调机、70%的玩具、55%的照相机、30%的微波炉、42%的显示器、75%的钟表、50%的缝纫机、83%的小型拖拉机、40%的自行车、44%的摩托车。收录机年产量 2.4 亿台，占全球份额的 70%；DVD 机年产量 2000 万台，占全球份额的 70%；电话机年产量 9600 万台，占全球份额的 50%以上；微特电机年产量 30 亿台，占全球份额的 60%；一次性电池年产量 170 亿只，占全球份额的 40%；人造金刚石微粉年产量 10 亿克拉，占全球份额的 60%以上。中国生产的这些机电产品，已经销售到世界各国。我国汽车工业发展迅速，自 1992 年实施扩大开放政策以来，保持平均 15%以上的年增长率。2002 年和 2003 年的产量达到 325.1 万辆和 444.39 万辆。

中国制造业规模已达世界第四位，仅次于美国、日本和德国。钢铁、水泥、化纤、化肥、电视机、摩托车等年产量都是世界第一。但制造业大而不强，是制造大国而不是制造强国。例如，钢铁（年产量超过 2 亿吨），我们大量出口低价钢材而进口高附加值的合金钢。机床也是出口廉价的简单机床，而进口昂贵的数控和精密机床。中国制造业的劳动生产率，仅是美国的 1/25，日本的 1/26。中国很多机械产品价廉质低，如钻头，价格是国外的 1/10，而寿命也是国外的 1/10。在世界企业的 500 强中，中国的制造业仅有两家。

由于中国劳动力成本很低，因而在中国大量生产的只是劳动密集型产品（很多还是外国品牌）。而高水平高质量的产品，如精密和数控机床、飞机、汽车、精密仪器、精密微电子设备，还都需要大量进口，一些重要精密尖端产品自己还不能生产，受制于外国。

在工业化过程当中，"中国制造""中国加工"走向了世界，从而为中国的经济带来了一个持续高速的增长。美国可以向全世界出售它的先进的技术、先进的设备和先进的创意。马克思说过，资本家率先创新是因为他能够获得超额利润。一个企业是这样，一个国家是这样，所以，中国不得不创新。如果不创新，就依然是中国制造，依然是中国加工，所谓中国制造、中国加工就是技术是人家的，依然在一个极端的基层面的加工产业，而且用的是我们的原料、资源和环境。这样发展下去是非常被动的，创新少了，挣不到很大的利润，收获的只是低层次的、很薄的利润，而且我们的环境、资源负担会很重。所以转变经济发展方式的关键或者核心应该是提升我们的自主创新能力。从"中国制造"走向"中国创造"是转变经济发展方式中必须解决的问题。

3. 中国制造工业存在的问题

(1)机械工业产品落后。国外已是新的机电一体化产品，并且产品不断更新，而我国生产的往往是老的产品，产品更新很慢，而且很多高水平高质量的产品还不能制造。如精密超精密机床和高档数控机床、大飞机、精密仪器、精密微电子设备等还都需要大量进口，一些重要精密尖端产品自己不能生产，受制于外国。

(2)未掌握产品核心技术。引进的机电产品很多使用外国的专利（很多还是外国品牌），核心技术没有自己的知识产权，不仅要交专利费，还不能修改和改进。

(3)机床装备数量虽多，但先进水平构成比不高。据 2002 年统计，我国机床拥有量 383 万台，居世界第一，但其中属于国际先进水平的仅占 1.5%，属国内先进水平的也只占 9%。

(4)制造技术工艺落后，加工精度低，工作效率和生产效率低。生产周期长，新产品试制周期长，流动资金占用多。

(5)管理落后，非生产人员比例大。以机床工业为例，1996 年我国机床工业员工共 36.9 万人，工业结构调整后，现今约 20 万人，仍居世界第一(美国 5.8 万人，德国 7 万人，日本 4 万人)，机床工业员工人数虽多，但机床产量、产值、质量均远远落后于美、日、德等发达国家。据统计我国机械制造业的人均产值仅为美国的 1/25，日本的 1/26。

(6)研究费用及人力投入少，技术创新少。

现在世界制造工业竞争极为激烈，当前我们的任务是尽快努力，使中国早日从制造大国变成为一个真正制造强国。为此必须：

① 研制并发展先进的高水平产品、机电一体化的新产品。

② 使用先进的制造技术，提高加工产品质量，提高加工效率。近年来制造技术发展迅速，大量新技术应用到制造业中，先进制造技术发展极为迅速。

③ 采用先进的管理技术。

④ 从思想上重视技术创新，掌握核心技术。

近年来机械工业技术水平提高迅速，竞争激烈。我们面临的形势是严峻的，亟须积极努力，加速发展先进制造技术，提高我国机械制造工业的技术水平。只有提高机械工业技术水平，才有可能将我国从一个制造大国转变成一个制造强国。

1.6 制造业的变革及挑战

制造技术的发展是由社会、政治、经济等多方面因素决定的。纵观近两百年制造业的发展历程，影响其发展最主要的因素是技术的推动及市场的牵引。人类科学技术的每次革命，必然引起制造技术的不断发展，也推动了制造业的发展。另外，随着人类的不断进步，人类的需求不断产生变化，因而从另一方面推动了制造业的不断发展，促进了制造技术的不断进步。

1. 制造业的变革

近两百年来，市场需求不断变化，制造业的生产规模沿着"小批量→少品种大批量→多品种变批量"的方向发展；在科技高速发展的推动下，制造业的资源配置沿着"劳动密集→设备密集→信息密集→知识密集"的方向发展，与之相适应，制造技术的生产方式沿着"手工→机械化→单机自动化→刚性流水自动化→柔性自动化→智能自动化"的方向发展。

20 世纪以来，信息技术、生物技术、新材料技术、能源与环境技术、航空航天技术和海洋开发技术等六大科学技术的迅猛发展与广泛应用，引起了整个世界制造业的巨大变革。与此同时，经济全球化趋势正不断加强，各个领域的技术交流、经贸交流日益扩大。这些进步、变革与发展，使当代制造业的生态环境、产业结构与发展模式等都发生了深刻变化。

2. 制造业面临的挑战

科学发展观对制造业提出了新的要求，我国制造业正面临着新的发展机遇与挑战。

(1)制造业面临的是全球多样化、个性化的需求。进入 21 世纪，全球市场需求的多样化趋势更加明显，制造业面临全球性多样化、个性化需求的挑战。目前，我国制造业正面临个性化、多样化需求和标准产品大量需求并存的局面。市场和国情要求我们一方面要努力满足用户个性化需求，主动推进生产方式向小批量多品种发展；另一方面，也继续通过大规模生产方式，高效低成本地生产价廉物美的标准产品，满足国内外市场的需要。

(2)制造业面临的是全球市场的竞争与合作。21 世纪，世界制造业的全球市场竞争与合作将在三个层面展开：一是发达国家制造企业之间，围绕高端产品、尖端技术研发，以及全球市场战略布局的竞争与合作；二是制造业上下游产业之间，如开发设计与生产之间、生产与营销之间、零部件与整机之间、品牌厂商与外包加工企业之间展开的产业链的全球合作以及供应商、营销商之间的全球竞争与合作；三是世界主要制造中心，即各个产业生态圈或区域之间的竞争与合作。在这个全球市场竞争与合作的系统中，成员之间有着共生、共荣、竞争、合作等复杂的关系。以往那种企业之间的对抗性竞争被协同竞争所取代，用户、供应商、研发中心、制造商、经销商和服务商等具有互补性的企业间建立紧密合作，利益共享，风险共担，相互依赖，共同发展。彼此间通过竞争优选，不断降低成本，提高效率。产业链中的企业既合作又竞争，专业化、柔性化生产相统一，制造质量更高，制造成本更低，应变能力更强。

(3)信息与网络技术引起了产品制造过程和制造业的革命。信息这一要素正迅速成为现代制造系统的主导因素，并对制造业产生根本性的影响。从某种意义上来说，现代制造业也是信息产业，它加工、处理信息，将制造信息录制、物化在原材料和毛坯上，使之转化为产品。现代制造业，尤其对于高科技、深加工企业，其主要投入已不再是材料和能源，而是信息和知识；其所创造的社会财富实际上也是某种形式的信息，即产品信息和制造信息。未来的产品是基于机械电子一体化的信息和智能产品，未来的制造技术将向数字化、智能化、网络化发展，信息技术将贯穿整个制造业。

(4)物理、化学、生命科学与技术的新进展，为制造技术提供了前所未有的新材料与新工艺。近半个世纪以来，性能多样的金属材料、高等陶瓷、功能晶体、碳素材料以及复合材料相继问世，至今世界上的结构与功能材料已有几十万种，并继续以每年大约5%的速度递增。激光技术、光刻技术、纳米技术、超精密加工技术、表面工程技术、在线检测技术、生物制造技术、仿生制造技术等新的工艺手段层出不穷，改变了制造业的面貌。新材料的应用改变了传统的机械制造、设计和工艺领域，纳米材料、智能材料、梯度材料、新型陶瓷材料、新型高分子聚合物、表面涂层及自修复材料等的应用对力学性能、功能以及设计方法、标准、数据等都将产生巨大的影响，力学性能将进一步优化，机械寿命将大幅度提高。

(5)节能节材产品与制造工艺。21 世纪的制造业要求在产品的设计、制造和使用过程中减少所需要的材料投入量和能源消耗量，尽可能通过短缺资源的代用、可再生或易于再生资源(如太阳能和可再生生物资源)以及二次能源的利用，提高资源利用率。通过资源、原材料的节约和合理利用，使原材料中的所有组分通过生产过程尽可能地转化为产品和副产品，从而消除废料的产生，减少环境污染。改革制造工艺，开发新的工艺技术，采用能够使资源和能源利用率高、原材料转化率高、污染物产生量少的新工艺，减少制造过程中资源浪费和污染物的产生，使中间废弃物能够回收再利用、最终废弃物可以分解处理，最大限度地实现少废或无废生产。

(6)可再生循环制造。可持续发展的制造业应是可再生循环的。要求在产品的设计和制造过程中采用回收再生与复用技术，尽可能减少制造产品的用材种类，选用可回收、可分解材料，形成"资源—产品—再生资源"的闭环流程。可再生循环的制造过程主要应用拆卸技术和循环再利用技术。

3. 制造技术给制造业带来的变革

(1)常规制造工艺的优化。常规制造工艺优化的方向是高效化、精密化、清洁化、灵活化，以形成优质、高效、低耗、清洁、灵活制造技术为主要目标，通过改善工艺条件、优化工艺参数来实现。

(2)非传统加工方法的发展。由于产品更新换代的要求，常规工艺在某些方面(场合)已不能满足要求，同时高新技术的发展及其产业化的要求，使非传统加工方法的发展成为必然。新能源的引入，新型材料的应用，产品特殊功能的要求等都促进了新型加工方法的形成与发展，如激光加工技术、电磁加工技术、超塑加工技术及复合加工技术等。

(3)专业、学科间的界限逐渐淡化、消失。在制造技术内部，冷热加工之间，加工过程、检测过程、物流过程、装配过程以及设计、材料应用、加工制造之间，其界限均逐渐淡化，逐步走向一体化。

(4)工艺设计由经验走向定量分析。应用计算机技术和模拟技术来确定工艺规范，优化工艺方案，预测加工过程中可能产生的缺陷及防止措施，控制和保证加工件的质量，使工艺设计由经验判断走向定量分析，加工工艺由技艺发展为工程科学。

(5)信息技术、管理技术与工艺技术紧密结合。微电子、计算机、自动化技术与传统工艺及设备相结合，形成多项制造自动化单元技术，经局部或系统集成后，形成了从单元技术到复合技术，从刚性到柔性，从简单到复杂等不同档次的自动化制造技术系统，使传统工艺产生显著、本质的变化，极大地提高了生产效率及产品的质量。

管理技术与制造工艺进一步结合，要求在采用先进工艺方法的同时，不断调整组织结构和管理模式，探索新型生产组织方式，以提高先进工艺方法的使用效果，提高企业的竞争力。

1.7 机械制造工艺的主要任务

机械制造业是一切制造业之母。只有机械制造业本身的设备技术、基础零部件质量提高了，才有可能制造出为其他行业服务的高质量的设备和零部件，才能制造出高质量的各种产品。"机械制造，工艺为本。"工艺水平不够，就不可能生产出有生命力的、高质量的产品，这是通过对机械制造工业发展的分析，对机械制造过程的实践经验总结出的一条重要规律。只有充分认识这一规律，抓住机械制造工艺这一根本不放，才能使我国机械工业在国内外市场竞争中以雄厚的工艺实力和应变能力，以质优价廉的产品为国民经济各行业提供装备支持。

我国机械工业各部门间的工艺水平差别比较大，当前机械工艺工作的主要任务如下。

(1)提高产品质量。提高产品零部件的加工精度和装配精度，是提高产品性能指标和使用可靠性的基础手段。目前的情况是，许多产品就设备条件和技术水平而言，是完全可以满足精度要求的，而往往由于工艺混乱或执行不力而严重影响质量，甚至使用时出现事故。

(2)不断开发新技术。信息技术等各种现代科学技术的发展对机械制造工艺提出了更高、更新的要求，体现了机械制造业作为高新技术产业化载体在推动整个社会技术进步和产业升级中不可替代的基础作用。企业必须不断开发新的机械制造工艺技术和方法，提高科研开发和产品创新能力，及时调整产品结构，积极应对市场需求的变化，才能改变企业生产技术陈旧，新工艺、新材料开发应用迟缓，热加工工艺落后的局面，使机械制造工艺技术随着新的技术和新的产业的发展而共同进步，并充分体现先进制造技术向智能化、柔性化、网络化、精密化、绿色化和全球化方向发展的总趋势和时代特征。

(3)提高生产专业化水平。对多数企业来说，生产专业化仍是提高劳动生产率和经济效益的有效途径。实行专业化生产可以采用先进的专用装置，充分发挥设备和工人的潜力。企业的多品种生产，应置于高技术的基础上，应尽快改善企业"大而全、小而全"的状况，大中小企业之间应努力形成专业化协作的产业结构：大、中、小企业在行业市场中占位层次明确，大企业集团大而强，从事规模化经营，小企业小而专，为大企业搞专业化配套，形成以大带小、以小促大的战略格局。

(4)节约材料，降低成本。经济效益最大化是企业一直以来追求的目标，从工艺上采取措施是降低成本的有效手段。例如，采用先进的铸、锻技术能节省大量的材料和减少机加工工时，使产品系列化、部件通用化、零件标准化，能大幅度降低生产成本。目前，采用各种技术措施来节约材料和能源消耗，提高经济效益，是具有很大潜力的。

1.8　机械制造工艺与夹具课程的主要内容

"机械制造工艺与夹具"是机械工程专业的一门综合性很强的专业必修课程，为培养从事机械产品的设计、制造、运用、维修和管理工作的能力打下良好基础。本课程重点培养学生了解和运用机械工程基本知识的能力、机械加工技术应用能力、工艺实施应用能力。课程的主要任务是向学生讲授零件从毛坯到合格产品的主要过程、方法等知识，加强学生工艺理论研究、工装设计开发、先进制造工艺探讨和应用等方面的能力，并培养学生分析问题和解决问题的创新能力。

机械零件如轴、套、箱体、活塞、连杆、齿轮等，都是采用不同的材料经冷、热加工后达到图样规定的结构、几何形状和质量要求，然后装配成组件、部件，最终总装成满足性能要求的产品。不同的机械产品的用途和零件结构差别较大，但它们的制造工艺却有异曲同工之处。从传统的专业划分来说，机械制造工艺学所研究的对象主要是机械零件的冷加工和装配工艺中具有的共同规律。加工工艺对保证和提高产品质量、提高生产率、节约能源和降低原材料消耗，取得更大的技术经济效益以及改善企业管理有着十分密切的关系。机械制造工艺的好坏，应从"优质、高产、低耗"(即质量、生产率、经济性)三个方面的指标来衡量。

教学内容包括：绪论、机械加工工艺规程设计、机床夹具设计原理、典型零件的加工过程分析、机械加工精度及其控制、机械加工表面质量及其控制、机器装配工艺规程设计。

绪论章节的讲授，使学习者了解机械制造工程学科的发展，掌握生产过程、工艺过程、零件成型方法分类、零件加工方法分类、机械制造装备与工艺系统、制造业发展的历程、制造业对国民经济发展的贡献、制造业的变革及挑战、机械制造工艺的主要任务。

机械加工工艺规程设计章节的讲授，使学习者能够掌握机械加工工艺规程的设计原则、步骤和内容，工艺路线制定的基本原则，加工余量、工序尺寸及公差的确定方法，会分析计算工艺尺寸链。了解时间定额和提高生产率的工艺途径，成组加工工艺以及计算机辅助工艺过程设计。通过讨论课进行典型零件的工艺规程制定。

机床夹具设计原理章节的讲授，使学习者了解机床夹具及其组成、夹紧力的确定以及常用夹紧机构；熟练掌握工件在夹具上的常用定位方法与定位元件的选择、定位误差的分析与计算、各类机床夹具的结构特点、机床专用夹具的设计原则与步骤。通过课程项目进行典型零件的某工序专用夹具的设计。

典型零件的加工过程分析章节的学习与讨论，使学习者熟练掌握轴类零件加工特点及工艺过程、圆柱齿轮的机械加工工艺过程以及箱体零件机械加工工艺过程。

机械加工精度及其控制章节的讲授，使学习者了解影响机械加工精度的原始误差及分类、保证和提高加工精度的途径以及加工误差综合分析实例；熟练掌握工艺系统的几何误差对加工精度的影响、工艺系统的受力变形对加工精度的影响、工艺系统的热变形对加工精度的影响以及加工误差的统计分析方法。

机械加工表面质量及其控制章节的讲授，使学习者了解加工表面质量对零件使用性能的影响；熟练掌握影响加工表面的表面粗糙度的工艺因素及其改进措施、影响表层金属物理力学性能的工艺因素及其改进措施以及机械加工中的强迫振动、自激振动、机械加工振动的诊断技术。

机器装配工艺规程设计章节的讲授，使学习者了解机器装配的基本概念、机器装配的自动化以及机器虚拟装配的关键技术；熟练掌握装配工艺规程的制定原则和步骤、机器结构的装配工艺性、装配尺寸链的建立与解算、保证装配精度的装配方法与关键技术。

本课程的特点可以归纳如下。

(1) "机械制造工艺与夹具"是一门专业课，随着科学技术和经济的发展，课程内容上需要不断地更新和充实。由于制造工艺是非常复杂的，影响因素很多，课程在理论上和体系上正在不断地完善和提高。

(2) 课程的实践性很强，与生产实际的联系十分密切，有实践知识才能在学习时理解得比较深入和透彻，因此要注意实践知识的学习和积累。

(3) 课程具有工程性，有不少设计方法方面的内容，需要从工程应用的角度去理解和掌握。

(4) 掌握课程的内容要有习题、课程讨论、项目设计、实验、实习等各环节的相互配合才能解决，每个环节都是重要的，不可缺少的，各教学环节之间应密切结合和有机联系，形成一个整体。

(5) 每一门课程都有先修课程的要求，在学习"机械制造工艺与夹具"时应具备"金属工艺学"、"金工实习"、"互换性与技术测量基础"、"金属切削原理"、"金属切削刀具"和"金属切削机床"等知识。当前教学计划和课程设置变化很大，因此本课程若在"工程训练"和"机械制造基础"等培训和授课后再学习，效果可能更好些。

习题与思考题

1-1　制造的狭义概念和广义概念分别是什么？机械制造系统的构成和功能是什么？

1-2　什么是生产过程、工艺过程？

1-3　什么是工序、安装、工位、工步和走刀？

1-4　根据加工方法的机理和特点，零件成型方法可分为哪几大类？各有何特点？

1-5　从加工方法的机理来分类，零件的加工方法可分为哪几类？各种加工方法又是如何定义的？

1-6　简述机械制造装备的组成以及各部分的功用。

1-7　简述工艺系统的组成及各部分的功用。

第2章 机械加工工艺规程设计

本章知识要点

(1)制定工艺规程的基本原则、原始资料及步骤。

(2)加工工艺分析及毛坯选择。

(3)设计基准、工艺基准,粗基准选择原则、精基准选择原则。

(4)加工方法的选择,加工阶段的划分,工序的集中与分散,加工顺序安排。

(5)加工余量,工序余量影响因素,工序余量的确定方法。

(6)时间定额组成、工艺成本。

探索思考

(1)安排热处理工序的目的是什么?有哪些热处理工序?

(2)零件在进行机械加工前为什么要定位?

预习准备

机械加工工艺过程的组成、生产类型的划分及各生产类型的特点。

2.1 机械加工工艺规程基本概念

1. 工艺规程

相同结构、相同要求的机器或机器零件,可以采用几种不同的工艺过程完成,但其中总有一种工艺过程在某一具体条件下是最合理的,将产品或零部件的制造工艺过程和操作方法,用图表、文字的形式规定下来的工艺文件汇编,称为工艺规程。工艺规程是在总结工人及工程技术人员实践经验的基础上,依据科学理论和必要的工艺试验制定的。工艺规程是企业生产中的指导性技术文件,也是企业生产的科学程序和科学方法的具体反映,生产人员必须严格执行。工艺规程也是不断改进和变化的,随着科学技术的发展,会有新的更为合理的工艺规程来替代旧的工艺规程。但是,工艺规程的修订必须经过充分的试验论证,并要严格履行呈报审批手续。

本章论述的工艺规程设计,包括机械加工工艺规程设计和机器装配工艺规程设计两大部分。

2. 工艺规程的作用

(1)工艺规程是工厂进行生产和技术准备工作的主要依据。产品在投入生产之前要做大量的生产准备和技术准备工作，例如，原材料和毛坯的供应，技术关键的分析与研究，机床的配备和调整，专用工艺装备的设计制造，生产成本核算以及人员配备等，所有这些工作都要根据工艺规程来展开。

(2)工艺规程是生产计划、调度，工人操作、质量检查等的依据。工艺规程是从事生产的人员必须严格贯彻的工艺技术文件，按照工艺规程组织生产就能做到各工序间科学地衔接，实现优质、高效、低成本生产。

(3)工艺规程是新建和扩建工厂、车间的重要技术文件。新建和扩建工厂、车间时必须根据工艺规程和生产纲领，确定机床和其他辅助设备的种类、型号规格和数量，厂房面积，设备布置，生产工人的工种、等级及数量，以及各辅助部门的工作安排等。

(4)工艺规程是技术储备和交流的载体。工艺规程体现了企业的工艺技术水平，是一个企业技术得以不断发展的基础。先进的工艺规程还起着交流和推广先进制造技术的作用，典型工艺规程可以缩短工厂对产品的摸索和试制的过程。

3. 工艺规程的设计原则

工艺规程设计必须遵循以下原则。

(1)必须可靠地保证零件的加工质量和机器的装配质量，达到设计图纸上规定的各项技术要求。如果发现图纸上某一技术要求规定得不适当，只能向有关部门提出建议，不得擅自修改图纸或不按图纸要求去做。

(2)在满足技术要求和生产纲领的前提下，一般要求工艺成本最低。

(3)充分利用现有生产条件，少花钱、多办事。

(4)尽量减轻工人的劳动强度，保证安全生产。

4. 设计工艺规程所需要的原始资料

设计工艺规程必须具备下列原始资料。

(1)零件图和产品装配图。

(2)产品质量验收标准。

(3)产品的年生产纲领。

(4)毛坯材料与毛坯生产条件。

(5)工厂的生产条件和技术水平。

(6)工艺规程设计、工艺装备设计所需要的设计手册和有关标准。

(7)国内外有关制造技术资料。

5. 工艺规程的种类

机械加工工艺规程由一系列工艺文件所构成，一般以表格的形式来体现，主要有机械加工工艺过程卡和机械加工工序卡。对于在自动和半自动机床上完成的工序，还要有机床调整卡；对于检验工序，还要有检验工序卡。

机械加工工艺过程卡是以工序为单位简要说明工件的加工工艺路线，主要用来表示工件的加工流向，供安排生产计划、组织生产调度用。机械加工工序卡是在机械加工工艺过程卡的基础上，按每道工序所编制的一种工艺文件，它指导工人完成某一工序的加工。工序卡片上要求画出工序简图。

机械加工工艺规程的详细程度与生产类型、零件的设计精度和工艺过程的自动化程度有关。在单件小批生产中，一般只用比较简单的机械加工工艺过程卡(表 2-1)，在大批大量生产中，则需要有详细和完整的工艺文件，除了有工艺过程卡，还应编制机械加工工序卡(表 2-2)。对于技术要求高的关键零件的关键工序，即使单件小批生产也应制定较详细的机械加工工艺规程(包括工序卡和检验卡)，以确保产品质量。

表 2-1　机械加工工艺过程卡

(厂名)	机械加工工艺过程卡	产品名称及型号		零件名称		零件图号				
		材料	名称		毛坯	种类	零件重量(kg)	毛重	第　　页	
			牌号			尺寸		净重	共　　页	
			性能		每料件数		每台件数		每批件数	
工序号	工序内容			加工车间	设备名称及编号	工艺装备名称及编号			技术等级	工时定额(min)
						夹具	刀具	量具		单件	准备终结
更改内容										
编制		抄写		校对			审核		批准	

表 2-2　机械加工工序卡

(厂名)	机械加工工序卡	产品名称及型号	零件名称	零件图号	工序名称	工序号	第　　页
							共　　页

	车间	工段	材料名称	材料牌号	力学性能
(画工序简图处)					
	同时加工件数	每料件数	技术等级	单件时间(min)	准备终结时间(min)
	设备名称	设备编号	夹具名称	夹具编号	工作液
	更改内容				

工步号	工步内容	计算数据(mm)			工作行程数	切削用量				工时定额(min)			刀具量具及辅助工具			
		直径或度	进给长度	单边余量		背吃刀量(mm)	进给量(mm/r 或 mm/min)	切削速度(r/min 或双行程数/min)	切削速度(m/min)	基本时间	辅助时间	工作地点服务时间	工步号	名称	规格	编号	数量
编制		抄写		校对			审核			批准						

6. 机械加工工艺规程设计的内容和步骤

(1)分析零件图和产品装配图。分析零件图和该零件所在部件或总成的装配图,了解该零件在部件或总成中的位置和功用以及部件或总成对该零件提出的技术要求,分析其主要技术关键和应采取的相应工艺措施,形成工艺规程设计的总体构思。

(2)对零件图和装配图进行工艺审查。审查图纸上的视图、尺寸和技术要求是否正确、完整、统一,对零件设计的结构工艺性进行评价,如发现有不合理之处应及时提出,并同有关设计人员商讨修改方案,报主管领导批准。

(3)根据产品的年生产纲领确定零件生产类型。指出零件的生产批量或生产效率,以及生产组织形式、专业化水平等。

(4)确定毛坯。确定毛坯的主要依据是零件在产品中的作用和生产纲领以及零件本身的结构。毛坯的种类和质量与机械加工关系密切,提高毛坯制造质量,可以减少机械加工劳动量,降低机械加工成本,但是可能会增加毛坯的制造成本,因此要根据零件生产类型和毛坯制造的生产条件综合考虑。

(5)拟订工艺路线。这是制定机械加工工艺规程的核心,其主要内容包括:选择定位基准,确定各表面的加工方法,划分加工阶段,确定工序集中与分散的程度,确定加工顺序等。工艺路线的最终确定,一般要通过多方案比较,进行经济技术的对比分析,从中选出一条适合本厂生产条件的,能够保证优质、高效和低成本加工的最优工艺路线。

(6)确定各工序所用的机床设备和工艺装备,对需要改装或重新设计的专用工艺装备要提出设计任务书。

(7)确定各工序的加工余量,计算工序尺寸及其公差。

(8)确定各工序的技术要求及检验方法。

(9)确定各工序的切削用量和工时定额。

(10)编制工艺文件。

2.2　加工工艺分析及毛坯选择

2.2.1　工艺分析

工艺分析是制定工艺规程的基础,必须根据不同产品、不同的生产规模和工厂的具体情况,进行细致的工艺分析,才能制定出合理的工艺规程。工艺分析时一般应考虑的问题包括以下几点。

1. 分析产品图样

首先应分析该零件的零件图,以及该零件所在的部件或总成的装配图。图样上应有足够的投影和剖面,注明各部分的尺寸、加工符号、公差和配合、零件材料规格和数量等。所有不能用图形或符号表示的要求,一般都应以技术条件来表明。例如,热处理的种类及要求、某些特殊要求,如动平衡、较正重量、抗蚀处理等。在分析图样的同时可以考虑这些要求的合理性,在现有生产条件下能否达到,以便采取适当措施。

2. 审查零件的材料及热处理是否恰当

工艺分析中审核选材时主要考虑：如果没有零件图中所要求的材料，则需考虑材料代用问题；对该种材料所规定的热处理要求能否实现，如不能实现，则考虑代用热处理工艺问题。

3. 结构工艺性分析

一个好的机器产品和零件结构，不仅要满足使用性能的要求，而且要便于制造和维修，即满足结构工艺性的要求。在产品技术设计阶段，工艺人员要对产品结构工艺性进行分析和评价；在产品工作图设计阶段，工艺人员应对产品和零件结构工艺性进行全面审查并提出意见及建议。制定机械加工工艺规程前，要进行结构工艺性分析。结构工艺性包含零件的结构工艺性和产品的结构工艺性两个方面。

1) 零件的结构工艺性

零件的结构工艺性是指所设计的零件在能满足使用要求的前提下制造的可行性和经济性。它由零件结构要素的工艺性和零件整体结构的工艺性两部分组成。零件的结构工艺性包括零件的各个制造过程中的工艺性，有零件结构的铸造、锻造、冲压、焊接、热处理、切削加工等工艺性。

由此可见，零件结构工艺性涉及面很广，具有综合性，必须全面综合地分析。

(1) 零件结构要素的工艺性。组成零件的各加工表面称为结构要素，零件的结构对其机械加工工艺过程的影响很大。使用性能完全相同而结构不同的两个零件，它们的加工难易程度和制造成本可能有很大差别。所谓良好的工艺性，首先是这种结构便于机械加工，即在同样的生产条件下能够采用简便和经济的方法加工出来。此外，零件结构还应适应生产类型和具体生产条件的要求。

零件结构要素的工艺性主要表现在以下几个方面。

① 各要素形状尽量简单，面积尽量小，规格尽量统一和标准，以减少加工时调整刀具的次数。

② 能采用普通设备和标准刀具进行加工，刀具易进入、退出和顺利通过，避免内端面加工，防止碰撞已加工面。

③ 加工面与非加工面应明显分开，加工时应使刀具有较好的切削条件，以延长刀具的寿命和保证加工质量。

(2) 零件整体结构的工艺性。零件整体结构的工艺性，主要表现在以下几个方面。

① 尽量采用标准件、通用件和相似件。

② 有位置精度要求的表面应尽量能在一次安装下加工出来。如箱体零件上的同轴线孔，其孔径应当同向或双向递减，以便在单向或双面镗床上一次装夹把它们加工出来。

③ 零件应有足够的刚性，防止在加工过程中变形，以便于采用高速和多刀切削，保证加工精度。例如，图2-1(b)的零件有加强肋，图2-1(a)的零件无加强肋，显然加强肋的零件刚性好，便于高速切削，从而使生产率提高。

④ 有便于装夹的基准和定位面。图2-2为机床立柱，应在其上增设工艺凸台，以便加工时作为辅助定位基准。

⑤ 节省材料，减轻质量。

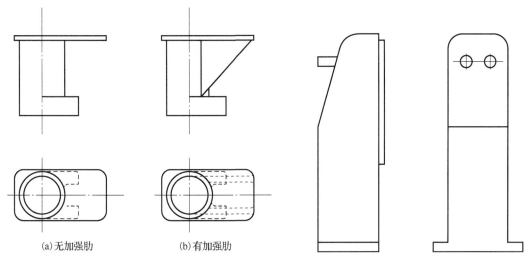

(a) 无加强肋   (b) 有加强肋

| 图 2-1 增设加强肋以提高零件的刚性 | 图 2-2 机床立柱的工艺凸台 |

2)产品的结构工艺性

产品的结构工艺性是指所设计的产品在满足使用要求的前提下,制造、维修的可行性和经济性。制造的可行性和经济性是指制造的全过程,包括毛坯制造、机械加工和装配等。下面重点分析产品结构的装配工艺性。

产品结构的装配工艺性可以从以下几个方面来分析。

(1)独立的装配单元。机器结构能够划分成独立的部件、组件,这些独立的部件和组件可以各自独立地进行装配,最后再将它们总装成一台机器。这样就可以组织平行流水装配,使装配工作专业化。有利于提高装配质量,最大限度地缩短装配周期,提高装配劳动生产率。

(2)便于装配和拆卸。

(3)尽量减少在装配时的机械加工和修配工作。

表 2-3 列举了生产中常见的结构工艺性分析的实例,供参考和借鉴。

表 2-3 结构工艺性实例分析

序号	零件结构			
	工艺性不好		工艺性好	
1		孔离箱壁太近①钻头在圆角处易引偏;②箱壁高度尺寸大,需要加长钻头才能钻孔		加长箱耳,不需要加长钻头可钻孔;将箱耳设计在某一端,则不需要加长箱耳,可方便加工
2		车螺纹时,螺纹根部易打刀;人工操作紧张且不能清根		有退刀槽可使螺纹清根,操作相对容易,可避免打刀

序号	零件结构			
	工艺性不好		工艺性好	
3		插键槽时,底部无退刀空间,易打刀		留出退刀空间,避免打刀
4		键槽底与左孔母线齐平,插键槽时,插到左孔表面		左孔尺寸稍加大时,可避免划伤左孔
5		小齿轮无法加工,插齿无退刀空间		大齿轮可以滚齿或插齿,小齿轮可以插齿加工
6		两端轴径需磨削加工,因砂轮圆角而不能清根		留有砂轮越程槽,磨削时可以清根
7		斜面钻孔,钻头易引偏		只要结构允许,留出平台可直接钻孔
8		锥面需磨削加工,磨削时易碰伤圆柱面,并且不能清根		可方便地对锥面进行磨削加工
9		加工面设计在箱体内,加工时调整刀具不方便,观察也困难		加工面设计在箱体外部,加工方便
10		加工面高度不同需两次调整刀具加工,影响生产率		加工面在同一高度,一次调整刀具,可加工两个平面
11		三个空刀槽的宽度有三种尺寸,需用三种不同尺寸的刀具加工		空刀槽宽度尺寸相同,使用同一刀具即可加工

序号	零件结构			
	工艺性不好		工艺性好	
12		同一端面上的螺纹孔尺寸相近,需换刀加工,加工不方便,装配也不方便		尺寸相近的螺纹孔,改为同一尺寸螺纹孔,方便加工和装配
13		加工面大,加工时间长,并且零件尺寸越大,平面度误差越大		加工面减小,节省工时,减少刀具耗损,并且容易保证平面度要求
14		外圆和内孔有同轴度要求,由于外圆需在两次装夹下加工,同轴度不易保证		可在一次装夹下加工外圆和内孔,同轴度要求易得到保证
15		孔在内壁出口遇阶梯面,孔易钻偏,或钻头折断		孔的内壁出口为平面,易加工,易保证孔轴线位置度
16		加工 B 面以 A 面为基准,由于 A 面小,定位不可靠		附加定位基准加工,能保证 A、B 面平行。加工后将附加定位基准去掉
17		两个键槽分别设置在阶梯轴 90° 方向上,需两次装夹加工		两个键槽在同一方向上,一次装夹可对两个键槽加工
18		钻孔过深,加工时间长,钻头耗损大,并且钻头易偏斜		钻孔的一端留空刀,钻孔时间短,钻头寿命长,钻头不易偏斜

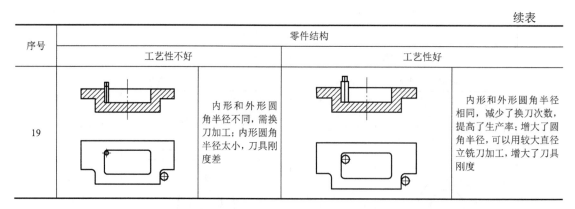

序号	零件结构			
	工艺性不好		工艺性好	
19	（图）	内形和外形圆角半径不同，需换刀加工；内形圆角半径太小，刀具刚度差	（图）	内形和外形圆角半径相同，减少了换刀次数，提高了生产率；增大了圆角半径，可以用较大直径立铣刀加工，增大了刀具刚度

4. 机械产品设计的机械加工工艺性评价

零件结构要素必须符合标准规定；尽量采用标准件和通用件；在满足产品使用性能的条件下，零件图上标注的尺寸精度等级和表面粗糙度要求应取经济值；尽量选用切削加工性好的材料；零件上有便于装夹的定位基面和夹紧面；保证能以较高的生产率加工；保证刀具能正常工作；加工时工件应有足够的刚性。

2.2.2　毛坯选择

在制定零件机械加工工艺规程前，还要确定毛坯，包括选择毛坯类型及制造方法、确定毛坯精度。零件机械加工的工序数量、材料消耗和劳动量，很大程度上与毛坯有关。

1. 毛坯种类

常用的毛坯有以下几种。

(1)铸件：适用于做复杂形状的零件毛坯。

(2)锻件：适用于要求强度较高、形状比较简单的零件。

(3)型材：热轧型材的尺寸较大，精度低，多用作一般零件的毛坯。冷拉型材尺寸较小，精度较高，多用于制造毛坯精度要求较高的中小型零件，适宜于自动化加工。

(4)焊接件：对于大件来说，焊接件简单方便，特别是单件小批生产可以大大缩短生产周期，但焊接的零件变形较大，需要经过时效处理后才能进行机械加工。

(5)冷冲压件：适用于形状复杂的板料零件，多用于中小尺寸零件的大批大量生产。

一般说来，当设计人员设计零件并选好材料后，也就大致确定了毛坯的种类。例如，铸铁材料毛坯均为铸件，钢材料毛坯一般为锻件或型材等。各种毛坯的制造方法很多，概括起来说，毛坯的制造方法越先进，毛坯精度越高，其形状和尺寸越接近于成品零件，这就使机械加工的劳动量大大减少。材料的消耗也低，使机械加工成本降低，但毛坯的制造费用却因采用了先进的设备而提高。因此，在选择毛坯时应当综合考虑各方面的因素，以求得最佳的效果。

2. 选择毛坯时应考虑的因素

(1)零件的材料及其力学性能。如前所述，零件的材料大致确定了毛坯的种类，而其力学性能的高低，也在一定程度上影响毛坯的种类，如力学性能要求较高的钢件，其毛坯用锻件而不用型材。

(2)生产类型。不同的生产类型决定了不同的毛坯制造方法。在大批量生产中，应采用精度和生产率都较高的先进的毛坯制造方法，如铸件应采用金属模机器造型，锻件应采用模锻；

单件小批生产则一般采用木模手工造型或自由锻等比较简单方便的毛坯制造方法。

（3）零件的结构形状和外形尺寸。在充分考虑了上述两项因素后，有时零件的结构形状和外形尺寸也会影响毛坯的种类与制造方法。例如，常见的一般用途的钢质阶梯轴，当各台阶直径相差不大时可用型材；当各台阶直径相差很大时宜用锻件；成批生产中，中小型零件可选用模锻，而大尺寸的钢轴受到设备和模具的限制一般选用自由锻等。零件尺寸越大，采用模锻、精密铸造的费用就越高，可能性也就越小。

（4）充分考虑采用新工艺、新技术和新材料的可能性。为了节约材料和能源，随着毛坯制造向专业化生产发展，目前毛坯制造方面的新工艺、新技术和新材料的发展很快。例如，精铸、精锻、冷轧、冷挤压、粉末冶金和工程塑料等，在机械中的应用日益广泛。应用这些方法后，可大大减少机械加工量，有时甚至可不再进行机械加工，其经济效果非常显著。

当然，在考虑上述诸因素的同时，不应当脱离具体的生产条件，如现场毛坯制造的实际水平和能力，毛坯车间近期的发展情况以及由专业化工厂提供毛坯的可能性等。

在确定了毛坯制造方式以后，应当了解和熟悉毛坯的特点，如铸件的分型面、浇铸系统的位置、余量和拔模斜度等。通常以零件-毛坯合图的方式将它们表示出来，作为正式制定机械加工工艺规程时的原始依据。

2.3　工件加工时的定位和基准的选择

2.3.1　基准的概念

基准就是"根据"的意思，也就是在零件上用来确定其他点、线、面的位置的那些点、线、面。如果要计算和度量某些点、线、面的位置尺寸，基准就是计算和度量的起点与依据。根据基准的功能不同，基准的分类如图 2-3 所示。

图 2-3　基准的分类

2.3.2　基准的选择

基准的选择主要是指定位基准的选择。这对加工精度有很大的影响。应该注意的是作为基准的点或线，在工件上不一定具体存在，而常由某些具体表面来体现。

例如，在车床上用三爪卡盘夹持圆轴，实际定位表面是外圆柱面，而它所体现的基准是轴中心线，因此选择定位基准的问题常常就是选择定位基面的问题。

零件加工的第一道工序只能用毛坯的铸造或轧制表面来作定位基准，这种基准称为**粗基准**。在以后的加工工序中应尽量采用已加工过的表面来作定位基准，这种基准称为**精基准**。有时，工件上没有能作为定位基准的恰当表面，有必要在工件上专门加工出一个定位基准，这个基准就称为**辅助基准**。辅助基准在零件功能上没有任何用处，它仅为加工的需要而设置。

在制定加工工艺规程时，总是先考虑选择怎样的精基准把各个主要表面加工出来，然后再考虑选择哪一组表面作粗基准才能把精基准加工出来。

1. 粗基准的选择原则

粗基准的选择将影响加工面与不加工面的相互位置，或影响加工余量的分配，并且第一道粗加工工序首先要遇到粗基准的选择问题。选择粗基准时，一般遵循下列原则。

1) 保证相互位置要求的原则

如果必须保证工件上加工面与不加工面间的相互位置要求，则应以不加工表面作为粗基

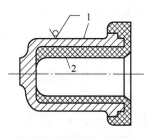

图 2-4　粗基准选择实例

1-外圆；2-孔

准。如图 2-4 所示零件毛坯，铸造时内孔与外圆之间有偏心，外圆表面为不加工表面，如果采用三爪卡盘夹持外圆，镗孔后可保证零件的壁厚均匀，但是内孔的加工余量却是不均匀的。如果采用四爪卡盘夹持外圆，按内孔找正，则内孔的加工余量是均匀的，但是加工后零件的壁厚不均匀。

2) 保证加工余量合理分配的原则

如果必须保证工件某重要表面的余量，应选择该表面的毛坯面为粗基准。如图 2-5 所示在床身加工中，导轨面是最重要的表面，它不仅要求精度高，而且要求具有均匀的金相组织和较高的耐磨性。由于在铸造床身时，导轨面是倒扣在砂箱的最底部浇铸成型的，导轨面材料质地致密，砂眼、气孔相对较少，因此应选导轨面作粗基准加工床身底面，然后再以加工过的床身底面作精基准加工导轨面，则可以保证导轨面的加工余量少而均匀。此时床身底面的加工余量可能不均匀，但不影响床身的加工质量。否则，会造成导轨面的加工余量不均匀。

为了保证各加工表面都有足够的加工余量，应该选择毛坯余量最小的表面为粗基准，这样可避免因余量不足而使工件报废。如图 2-6 应选择 $\phi55\text{mm}$ 外圆为粗基准。

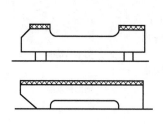

图 2-5　床身加工粗基准选择

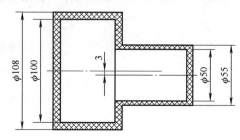

图 2-6　阶梯轴加工粗基准选择

3) 便于工件装夹的原则

为使工件定位稳定，夹紧可靠，要求所选用的粗基准尽可能平整、光洁，不允许有锻造飞边，以及铸造浇、冒口切痕或其他缺陷，并有足够的支承面积。

4) 粗基准一般不得重复使用的原则

在同一尺寸方向上的粗基准通常只允许使用一次，这是因为粗基准一般都很粗糙，重复使用同一粗基准所加工的两组表面之间的位置误差会相当大，所以，如果能使用精基准定位，粗基准一般不得重复使用。如图 2-7 所示阶梯轴，如果重复使用毛坯面 2 去加工表面 1 和 3，则必然会使表面 1 和 3 的轴线产生较大的同轴度误差。但是如果毛坯制造精度较高，而工件精度要求不高，则粗基准也可重复使用。

上述四项选择粗基准的原则，有时不能同时兼顾，只能根据主次抉择。对较复杂的大型零件，从兼顾各方面的要求出发，可采用画线的方法选择粗基准，合理分配加工余量。

2. 辅助基准

有时工件上没有合适的表面用作定位基准，这就必须在工件上专门设置或加工出定位基准，这种基准称为辅助基准。辅助基准在零件的使用中并无用途，完全是为了加工需要而设置的。例如，轴加工用的中心孔、箱体加工用的两个工艺孔、活塞加工用的止口和中心孔就是典型的例子，如图 2-8 所示。

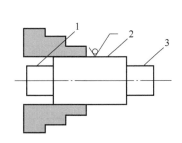

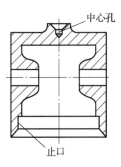

图 2-7 重复使用粗基准实例

1、3-加工面；2-毛坯面

图 2-8 活塞的辅助基准

3. 精基准的选择原则

选择精基准时要考虑如何保证加工精度，尤其是加工表面间的相互位置精度，以及装夹准确、可靠，夹具结构简单。一般应遵循以下原则。

(1)基准重合原则。应尽可能选择被加工表面的设计基准为精基准，可以避免由基准不重合而引起的定位误差。在对加工面的位置要求有决定作用的工序中，一般不应违反这一原则，否则会产生基准不重合误差，增大加工难度。

(2)基准统一原则。应尽可能选择同一组精基准加工工件上尽可能多的表面，以保证各加工表面之间具有正确的相对位置关系。例如，轴类工件，采用两个顶尖孔作为统一的精基准来加工零件上的外圆和端面，可以保证各外圆表面间的同轴度和端面对轴心线的垂直度；箱体零件采用较大平面和两个距离较远的孔为精基准；圆盘和齿轮零件常采用某端面和短孔为精基准；活塞零件常用止口和中心孔作为精基准。采用统一基准原则可以简化夹具设计，减少工件搬动和翻转次数。

应当指出，统一基准原则常会带来基准不重合问题，要针对具体问题综合考虑，灵活掌握，在满足设计要求的前提下，决定最终选择的精基准。

(3)互为基准原则。当两个表面之间的相互位置精度要求很高，而表面自身的尺寸和形状精度要求又很高时，可以采用这两个加工表面互为基准反复加工的办法达到位置精度要求。例如，图 2-9 所示车床主轴前后支承轴颈与主轴锥孔间有严格的同轴度要求，加工时常以支承轴颈定位加工锥孔，又以锥孔定位加工支承轴颈，从粗加工到精加工，经过几次反复，最后以前后支承轴颈定位精磨前锥孔，达到规定的同轴度要求。又如，图 2-10 所示齿轮齿形磨削加工时，要求磨齿余量小而均匀，轮齿基圆对内孔有较高的同轴度要求，必须先以齿面为基准磨内孔，然后再以内孔为基准磨齿面。

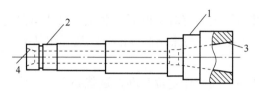

图 2-9　主轴加工互为基准

1、2-前后主轴颈；3、4-前后锥孔

（4）自为基准原则。某些表面的精加工工序要求加工余量小而均匀，常以加工表面自身为精基准进行加工，而表面之间的位置精度由先行的工序保证。图 2-11 为在导轨磨床上磨削床身导轨表面。工件安装后用百分表对导轨表面找正，床身底面仅起支承作用。铰孔、拉孔、珩孔、浮动镗刀镗孔都是这一原则的应用。

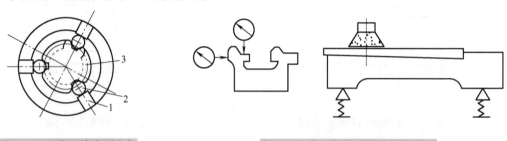

图 2-10　以渐开线齿面定位　　　　　图 2-11　床身导轨面自为基准定位

1-卡盘；2-滚柱；3-齿轮

（5）便于装夹原则。所选择的精基准应能保证定位准确、可靠，夹紧机构简单，操作方便。该原则始终不能违反。

2.4　加工经济精度与加工方法的选择

2.4.1　加工经济精度

各种加工方法（车、铣、刨、磨、钻、镗、铰等）所能达到的加工精度和表面粗糙度，都是有一定范围的。任何一种加工方法，只要精心操作、细心调整、选择合适的切削用量，其加工精度就可以得到提高，其加工表面粗糙度就可以减小。但是，加工精度要求得越高，表面粗糙度减小得越小，则所耗费的时间与成本也会越大。

生产上加工精度的高低是用其可以控制的加工误差的大小来表示的。加工误差小，则加工精度高；加工误差大，则加工精度低。统计资料表明，加工误差和加工成本之间呈反比例关系，如图 2-12 所示，图中，δ 表示加工误差，S 表示加工成本。可以看出：对一种加工方法来说，加工误差小到一定程度（如曲线中 A 点的左侧），加工成本提高很多，加工误差却降低很少；加工误差大到一定程度（如曲线中 B 点的右侧），即使加工误差增大很多，加工成本却降低很少。

说明一种加工方法在 A 点的左侧或 B 点的右侧应用都是不经济的。例如，在表面粗糙度 Ra 小于 0.4μm 的外圆加工中，通常多用磨削加工方法而不用车削加工方法。因为车削加工方法不经济。但是，对表面粗糙度 Ra 为 1.6～25μm 的外圆加工中，则多用车削加工方法而不用磨削加工方法，因为这时车削加工方法又是经济的了。

实际上，每种加工方法都有一个加工经济精度问题。加工经济精度是指在正常加工条件下(采用符合质量标准的设备、工艺装备和标准技术等级的工人，不延长加工时间)所能保证的加工精度和表面粗糙度。

应该指出，随着机械工业的不断发展，提高机械加工精度的研究工作一直在进行，加工精度在不断提高。图 2-13 给出了加工精度随年代发展的统计结果。不难看出，在 20 世纪 40 年代的精密加工精度大约只相当于 80 年代的一般加工精度。因此，各种加工方法的加工经济精度的概念也在发展，其指标在不断提高。

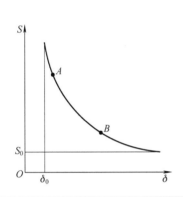

图 2-12　加工误差与加工成本的关系

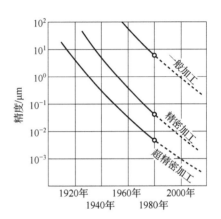

图 2-13　加工精度的发展趋势

2.4.2　加工方法的选择

根据零件表面(平面、外圆、孔、复杂曲面等)、零件材料和加工精度以及生产率的要求，考虑本厂(或车间)现有工艺条件，考虑加工经济精度等因素，选择加工方法。

(1)加工方法的经济精度、表面粗糙度与加工表面的技术要求相适应。

(2)加工方法与被加工材料的性质相适应。

(3)加工方法与生产类型相适应。

(4)加工方法与本厂条件相适应。

例如，有 $\phi50mm$ 的外圆，材料为 45 钢，尺寸精度要求是 IT6，表面粗糙度要求是 Ra 为 $0.8\mu m$，其终加工工序应选择精磨。②有色金属材料宜选择一般切削加工方法，不宜选择磨削加工方法，因为有色金属易堵塞砂轮工作面。③为满足大批大量生产的需要，齿轮内孔通常多采用拉削加工方法加工。

表 2-4～表 2-6 介绍了各种加工方法的加工经济精度，供选择加工方法时参考。

表 2-4　外圆加工中各种加工方法的加工经济精度及表面粗糙度

加工方法	加工情况	加工经济精度(IT)	表面粗糙度 $Ra/\mu m$	加工方法	加工情况	加工经济精度(IT)	表面粗糙度 $Ra/\mu m$
车	粗车 半精车 精车 金刚石车(镜面车)	12～13 10～11 7～8 5～6	10～80 2.5～10 1.25～5 0.02～1.25	外磨	粗磨 半精磨 精磨 精密磨(精修整砂轮) 镜面磨	8～9 7～8 6～7 5～6 5	1.25～10 0.63～2.5 0.16～1.25 0.08～0.32 0.008～0.08
				抛光			0.008～1.25

续表

加工方法	加工情况	加工经济精度(IT)	表面粗糙度 Ra/μm	加工方法	加工情况	加工经济精度(IT)	表面粗糙度 Ra/μm
铣	粗铣	12~13	10~80	研磨	粗研	5~6	0.16~0.63
	半精铣	11~12	2.5~10		精研	5	0.04~0.32
	精铣	1.25~5	1.25~5		精密研	5	0.008~0.08
车槽	一次行程	11~12	10~20	超精加工	精	5	0.08~0.32
	二次行程	10~11	2.5~10		精密	5	0.01~0.16
				砂带磨	精磨	5~6	0.02~0.16
					精密磨	5	0.01~0.04
				滚压		6~7	0.16~1.25

注：加工有色金属时，表面粗糙度取 Ra 小值。

表 2-5 孔加工中各种加工方法的加工经济精度及表面粗糙度

加工方法	加工情况	加工经济精度(IT)	表面粗糙度 Ra/μm	加工方法	加工情况	加工经济精度(IT)	表面粗糙度 Ra/μm
钻	φ15mm 以下	11~13	5~80	铰	半精铰	8~9	1.25~10
	φ15mm 以上	10~12	20~80		精铰	6~7	0.32~5
扩	粗扩	12~13	5~20		手铰	5	0.08~1.25
	一次扩孔(铸孔或冲孔)	11~13	10~40	拉	粗拉	9~10	1.25~5
	精扩	9~11	1.25~10		一次拉孔(铸孔或冲孔)	10~11	0.32~5
推	半精推	6~8	0.32~1.25		精拉	7~9	0.08~1.25
	精推	6	0.08~0.32	珩磨	粗珩	5~6	0.16~1.25
镗	粗镗	12~13	5~20		精珩	5	0.04~0.32
	半精镗	10~11	2.5~10	研磨	粗研	5~6	0.16~0.63
	精镗(浮动镗)	7~9	0.63~5		精研	5	0.04~0.32
	金刚镗	5~7	0.16~0.25		精密研	5	0.008~0.08
内磨	粗磨	9~11	1.25~10	挤	滚珠、滚柱扩孔器，挤压头	6~8	0.01~1.25
	半精磨	9~10	0.32~1.25				
	精磨	7~8	0.08~0.63				
	精密磨(精修整砂轮)	6~7	0.04~0.16				

注：加工有色金属时，表面粗糙度取 Ra 小值。

表 2-6 平面加工中各种加工方法的加工经济精度及表面粗糙度

加工方法	加工情况	加工经济精度(IT)	表面粗糙度 Ra/μm
周铣	粗铣	11~13	5~20
	半精铣	8~11	2.5~10
	精铣	6~8	0.63~5
端铣	粗铣	11~13	5~20
	半精铣	8~11	2.5~10
	精铣	6~8	0.63~5
车	半精车	8~11	2.5~10
	精车	6~8	1.25~5
	细车(金刚石车)	6	0.02~1.25
刨	粗刨	11~13	5~20
	半精刨	8~11	2.5~10
	精刨	6~8	0.63~5
	宽刀精刨	6	0.16~1.25
插			2.5~20
拉	粗拉(铸造或冲压表面)	10~11	5~20
	精拉	6~9	0.32~2.5

续表

加工方法	加工情况		加工经济精度(IT)	表面粗糙度 Ra/μm
平磨	粗磨		8～10	1.25～10
	半精磨		8～9	0.63～2.5
	精磨		6～8	0.16～1.25
	精密磨		6	0.04～0.32
刮	25×25mm² 内点数	8～10		0.63～1.25
		10～13		0.32～0.63
		13～16		0.16～0.32
		16～20		0.08～0.16
		20～25		0.04～0.08
研磨	粗研		6	0.16～0.63
	精研		5	0.04～0.32
	精密研		5	0.008～0.08
砂带磨	精磨		5～6	0.04～0.32
	精密磨		5	0.01～0.04
滚压			7～10	0.16～2.5

2.5　典型表面的加工路线

外圆、内孔和平面加工量大而面广，习惯上把机器零件的这些表面称为典型表面。根据这些表面的精度要求选择一个最终的加工方法，然后辅以先导工序的预加工方法，就组成一条加工路线。长期的生产实践考验出一些比较成熟的加工路线，熟悉这些加工路线对编制工艺规程有指导作用。

2.5.1　外圆表面的加工路线

零件的外圆表面主要采用下列四条基本加工路线来加工(图 2-14)。

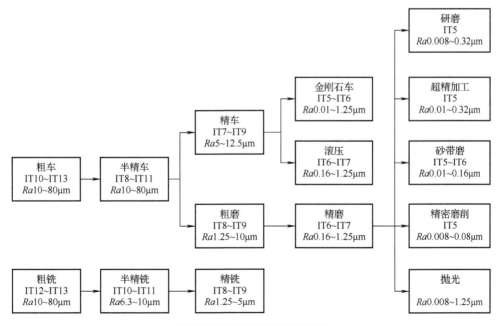

图 2-14　外圆表面的加工路线

(1)粗车—半精车—精车。这是应用最广的一条加工路线。只要工件材料可以切削加工，加工精度等于或低于IT7，表面粗糙度等于或大于$Ra0.08\mu m$的外圆表面都可以在这条加工路线中加工。如果加工精度要求较低，可以只取粗车；也可以只取粗车—半精车。

(2)粗车—半精车—粗磨—精磨。对于黑色金属材料，特别是对半精车后有淬火要求，加工精度等于或低于IT6，表面粗糙度等于或大于$Ra0.16\mu m$的外圆表面，一般可安排在这条加工路线中加工。

(3)粗车—半精车—精车—金刚石车。这条加工路线主要适用于工件材料为有色金属(如铜、铝)，不宜采用磨削加工方法加工的外圆表面。

金刚石车是在精密车床上用金刚石车刀进行车削，精密车床的主运动系统多采用液体静压轴承或空气静压轴承，送进运动系统多采用液体静压导轨或空气静压导轨，因而主运动平稳，送进运动比较均匀，少爬行，可以有比较高的加工精度和比较小的表面粗糙度。目前，这种加工方法已有用于尺寸精度为$0.01\mu m$数量级和表面粗糙度为$Ra0.01\mu m$的超精密加工之中。

(4)粗车—半精车—粗磨—精磨研磨、超精加工、砂带磨、镜面磨或抛光。

这是在前面加工路线(2)的基础上又加进了研磨、超精加工、砂带磨、镜面磨或抛光等精密、超精密加工或光整加工工序。这些加工方法多以减小表面粗糙度、提高尺寸精度、形状精度为主要目的，有些加工方法，如抛光、砂带磨等则以减小表面粗糙度为主。

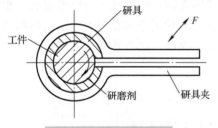

图 2-15　研磨外圆示意图

图 2-15 是用于外圆研磨的研具示意图。

研具材料一般为铸铁、铜、铝或硬木等。研磨剂一般为氧化铝、碳化硅、金刚石、碳化硼以及氧化铁、氧化铬微粉等，用切削液和添加剂混合而成。

根据研磨对象的材料和精度要求来选择研具材料与研磨剂。

研磨时，工件作回转运动，研具作轴向往复运动(可以手动，也可以机动)。研具和工件表面之间应留有适当的间隙(一般为 0.02～0.05mm)，以存留研磨剂。可调研具(轴向开口)磨损后通过调整间隙来改变研具尺寸，不可调研具磨损后只能改制来研磨较大直径的外圆。为改善研磨质量，还需精心调整研磨用量，包括研磨压力和研磨速度的调整。

超精加工是指工件作回转运动，用细磨粒油石作高频短幅振动和送进运动，以很小的压力对工件表面进行加工的一种加工方法。这种加工方法可使工件表面粗糙度减小至$0.02\mu m$，但对改变加工面宏观形状和位置精度的能力较弱。图 2-16 是用于加工外圆面的工作原理示意图。其中 f 为砂条的振动频率(双行程/min)，F 为砂条的进给方向，a 为砂条的振幅(mm)，n 为工件转速(r/min)，D 为工件直径(mm)。砂带磨削是以粘满砂粒的砂带高速回转，工件缓慢转动并作送进运动对工件进行磨削加工的加工方法。图 2-17(a)、(b)是闭式砂带磨削原

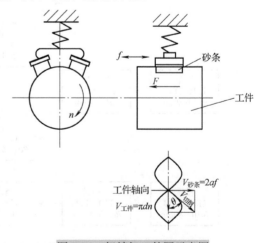

图 2-16　超精加工外圆示意图

理图。图 2-17(c)是开式砂带磨削原理图。其中图 2-17(a)和(c)是通过接触轮使砂带与工件接触。可以看出其磨削方式和砂轮磨削类似，但磨削效率可以很高。图 2-17(b)是砂带直接和工件接触(软接触)，主要用于减小表面粗糙度的加工。由于砂带基底质软，接触轮也是在金属骨架上浇注橡胶做成的，也属软质，所以砂带磨有抛光性质。高精度砂带磨可使工件表面粗糙度减小至 0.02μm。

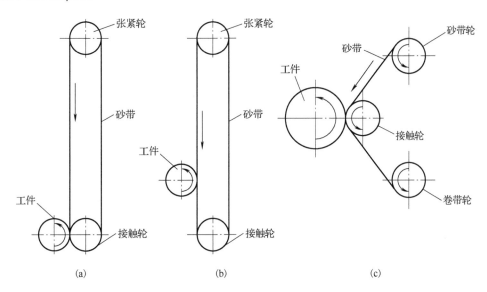

图 2-17　砂带磨加工原理

镜面磨削是指磨削后工件表面粗糙度可减小至 0.01μm 或更小的磨削加工。这种磨削方式的最大特点是不仅可以加工出表面粗糙度值很小的光整表面，而且可得到很高的形状和位置精度。镜面磨削对机床、砂轮粒度、硬度、修整用量及磨削用量等都有很高的要求。

抛光是用敷有细磨粉或软膏磨料的布轮、布盘或皮轮、皮盘等软质工具，靠机械滑擦和化学作用，减小工件表面粗糙度的加工方法。这种加工方法去除余量通常小到可以忽略，不能提高尺寸和位置精度。

2.5.2　孔的加工路线

图 2-18 是常见的孔的加工路线框图，可分为下列四条基本的加工路线来介绍。

1)钻—粗拉—精拉

这条加工路线多用于大批大量生产盘套类零件的圆孔、单键孔和花键孔加工，其加工质量稳定、生产效率高。当工件上没有铸出或锻出毛坯孔时，第一道工序需安排钻孔；当工件上已有毛坯孔时，第一道工序需安排粗镗孔，以保证孔的位置精度。如果模锻孔的精度较好，也可以直接安排拉削加工。拉刀是定尺寸刀具，经拉削加工的孔一般为 7 级精度的基准孔(H7)。

2)钻扩—铰—手铰

这是一条应用最为广泛的加工路线，在各种生产类型中都有应用，多用于中、小孔加工。其中扩孔有纠正位置精度的能力，铰孔只能保证尺寸、形状精度和减小孔的表面粗糙度，不能纠正位置精度。当对孔的尺寸精度、形状精度要求比较高，表面粗糙度要求又比较小时，往往安排一次手铰加工。有时，用端面铰刀手铰，可用来纠正孔的轴线与端面之间的垂直度误差，铰刀也是定尺寸刀具，所以经过铰孔加工的孔一般为 7 级精度的基准孔（H7）。

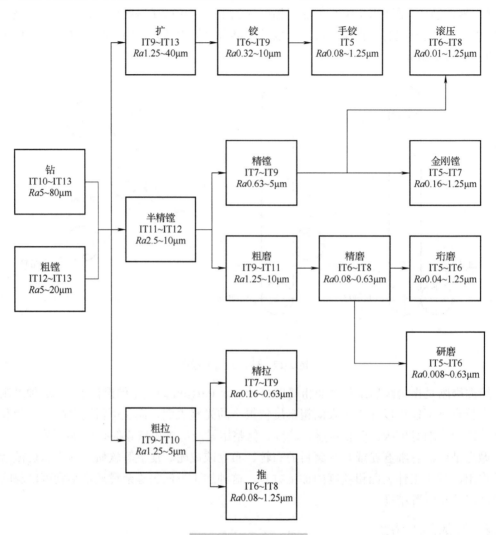

图 2-18　孔的加工路线

3）钻或粗镗—半精镗—精镗—浮动镗或金刚镗

下列情况下的孔，多在这条加工路线中加工。

（1）单件小批生产中的箱体孔系加工。

（2）位置精度要求很高的孔系加工。

（3）在各种生产类型中，直径比较大的孔，如 $\phi=80mm$ 以上，毛坯上已有位置精度比较低的铸孔或锻孔。

（4）材料为有色金属，需要由金刚镗来保证其尺寸、形状和位置精度以及表面粗糙度的要求。

在这条加工路线中，当工件毛坯上已有毛坯孔时，第一道工序安排粗镗，无毛坯孔时则第一道工序安排钻孔。后面的工序视零件的精度要求，可安排半精镗，亦可安排半精镗—精镗或安排半精镗—精镗—浮动镗，半精镗—精镗—金刚镗。

浮动镗刀块属定尺寸刀具，它安装在镗刀杆的方槽中，沿镗刀杆径向可以自由滑动（图 2-19），其加工精度和表面粗糙度都比较好，生产效率高，浮动镗刀块的结构如图 2-20 所示。

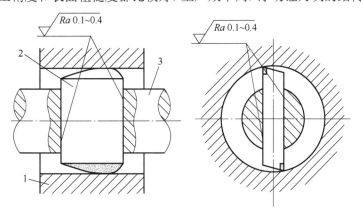

图 2-19　镗刀块在镗杆方槽内可以浮动

1-工件；2-镗刀块；3-镗杆

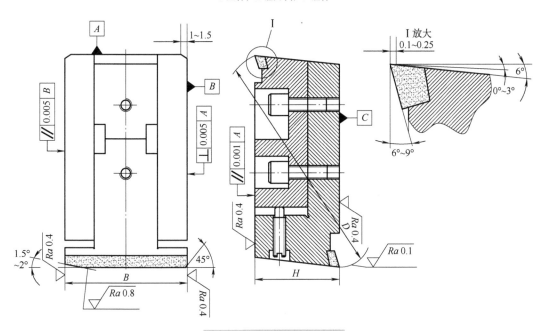

图 2-20　浮动镗刀块的结构

金刚镗是指在精密镗头上安装刃磨质量较好的金刚石刀具或硬质合金刀具进行高速、小进给精镗孔加工。金刚镗床也有精密和普通之分。精密金刚镗指金刚镗床的镗头采用空气(或液体)静压轴承，送进运动系统采用空气(或液体)静压导轨，镗刀采用金刚石镗刀进行高速、小进给镗孔加工。

这条加工路线主要用于淬硬零件加工或精度要求高的孔加工。其中，研磨孔是一种精密加工方法。研磨孔用的研具是一个圆棒。研磨时工件作回转运动，研具作往复送进运动。有时亦可工件不动，研具同时作回转和往复送进运动，同外圆研磨一样，需要配置合适的研磨剂。珩磨是一种常用的孔加工方法。用细粒度砂条组成珩磨头，加工中工件不动，珩磨头回转并作往复送进运动。珩磨头需经精心设计和制作，有多种结构，珩磨头砂条数量为 2～

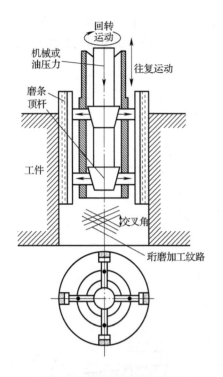

图 2-21　珩磨加工工作原理图

8 根，均匀地分布在圆周上，靠机械或液压作用涨开在工件表面上，产生一定的切削压力（图 2-21）。经珩磨后的工件表面呈网纹状。加工范围宽，通常能加工的孔径为 1~1200mm，对机床精度要求不高。若无珩磨机，可利用车床、镗床或钻床进行珩孔加工。珩磨精度与前道工序的精度有关，一般情况下，经珩磨后的尺寸和形状精度可提高一级，表面粗糙度可达 $Ra0.04 \sim 1.25\mu m$。

4）钻（或粗镗）粗磨—半精磨—精磨—研磨或珩磨

对上述孔的加工路线作两点补充说明：①上述各条孔加工路线的终加工工序，其加工精度在很大程度上取决于操作者的操作水平（刀具刃磨、机床调整、对刀等）。②对以微米为单位的特小孔加工，需要采用特种加工方法，如电火花打孔、激光打孔、电子束打孔等。有关这方面的知识，可根据需要查阅有关资料。

2.5.3　平面的加工路线

图 2-22 是常见的平面的加工路线框图，可按如下五条基本的加工路线来介绍。

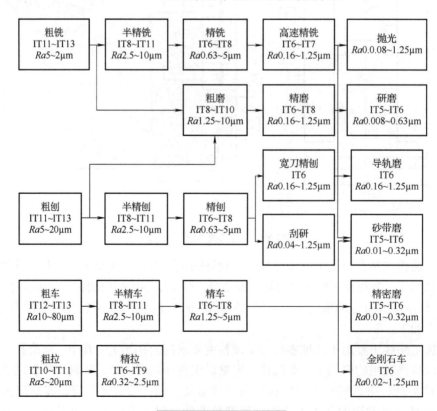

图 2-22　平面的加工路线

1）粗铣—半精铣—精铣—高速铣

在平面加工中，铣削加工用得最多。这主要是因为铣削生产率高。近代发展起来的高速铣，其加工精度比较高（IT6～IT7），表面粗糙度也比较小（$Ra0.16～1.25\mu m$）。在这条加工路线中，视被加工面的精度和表面粗糙度的技术要求，可以只安排粗铣，或安排粗、半精铣；粗、半精、精铣以及粗、半精、精、高速铣。

2）粗刨—半精刨—精刨—宽刀精刨、刮研或研磨

刨削适用于单件小批生产，特别适合于窄长平面的加工。

刮研是获得精密平面的传统加工方法。由于刮研的劳动量大，生产率低，所以在批量生产的一般平面加工中，常被磨削加工所取代。

同铣平面的加工路线一样，可根据平面精度和表面粗糙度要求，选定终工序，截取前半部分作为加工路线。

3）粗铣（刨）—半精铣（刨）—粗磨—精磨—研磨、精密磨、砂带磨或抛光

如果被加工平面有淬火要求，则可在半精铣（刨）后安排淬火。淬火后需要安排磨削工序，视平面精度和表面粗糙度要求，可以只安排粗磨，亦可只安排粗磨—精磨，还可以在精磨后安排研磨或精密磨。

4）粗拉—精拉

这条加工路线生产率高，适用于有沟槽或有台阶面的零件。例如，某些内燃机汽缸体的底平面、连杆体和连杆盖半圆孔以及分界面等就是在一次拉削中直接完成的。由于拉刀和拉削设备昂贵，因此这条加工路线只适合在大批大量生产中采用。

5）粗车—半精车—精车—金刚石车

这条加工路线主要用于有色金属零件的平面加工，这些平面有时就是外圆或孔的端面。如果被加工零件是黑色金属，则精车后可安排精密磨、砂带磨或研磨、抛光等。

2.6 加工阶段的划分及工序的集中与分散

2.6.1 加工阶段的划分

划分加工阶段，要按先粗后精的原则大致安排机械加工的进行顺序，不同阶段有不同的任务和目的。一般零件的加工分为粗加工阶段、半精加工阶段、精加工阶段。零件加工最多可划分为五个加工阶段：去皮加工阶段、粗加工阶段、半精加工阶段、精加工阶段、精整和光整加工阶段。安排加工顺序时应将各表面的粗加工集中在一起进行，再依次集中进行各表面的半精加工和精加工，使整个加工过程形成先粗后精的若干个加工阶段。

（1）粗加工阶段。高效地切除加工表面上的大部分余量，使毛坯在形状和尺寸上接近成品零件。此阶段需要解决的主要问题是最大限度地提高生产率。

（2）半精加工阶段。切除粗加工后留下的误差，使主要表面达到一定精度，为精加工作准备，并完成一些次要表面的加工，如钻孔、攻螺纹、铣键槽等。此阶段需要兼顾生产率和加工精度两方面的问题。

（3）精加工阶段。该阶段切除的金属余量很少，保证各主要表面达到零件图规定的加工质量要求。

（4）精整和光整加工阶段。对于精度要求很高（IT5 以上）、表面粗糙度值要求很小（$Ra\leqslant$

0.2μm)的表面,尚需安排精整和光整加工阶段,其主要任务是减小表面粗糙度或提高尺寸精度和形状精度,但一般没有提高表面间位置精度的作用。

对于有飞边、冒口等多余材料的毛坯,在粗加工阶段以前可以安排去皮加工阶段,一般在毛坯车间进行。对于要求不高、加工余量很小或重型零件则可以不划分加工阶段而一次加工成型。

将零件的加工过程划分为几个加工阶段的主要目的如下。

(1)保证零件加工质量。粗加工阶段要切除加工表面上的大部分余量,切削力和切削热量都比较大,装夹工件所需夹紧力亦较大,被加工工件会产生较大的受力变形和受热变形;此外,粗加工阶段从工件上切除大部分余量后,残存在工件中的内应力要重新分布,也会使工件产生变形。如果加工过程不划分加工阶段,把各个表面的粗、精加工工序混在一起交错进行,那么安排在工艺过程前期通过精加工工序获得的加工精度势必会被后续的粗加工工序所破坏,这是不合理的。划分加工阶段后,因粗加工的加工余量大、切削力大等因素造成的加工误差,可以通过半精加工和精加工阶段逐步得到纠正,以保证加工质量。

(2)有利于及早发现毛坯缺陷并得到及时处理。毛坯的各种缺陷如气孔、砂眼、裂纹和加工余量不够等,在粗加工后即可发现,便于及时修补或决定报废,避免继续加工造成工时的浪费。

(3)有利于合理利用机床设备。粗加工工序需选用功率大、刚性好、生产率高、精度要求不高的设备,精加工工序则应选用高精度机床。划分加工阶段后,就可充分发挥粗、精加工设备的特点,避免以精干粗导致机床精度迅速下降,做到合理使用设备。

(4)精加工、光整加工安排在后,可以保护精加工、光整加工过的表面少受磕碰损坏。

(5)便于安排热处理工序,使冷、热加工工序配合得更好。

热处理工序安排在精加工之前进行,可以通过精加工去除热处理变形。在粗加工后安排时效处理,可以减少工件因加工产生的残余应力变形等。高精度零件的中间热处理工序,自然地把工艺过程划分成几个加工阶段。

应当指出,将工艺过程划分为几个阶段进行是对整个加工过程而言的,应以工件的主要加工面来分析,不能以个别表面(或次要表面)和个别工序来判断。例如,工件的定位基准,在半精加工阶段(有时甚至在粗加工阶段)中就需要加工得很精确,而在精加工阶段中安排某些钻、攻螺纹孔之类的粗加工工序也是常见的。

划分加工阶段并不是绝对的。在高刚度高精度机床设备上加工刚性好、加工精度要求不特别高或加工余量不太大的工件就可以不必划分加工阶段。有些精度要求不太高的重型零件,由于搬运工件和装夹工件费时费力,一般也不划分加工阶段,而是将粗、精加工安排在一道工序内完成。但是从工步上讲,粗、精加工还是可以分开的。采取的方法是粗加工后将工件松开一点,然后用较小的力夹紧工件,使工件因夹紧力而产生的弹性变形在精加工前得以恢复,这有利于提高工件加工精度。

2.6.2　工序的集中与分散

确定加工方法和划分加工阶段之后,就要按零件加工的生产类型和工厂(车间)具体条件确定工艺过程的工序数,考虑如何合理地将工步组合成不同的工序。同一个工件,同样的加工内容,可以安排不同形式的工艺过程,一种是工序集中,另一种是工序分散。工序集中是指每个工序中安排尽可能多的工步内容,使总的工序数目减少,夹具的数目和工件的安装次数相应减少。工序分散是指将工艺路线中的工步内容分散在更多的工序中完成，因而每道工序的工步少，工艺路线长。

工序集中的特点如下。

(1) 有利于采用自动化程度较高的高效率机床和工艺装备，生产效率高。

(2) 工序数少，设备数少，可相应减少操作工人数和生产面积。

(3) 工件的装夹次数少，不但可缩短辅助时间，而且由于在一次装夹中加工了许多表面，有利于保证各加工表面之间的位置精度要求。

工序分散的特点如下。

(1) 所用机床和工艺装备简单，易于调整。

(2) 对操作工人的技术水平要求不高。

(3) 工序数多，设备数多，操作工人多，占用生产面积大。

工序集中与工序分散的程度应根据生产类型、零件技术要求、现场生产条件和产品的发展情况等因素来决定。按工序集中原则和工序分散原则组织工艺过程各有特点，生产上都有应用。传统的以专用机床、组合机床为主体组建的流水生产线、自动生产线基本是按工序分散原则组织工艺过程的，这种组织方式可以实现高生产率生产，但对产品改型的适应性较差，转产比较困难。采用数控机床和加工中心加工零件都按工序集中原则组织工艺过程，虽然设备的一次性投资较高，但由于可重组生产的能力较强，生产适应性好，转产相对容易，仍然受到越来越多的重视。为了适应多品种、中小批量生产的要求，机械加工趋向于工序集中，加工中心加工就是工序集中的典型例子。

2.7 工序顺序的安排与工艺装备的选择

零件上的全部加工表面应安排在一个合理的加工顺序中加工，这对保证零件质量、提高效率、降低加工成本都至关重要。

1. 加工顺序的安排原则

机械加工工序顺序的安排，一般应遵循以下几个原则。

(1) 基准先行，即先加工定位基面，再加工功能表面。选为精基准的表面应安排在起始工序先进行加工，以便尽快为后续表面的加工提供精基准。为保证一定的定位精度，当加工面的精度要求很高时，精加工前一般应精修一下精基准。

(2) 先主后次，即先加工主要表面，后加工次要表面。次要表面和主要表面之间往往有相互位置要求，一般要在主要表面达到一定的精度之后，再以主要表面定位加工次要表面。

(3) 先粗后精，即先安排粗加工工序，后安排精加工工序。加工质量要求高的零件，各个表面的加工应按照粗加工、半精加工、精加工、光整加工的顺序依次安排，可以使零件逐渐达到较高的加工质量。

(4) 先面后孔，即先加工平面，后加工孔。平面的轮廓平整，安放和定位比较稳定可靠，若先加工好平面，就能以平面定位加工孔，保证平面和孔的位置精度。此外，由于平面先加工好，给平面上孔的加工也带来方便，使刀具的初始切削条件得到改善。

2. 热处理工序及表面处理工序的安排

热处理的主要目的是用于提高材料的力学性能、改善金属的切削加工性能以及消除残余应力。

(1)预备热处理。预备热处理的目的是改善加工性能，为最终热处理做好准备和消除残余应力，如正火、退火和时效处理等。它应安排在粗加工前后和需要消除应力处。放在粗加工前，可改善粗加工时材料的加工性能，并可减少车间之间的运输工作量；放在粗加工后，有利于粗加工后残余应力的消除。调质处理能够得到组织均匀细致的回火索氏体，有时也作为预备热处理，常安排在粗加工后。

(2)消除残余应力处理。常用的有人工时效、退火等，一般安排在粗、精加工之间进行。为避免过多的空运转工作量，对精度要求不太高的零件，一般将人工时效和退火安排在毛坯进入机械加工前进行。对精度要求较高的复杂铸件，通常安排两次时效处理，铸造—粗加工—时效—半精加工—时效—精加工。对于高精度的零件，如精密丝杠、精密主轴等，应安排多次消除残余应力的热处理。

(3)最终热处理。最终热处理的目的是提高力学性能，如调质、淬火、渗碳淬火、液体碳氮共掺和渗氮等，都属于最终热处理，应安排在精加工前后。变形大的热处理，如渗碳淬火应安排在精加工磨削前进行，以便在精加工磨削时纠正热处理的变形，调质也应安排在精加工前进行。变形较小的热处理如渗氮等，应安排在精加工后。

(4)表面处理。为提高工件表面耐磨性、耐蚀性，以及以装饰为目的而安排的热处理工序，如镀铬、镀锌、发蓝等，一般安排在工艺过程最后阶段进行。

3．其他辅助工序的安排

辅助工序的种类很多，包括检验、去毛刺、倒棱、清洗、防锈、去磁及平衡等，要重视辅助工序的安排，否则会给后续工序和装配带来困难，影响产品质量。

为保证零件制造质量，需在下列场合安排检验工序：①粗加工全部结束之后；②送往外车间加工前后；③工时较长工序和重要工序前后；④最终加工之后。

零件表层或内腔的毛刺对机器装配质量影响很大，切削加工之后，应安排去毛刺工序。

零件在进入装配之前，应安排清洗工序，以清洗存留的切屑和微小磨粒。

在用磁力夹紧的工序之后，要安排去磁工序，不让带有剩磁的工件进入装配线。

有些特殊的检验，如 X 射线探伤、超声波探伤检查等多用于工件内部的质量检查，一般安排在工艺过程的开始。磁力探伤、荧光检验主要用于工件表面质量的检验，通常安排在精加工的前后进行。密封性检验、零件的平衡、零件重量检验一般安排在工艺过程的最后阶段进行。

4．机床设备与工艺装备的选择

确定了工序集中或工序分散的原则后，基本上也就确定了设备类型。所选机床设备的尺寸规格应与工件的形体尺寸相适应，机床的精度等级应与本工序加工要求相适应，电动机功率应与本工序加工所需功率相适应，机床设备的自动化程度和生产效率应与工件生产类型相适应。

如果没有现成的机床设备可供选择，可以考虑采用自制专用机床。根据工序加工要求提出的专用机床设计任务书，应包括与该工序有关的一切必要的数据资料，如工序尺寸、公差及技术条件，工件的装夹方式，该工序的切削用量、工时定额、切削力、切削功率以及机床的总体布置形式等。

工艺装备(包括夹具、刀具、量具和辅具)的选择将直接影响工件的加工精度、生产效率和制造成本，应根据生产类型、具体加工条件、工件结构特点和技术要求等确定。在中小批生产条件下，应首先考虑选用通用工艺装备，在大批大量生产中，可根据加工要求设计制造专用工艺装备。

机床设备和工艺装备的选择不仅要考虑设备与装备投资的当前效益，还要考虑产品改型及转产的可能性，应使其具有更大的柔性。

2.8　加工余量、工序尺寸及公差的确定

2.8.1　加工余量概述

加工余量是指从工件某一表面上所切除的金属层厚度。加工余量有加工总余量(毛坯余量)和工序余量之分。同一表面上毛坯尺寸与零件设计尺寸之差称为加工总余量，每一工序所切除的金属层厚度称为工序余量，工序余量等于相邻两道工序的工序尺寸之差。加工总余量和工序余量之间的关系可用式(2-1)表示。

$$Z_0 = \sum_{i=1}^{n} Z_i \tag{2-1}$$

式中，Z_0 为加工总余量；Z_i 为工序余量；n 为工序数目。

由于工序尺寸在加工时有公差，因此加工余量也必然在某一公差范围内变化，故加工余量有基本余量(公称余量)、最小余量和最大余量之分。

工序余量又有单边余量和双边余量之分。零件非对称结构的非对称表面，其加工余量为单边余量。平面加工的余量是非对称的，属于单边余量。工序的基本余量为相邻两工序的基本尺寸之差。如图 2-23 所示，其加工余量为

$$Z_i = l_{i-1} - l_i \tag{2-2}$$

式中，Z_i 为本道工序的工序余量；l_{i-1} 为上道工序的基本尺寸；l_i 为本道工序的基本尺寸。

由于工序尺寸存在公差，则上道工序的最小尺寸与本道工序的最大尺寸之差为本道工序的最小余量，上道工序的最大尺寸与本道工序的最小尺寸之差为本道工序的最大余量。

零件对称结构的对称表面(如回转体内、外圆柱表面)，其加工余量为双边余量。

对于图 2-24(a)所示外圆表面有

$$2Z_i = d_{i-1} - d_i \tag{2-3}$$

对于图 2-24(b)所示内圆表面有

$$2Z_i = D_i - D_{i-1} \tag{2-4}$$

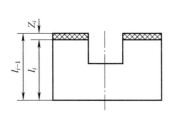

图 2-23　单边余量

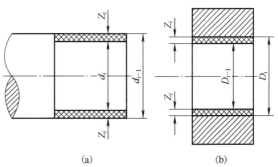

(a)　　　　　　　(b)

图 2-24　双边余量

　　工序尺寸的公差一般按"入体原则"标注。对被包容尺寸(轴径)，上偏差为零，其基本尺寸就是最大尺寸；对包容尺寸(孔径)，下偏差为零，其基本尺寸就是最小尺寸。采用这种标注方法，便于工人在加工时控制尺寸，尺寸检验时可以使用通用量具，而不必设计和制造专用量具。而毛坯尺寸的公差，一般采用双向偏差形式标注(对称偏差或不对称偏差)，因为毛坯的尺寸比较难以控制。

　　在计算总余量时，第一道工序的公称余量不考虑毛坯尺寸的全部公差，而只用"入体"方向的允许偏差，即外表面用"负"部分，内表面用"正"部分。

　　一般所说的工序余量均指公称余量。由《机械加工工艺手册》直接查到的加工余量和计算切削用量时所用的加工余量就是公称余量。但在计算第一道工序的背吃刀量时，必须考虑毛坯"出体"部分偏差，应采用最大工序余量，否则会影响粗加工的走刀次数，因为这道工序的余量公差很大，对切削过程的影响也很大。

2.8.2　影响加工余量的因素

　　加工余量的大小对工件的加工质量和生产效率有重要的影响。余量过大，会浪费工时，增加材料、刀具及电力的消耗；余量过小，则不能纠正上道工序的误差，造成局部加工不到的情况，影响加工质量，甚至会产生废品。因此应该合理地确定加工余量，在保证加工质量的前提下，加工余量越小越好。影响加工余量的因素有以下几个方面。

　　(1)上工序的尺寸公差 T_a。本工序的加工余量包括上工序的工序尺寸公差，即本工序应切除上工序可能产生的工序尺寸误差。

　　(2)上工序的表面粗糙度 Rz 和表面缺陷层深度 H_a。本工序必须把上工序产生的表面粗糙度和表面缺陷层全部切去，如图 2-25 所示。

　　(3)上工序留下的需要单独考虑的空间误差 e_a。工件上有一些形状误差和位置误差没有包括在工序尺寸的公差范围之内，在确定加工余量时必须考虑它们的影响。如图 2-26 所示，由于上工序轴线有直线度误差 e，则本工序的加工余量需相应增加 $2e$。

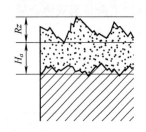

图 2-25　工件表层结构

图 2-26　轴线弯曲对加工余量的影响

　　(4)本工序的装夹误差 ε_b。由于本工序存在装夹误差(包括定位误差和夹紧误差)，会直接影响被加工表面与切削刀具的相对位置，加工余量中应包含这项误差。

　　由于空间误差和装夹误差都是向量，所以要采用矢量相加取矢量和的模进行余量计算。

　　综合以上分析，最小工序余量可用式(2-5)和式(2-6)计算。

　　对于单边余量：

$$Z_{\min} = T_a + Rz + H_a + \left| e_a + \varepsilon_b \right| \tag{2-5}$$

对于双边余量：

$$2Z_{\min} = T_a + 2\left(Rz + H_a\right) + 2\left|e_a + \varepsilon_b\right| \qquad (2\text{-}6)$$

2.8.3　加工余量的确定方法

确定加工余量的方法有三种：分析计算法、查表修正法和经验估计法。

(1) 分析计算法。在加工余量的影响因素清楚的情况下，分析计算法比较准确。要做到对余量影响因素清楚，必须具备一定的测量手段和掌握必要的统计分析资料。在应用上述公式计算时，需要根据具体的工序要求进行简化。

(2) 查表修正法。此法主要以工厂生产实践和实验研究积累的经验所制成的表格为基础，再结合实际加工情况加以修正。查表修正法方便、迅速，生产上广泛应用。

(3) 经验估计法。由一些有经验的工程技术人员或工人根据经验确定加工余量，由于主观上怕出废品，所以所估计的余量一般偏大，多用于单件小批生产。

2.8.4　工序尺寸与公差的确定

在机械加工中，每道工序应保证的尺寸称为工序尺寸，其允许的变动量即工序尺寸公差。工序尺寸与公差的确定涉及工艺基准与设计基准是否重合的问题，如果工艺基准与设计基准不重合，必须用工艺尺寸链进行工序尺寸换算，如果工艺基准与设计基准重合，则可用下面介绍的"层层剥皮法"确定。

(1) 确定各工序的加工余量。

(2) 从终加工工序开始，即从设计尺寸开始，至第一道加工工序，逐次加上或减去每道工序余量，分别得到各工序的基本尺寸(包括毛坯尺寸)。

(3) 除终加工工序以外，其他各工序按各自所采用加工方法的加工经济精度确定工序尺寸公差(终加工工序的公差按设计要求确定)。

(4) 填写工序尺寸并按"入体原则"标注工序尺寸公差。

例如，某主轴箱箱体的主轴孔，设计要求为 $\phi100JS6$，$Ra = 0.8\mu m$。其工艺路线为粗镗—半精镗—精镗—浮动镗，试确定各工序的工序尺寸及其公差。

根据有关手册及工厂实际经验确定各工序间余量、加工经济精度和表面粗糙度，计算各工序基本尺寸和偏差，填写工序尺寸，见表 2-7。

表 2-7　主轴孔各工序的工序尺寸及其偏差的确定

工序名称	工序余量/mm	工序		工序基本尺寸/mm	工序尺寸及偏差/mm
		经济精度/mm	表面粗糙度 Ra / μm		
浮动镗	0.1	JS6	0.8	100	$\phi100\pm0.011$
精镗	0.5	H7	1.6	$100-0.1=99.9$	$\phi99.9^{+0.035}_{0}$
半精镗	2.4	H10	3.2	$99.9-0.5=99.4$	$\phi99.4^{+0.14}_{0}$
粗镗	5	H13	6.4	$99.4-2.4=97.0$	$\phi97.0^{+0.44}_{0}$
毛坯孔	8	(±1.3)		$97.0-5=92.0$	$\phi92\pm1.3$

2.9　时间定额和劳动生产率

2.9.1　时间定额

工艺规程的制定，既要保证产品的质量，又要采取措施提高劳动生产率和降低生产成本，必须做到优质、高效、低消耗。

时间定额是指在一定生产条件下，规定生产一件产品或完成一道工序所需消耗的时间。时间定额是衡量生产率的指标，也是安排作业计划、进行成本核算、确定设备数量、确定人员编制及规划生产面积的重要依据。时间定额是工艺规程的重要组成部分。

确定时间定额应根据企业的生产技术条件，使大多数工人都能达到，部分先进工人可以超过，少数工人经过努力可以达到或接近的平均先进水平。合理的时间定额能调动工人的积极性，促进工人技术水平的提高，从而不断提高劳动生产率。

完成一个工件的一道工序所需的时间称为单件时间 T_p，它由以下部分组成。

(1)基本时间 T_b。直接用于改变生产对象的尺寸、形状、相对位置，以及表面状态或材料性质等工艺过程所消耗的时间，称为基本时间。对于切削加工而言，就是切除余量所消耗的机动时间，包括切入、切削加工、切出时间。不同情况下的机动时间可计算得到。

(2)辅助时间 T_a。为实现基本工艺工作所做的各种辅助动作所消耗的时间，称为辅助时间。例如，装卸工件、开停机床、改变切削用量、测量工件尺寸、进退刀具等动作所花费的时间。

确定辅助时间的方法与零件生产类型有关。对于大批大量生产，可将各辅助动作分解，然后查表确定各分解动作所消耗的时间，再累计相加；对于中小批生产，一般按基本时间的百分比进行估算。

基本时间与辅助时间的总和称为作业时间，又称操作时间。

(3)布置工作地时间 T_s。为使加工正常进行，工人照管工作地(如更换刀具、润滑机床、清理切屑、收拾工具等)所消耗的时间，称为布置工作地时间，又称工作地点服务时间，一般按作业时间的 2%～7%来计算。

(4)休息和生理需要时间 T_r。工人在工作班内为恢复体力和满足生理需要所消耗的时间，称为休息和生理需要时间，一般按作业时间的 2%计算。

(5)准备与终结时间 T_e。工人为生产一批工件进行准备和结束工作所消耗的时间，称为准备与终结时间。例如，工件加工前熟悉工艺文件、领取毛坯、安装刀具和夹具、调整机床和刀具等必须准备的工作，加工完成后拆下和归还工艺装备、发送成品等结束工作。准备与终结时间不是直接消耗在每个工件上，也不是消耗在一个工作班内，而是消耗在一批工件上。设一批工件的数量为 n，则分摊到每个工件上的准备与终结时间为 T_e/n，可以看出，当 n 很大时，T_e/n 就可以忽略不计。

综上所述，单件时间为

$$T_p = T_b + T_a + T_s + T_r \tag{2-7}$$

成批生产时，单件时间为

$$T_c = T_p + T_e/n = T_b + T_a + T_s + T_r + T_e/n \tag{2-8}$$

大量生产时，由于 n 很大，$T_e/n \approx 0$，则单件时间为

$$T_c = T_p \tag{2-9}$$

确定时间定额的方法有以下几种。

(1)由工时定额员、工艺人员和工人相结合，在总结经验的基础上，参考有关资料后确定。

(2)以同类产品的时间定额为依据，通过分析对比确定。

(3)通过对实际操作时间的测定和分析确定。

2.9.2　提高劳动生产率的工艺途径

劳动生产率是指工人在单位时间内制造的合格产品的数量，或用于制造单件产品所消耗的劳动时间。研究如何提高劳动生产率，就是研究如何减少时间定额，因此，可以从时间定额的组成中寻求提高劳动生产率的工艺途径。

1. 缩短基本时间

提高切削用量、减少工件加工长度及加工余量均可缩短基本时间。

(1)提高切削用量。近年随着新型刀具材料和磨料的出现，高速切削和磨削技术正在迅速推广应用，使生产率大大提高。

(2)减少工件加工长度。采用多刀加工，使每把刀具的加工长度缩短；采用宽砂轮磨削，变纵磨为切入法磨削等均是减少工件加工长度而提高生产率的例子。

(3)合并工步。用几把刀具或用一把复合刀具对一个零件的几个表面同时加工，可将原来需要的几个工步集中合并为一个复合工步，从而使需要的基本时间全部或部分地重合，缩短了工序基本时间。

(4)多件加工。将多个工件置于一个夹具上同时进行加工，可以减少刀具的切入切出时间。将多个工件置于机床上，使用多把刀具或多个主轴头进行同时加工，可以使各零件加工的基本时间重合而大大减少分摊到每一零件上的基本时间。

(5)采用精密铸造、压力铸造、精密锻造等先进工艺提高毛坯制造精度，减少机械加工余量，以缩短基本时间，有时甚至无须再进行机械加工，可以大幅度提高生产效率。

2. 缩短辅助时间

(1)直接缩减辅助时间。采用先进的高效夹具，如气动、液压及电动夹具或成组夹具等，不仅可减轻工人劳动强度，而且能缩减许多装卸时间。采用主动测量法或在机床上配备数显装置等，可以减少加工中需要的停机测量时间。采用具有转位刀架(如六角车床)、多位多刀架(如多刀半自动车床)的机床进行加工，可以缩短刀具更换和调整时间。采用快换刀夹及快换夹头是缩短更换刀具时间的重要方法。

(2)间接缩短辅助时间。使辅助时间和基本时间全部或部分地重合，可间接缩短辅助时间。采用多工位回转工作台机床或转位夹具加工，在大量生产中采用自动线等均可使装卸工件时间与基本时间重合，使生产率得到提高。

(3)缩短布置工作地时间。缩短布置工作地时间的方法主要是：缩减每批零件加工前或刀具磨损后的刀具调整或更换时间，提高刀具或砂轮的耐用度以便在一次刃磨或修整后加工更多的零件。采用刀具微调装置、专用对刀样板或对刀块等，可减少刀具的调整、装卸、连接和夹紧等工作所需的时间。采用专职人员在刀具预调仪上事先精确调整好刀具和刀杆，是一种先进的减少刀具调整和试切时间的方法。使用不重磨刀片也可使换刀时间大大缩短。

（4）缩短准备与终结时间。缩短准备与终结时间的途径：一是通过零件标准化、通用化或采用成组技术扩大产品生产批量，以相对减少分摊到每个零件上的准备与终结时间；二是直接减少准备与终结时间。单件小批生产复杂零件时，其准备与终结时间以及样板、夹具等的制备时间都很长。而数控机床、加工中心机床或柔性制造系统则很适合这种单件小批复杂零件的生产。这时程序编制可以在机外由专职人员进行，加工中自动控制刀具与工件间的相对位置和加工尺寸，自动换刀，使工序可高度集中，从而获得高的生产效率和稳定的加工质量。

2.10　工艺方案的技术经济分析

制定零件机械加工工艺规程时，在保证质量的前提下，一般可以拟订几种不同的工艺方案，而这些方案的生产率和成本会有所不同。为了选出技术上较先进，经济上较合理的工艺方案，就需要进行技术经济分析。

2.10.1　工艺成本组成

技术经济分析就是通过比较各种不同工艺方案的生产成本，选出最为经济合理的加工方案。零件生产成本是制造零件所需一切费用的总和，它包括两类费用：一类费用与工艺过程直接有关，称为工艺成本，占生产成本的 70%～75%；另一类费用与工艺过程没有直接关系，如行政后勤人员的工资、厂房折旧费和维修费、照明取暖费等。在工艺方案的评比中，一般只考虑工艺成本。

工艺成本按照与零件年产量的关系，分为可变费用 V 和不变费用 S 两部分。可变费用是与零件的年产量直接有关，随年产量的增减而成比例变动的费用，包括材料费、机床操作工人工资、通用机床和通用工艺装备维护折旧费，可变费用 V 的单位是元/件。

不变费用是与年产量无直接关系，不随年产量的增减而变化的费用，包括机床调整工人的工资、专用机床和专用工艺装备的维护折旧费，不变费用 S 的单位是元/年。

若零件的年产量为 N（件/年），则零件全年工艺成本 C_n（元/年）和单件工艺成本 C_d（元/年）为

$$C_n = VN + S \tag{2-10}$$

$$C_d = V + S/N \tag{2-11}$$

图 2-27 和图 2-28 分别表示全年工艺成本 C_n、单件工艺成本 C_d 与年产量 N 的关系。

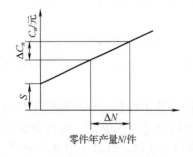

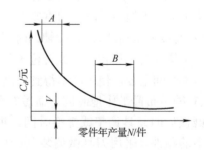

图 2-27　全年工艺成本与年产量的关系　　　　图 2-28　单件工艺成本与年产量的关系

C_n 与 N 呈直线关系，全年工艺成本的变化量与年产量的变化量成正比。C_d 与 N 呈双曲线变化关系，A 区相当于单件小批生产情况，B 区相当于大批大量生产情况。

2.10.2　工艺方案的经济评比

(1) 当需要评比的工艺方案均采用现有设备或其基本投资相近时，工艺成本可作为衡量各种工艺方案经济性的依据。各方案的取舍与加工零件的年产量有关。

① 当两加工方案中少数工序不同，多数工序相同时，可比较少数不同工序的单件工艺成本 C_{d1} 和 C_{d2}。设两种不同工艺方案的单件工艺成本分别为

$$C_{d1} = V_1 + S_1/N, \quad C_{d2} = V_2 + S_2/N$$

当年产量 N 一定时，可由上式直接求出 C_{d1} 和 C_{d2}，比较其大小，选择工艺成本较小的方案。当年产量为一变量时，利用上式作图比较，如图 2-29 所示，两直线相交于 $N = N_k$ 处，该年产量 N_k 称为临界年产量，当年产量 $N < N_k$ 时，宜采用方案 2，当 $N > N_k$ 时，宜采用方案 1。

② 当两种加工方案中多数工序不同，少数工序相同时，可比较该零件的全年工艺成本 C_{n1} 与 C_{n2}。

设两种不同工艺方案的全年工艺成本分别为

$$C_{n1} = V_1 N + S_1, \quad C_{n2} = V_2 N + S_2$$

当年产量 N 一定时，可由上式直接算出 C_{n1} 和 C_{n2}，比较其大小，选择工艺成本较小的方案。当年产量 N 为变量时，利用上式作图比较，如图 2-30 所示，当年产量 $N < N_k$ 时，宜采用方案 2，当年产量 $N > N_k$ 时，宜采用方案 1。

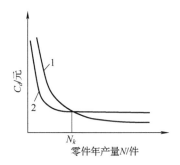

图 2-29　单件工艺成本比较

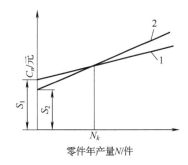

图 2-30　全年工艺成本比较

当 $N = N_k$ 时，$C_{n1} = C_{n2}$，由 $V_1 N_k + S_1 = V_2 N_k + S_2$，可得临界年产量

$$N_k = \frac{S_2 - S_1}{V_1 - V_2} \tag{2-12}$$

(2) 当两种工艺方案的基本投资差额较大时，在考虑工艺成本的同时，还要考虑基本投资差额的回收期限。例如，方案 1 采用生产率较低但价格便宜的机床和工艺装备，基本投资小，但工艺成本较高；方案 2 采用生产率高且价格较高的机床和工艺装备，基本投资大，但工艺成本低，也就是说工艺成本的降低是由于增加基本投资而获得的。

回收期是指两种方案在投资上的差额，需要多长时间才能由于工艺成本的降低而收回来。回收期越短，经济效果越好。

投资回收期 τ 可用下式计算

$$\tau = \frac{K_2 - K_1}{C_1 - C_2} = \frac{\Delta K}{\Delta C} \qquad (2\text{-}13)$$

式中，ΔK 为基本投资差额；ΔC 为全年工艺成本节约额。

投资回收期必须满足以下要求。

① 回收期应小于专用设备或工艺装备的使用年限。

② 回收期应小于该产品的市场寿命(年)。

③ 回收期应小于国家所规定的标准回收期，采用专用工艺装备的标准回收期为 2～3 年，采用专用机床的标准回收期为 4～6 年。

用工艺成本评比的方法比较科学，因而对一些关键零件或关键工序，常用工艺成本进行分析。

2.11　工序尺寸和工艺尺寸链计算

在结构设计、加工工艺或装配工艺过程中，经常会遇到相关尺寸、公差和技术要求的分析计算问题，在很多情况下，可以运用尺寸链原理来解决。在工序设计中，需要确定工序尺寸及其公差时，如果工序基准或测量基准与设计基准不相重合，则不能如前面所述用"层层剥皮法"进行计算，而需要借助工艺尺寸链求解。

2.11.1　尺寸链的概念和组成

尺寸链是指在零件的加工过程或机器的装配过程中，由相互联系且按一定顺序排列的封闭的尺寸组。在零件的加工过程中，由同一零件有关工序尺寸所形成的尺寸链，称为工艺尺寸链。在机器设计和装配过程中，由有关零件设计尺寸和装配技术要求所组成的尺寸链，称为装配尺寸链。

例如，图 2-31(a)所示轴承内环端面与轴用弹性挡圈侧面间的间隙 A_0 由不同零件上的尺寸 A_1、A_2 和 A_3 决定。各尺寸与间隙之间的相互关系可用图 2-31(b)所示装配尺寸链表示。图 2-32(a)表示台阶形零件的尺寸 B_1、B_0 在零件图中已注出。当上下表面在前面工序加工完毕，本工序欲使用表面 M 作定位基准加工表面 N 时，需要给出尺寸 B_2，以便调整对刀。尺寸 B_2 及公差虽未在零件图中注出，但却与尺寸 B_0 和 B_1 相互关联。这一联系可用图 2-32(b)所示的工艺尺寸链表示出来。

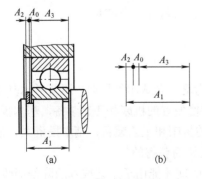

(a)　　　　　　　(b)

图 2-31　机器装配尺寸链

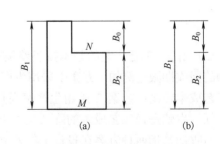

(a)　　　　　(b)

图 2-32　零件工艺尺寸链

1. 尺寸链的组成

(1) 环：指列入尺寸链中的每一尺寸，如图 2-31(b) 中的 A_0、A_1、A_2 和 A_3。环可分为封闭环和组成环。

(2) 封闭环：指在装配过程中最后自然形成的或在加工过程中间接保证的一环，如图 2-31(b) 中的 A_0 及图 2-32(b) 中的 B_0。

(3) 组成环：指对封闭环有影响的全部环，即除去封闭环以外的全部其他环。按组成环对封闭环的影响性质不同，又分为增环和减环。

(4) 增环：指引起封闭环同向变化的组成环，即其他组成环不变时，该环尺寸增大封闭环随之增大，该环尺寸减小封闭环随之减小。通常在增环符号上标以向右的箭头，如 $\vec{A_1}$、$\vec{B_1}$。

(5) 减环：指引起封闭环反向变化的组成环，即其他组成环不变时，该环尺寸增大使封闭环减小，该环尺寸减小使封闭环增大。通常在减环符号上标以向左的箭头，如 $\overleftarrow{A_2}$、$\overleftarrow{B_2}$。

对于环数较多的尺寸链，为能迅速准确地判断增、减环，在绘制尺寸链图时，用首尾相接的单向箭头顺序表示各环，其中，与封闭环箭头方向相同者是减环，与封闭环箭头方向相反者是增环。

2. 尺寸链的主要特点

(1) 封闭性：尺寸链是由一组有关尺寸首尾相接所构成的尺寸封闭图形。

(2) 制约性：尺寸链中封闭环的大小和精度要受到组成环的影响。

3. 尺寸链的分类

1) 按尺寸链的应用场合区分

(1) 工艺尺寸链：全部组成环为同一零件的工艺尺寸所形成的尺寸链。

(2) 装配尺寸链：全部组成环为有关零件的设计尺寸所形成的尺寸链。

2) 按环的几何特征区分

(1) 长度尺寸链：全部环为长度尺寸的尺寸链。

(2) 角度尺寸链：全部环为角度尺寸的尺寸链。

3) 按环的空间位置区分

(1) 直线尺寸链：全部组成环平行于封闭环的尺寸链。

(2) 平面尺寸链：全部组成环位于一个或几个平行平面内，但某些组成环与封闭环不平行的尺寸链。

(3) 空间尺寸链：组成环位于几个不平行平面内的尺寸链。

4. 尺寸链的计算形式

(1) 正计算：已知各组成环基本尺寸及其公差，求解封闭环的基本尺寸及其公差。正计算主要用于验算，计算结果是唯一的。

(2) 反计算：已知封闭环基本尺寸及其公差，求解各组成环的基本尺寸及其公差。反计算一般用于产品设计、加工和装配工艺计算，计算结果不是唯一的。如何将封闭环的公差分配给各组成环，需要综合考虑。

(3) 中间计算：已知封闭环的基本尺寸及其公差和部分组成环的基本尺寸及其公差，求解某一组成环的基本尺寸及其公差。中间计算广泛应用于工艺设计中，是反计算的特例，计算结果可能不是唯一的。

2.11.2　尺寸链极值法计算基本公式

尺寸链的计算方法有极值法和概率法两种。极值法是按尺寸链各环均处于极值条件来分析封闭环与组成环之间的关系的，适用于组成环数较少的尺寸链计算，而概率法是运用概率统计理论来分析封闭环与组成环之间的关系的，适用于组成环数较多的尺寸链计算。工艺尺寸链计算主要应用极值法，本节仅介绍尺寸链的极值法公式。对直线工艺尺寸链来说，其极值法计算基本公式如下。

1. 封闭环的基本尺寸

封闭环的基本尺寸等于所有增环基本尺寸之和，减去所有减环基本尺寸之和。

$$L_0 = \sum_{i=1}^{m} \vec{L}_i - \sum_{j=m+1}^{n-1} \overleftarrow{L}_j \tag{2-14}$$

式中，L_0 为封闭环的基本尺寸；L_i 为组成环中增环的基本尺寸；L_j 为组成环中减环的基本尺寸；m 为增环数；n 为包括封闭环在内的总环数。

2. 封闭环的极限尺寸

封闭环的最大极限尺寸等于所有增环的最大极限尺寸之和，减去所有减环的最小极限尺寸之和；封闭环的最小极限尺寸等于所有增环的最小极限尺寸之和，减去所有减环的最大极限尺寸之和。

$$L_{0\max} = \sum_{i=1}^{m} \vec{L}_{i\max} - \sum_{j=m+1}^{n-1} \overleftarrow{L}_{j\min} \tag{2-15}$$

$$L_{0\min} = \sum_{i=1}^{m} \vec{L}_{i\min} - \sum_{j=m+1}^{n-1} \overleftarrow{L}_{j\max} \tag{2-16}$$

式中，$L_{0\max}$、$L_{0\min}$ 为封闭环的最大及最小极限尺寸；$L_{i\max}$、$L_{i\min}$ 为增环的最大及最小极限尺寸；$L_{j\max}$、$L_{j\min}$ 为减环的最大及最小极限尺寸。

3. 封闭环的极限偏差

封闭环的上偏差等于所有增环上偏差之和，减去所有减环下偏差之和；封闭环的下偏差等于所有增环下偏差之和，减去所有减环上偏差之和。

$$\text{ES}_0 = \sum_{i=1}^{m} \text{ES}_i - \sum_{j=m+1}^{n-1} \text{EI}_j \tag{2-17}$$

$$\text{EI}_0 = \sum_{i=1}^{m} \text{EI}_i - \sum_{j=m+1}^{n-1} \text{ES}_j \tag{2-18}$$

式中，ES_0、EI_0 为封闭环的上、下偏差；ES_i、EI_i 为增环的上、下偏差；ES_j、EI_j 为减环的上、下偏差。

4. 封闭环的极值公差

即按极值法计算所得的可能出现的误差范围，等于各组成环公差之和。

$$T_{0l} = \sum_{i=1}^{n-1} T_i \tag{2-19}$$

式中，T_{0l} 为封闭环极值公差；T_i 为组成环公差。

5. 封闭环中间偏差

封闭环中间偏差等于所有增环中间偏差之和，减去所有减环中间偏差之和。

$$\Delta_0 = \sum_{i=1}^{m} \Delta_i - \sum_{j=m+1}^{n-1} \Delta_j \tag{2-20}$$

式中，Δ_0 为封闭环的中间偏差；Δ_i 为增环的中间偏差；Δ_j 为减环的中间偏差。

中间偏差为上偏差与下偏差的平均值，即

$$\Delta = \frac{1}{2}(\text{ES} + \text{EI}) \tag{2-21}$$

式 (2-21) 又可表示为

$$\text{ES} = \Delta + \frac{T}{2} \tag{2-22}$$

$$\text{EI} = \Delta - \frac{T}{2} \tag{2-23}$$

2.11.3　工艺尺寸链问题的解题步骤

(1) 确定封闭环。解工艺尺寸链时能否正确找出封闭环是求解关键。工艺尺寸链的封闭环必须是在加工过程中最后间接形成的尺寸，封闭环通常是设计要求的尺寸，也可以是加工余量。初学者容易一概而论，把未知数当封闭环，把已知数当组成环，这是不正确的。

(2) 查明全部组成环，画出尺寸链图。确定封闭环后，由该封闭环循一个方向按照尺寸的相互联系依次找出全部组成环，并把它们与封闭环一起，按尺寸联系的相互顺序首尾相接，即得到尺寸链图。一般说来，组成环是在加工过程中直接保证的工序尺寸。

(3) 判定组成环中的增、减环。

(4) 利用基本计算公式求解工序基本尺寸和极限偏差。计算中可用不同公式求解，而不影响解的正确性。求解得到的工序尺寸一般按"入体原则"标注偏差。

必须注意，在零件加工或机器装配完成以前，封闭环是不存在的。在工艺尺寸链中，封闭环必须在加工顺序确定后才能判断，当加工顺序改变时封闭环也随之改变。在装配尺寸链中，封闭环就是装配技术要求。假如已知的各组成环公差之和，等于或大于封闭环的公差，则欲求的组成环公差必须是零或负值，而此种情况是不存在的，这时需要适当缩小某些组成环的公差。

2.11.4　工艺尺寸链的应用

1. 工艺基准与设计基准不重合时工艺尺寸的计算

零件在加工或测量中，有时为了便于定位和测量，采用的工艺基准与设计基准不重合，则应通过尺寸链换算来标注有关工序的尺寸和公差。

例 2-1　加工如图 2-33 所示工件，设表面 1、3 在上一工序已加工好，工序尺寸 A_1 为 $30_{-0.2}^{0}$ mm，本工序以 1 面定位用调整法加工 2 面，要求保证表面 2、3 间的尺寸 10 ± 0.3 mm，试确定工序尺寸 A_2。

解： 建立尺寸链，10 ± 0.3 mm 是加工后间接保证的设计尺寸，为封闭环 A_0；A_1 和 A_2 都是可以直接控制的工序尺寸，其中 A_1 为增环，A_2 为减环。

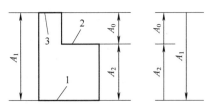

图 2-33　基准不重合工艺尺寸链

由　　$A_0 = A_1 - A_2$

得　　$A_2 = A_1 - A_0 = 30 - 10 = 20$（mm）

由　　$ES_0 = ES_1 - EI_2$

得　　$EI_2 = ES_1 - ES_0 = 0 - 0.3 = -0.3$（mm）

由　　$EI_0 = EI_1 - ES_2$

得　　$ES_2 = EI_1 - EI_0 = -0.2 - (-0.3) = 0.1$（mm）

所求工序尺寸　$A_2 = 20^{+0.1}_{-0.3}$ mm

验算：根据　$\sum T_i = T_1 + T_2 = 0.2 + 0.4 = 0.6$，$T_{0l} = 0.6$

可知封闭环公差等于各组成环公差之和，故计算正确。

若按入体原则标注偏差，则工序尺寸为 $A_2 = 20.1^{\ 0}_{-0.4}$ mm。

2. 从待加工的设计基准标注工序尺寸时，工艺尺寸的计算

在工件加工过程中，有时一个表面的加工会同时影响两个设计尺寸。这时，需要直接保证其中公差要求较严的一个设计尺寸，而另一设计尺寸需由前导的某一中间工序尺寸间接保证。为此，需要对中间工序尺寸进行计算。

例 2-2　加工带有键槽的内孔，其设计孔径为 $\phi 40^{+0.05}_{0}$ mm，键槽深度为 $43.6^{+0.34}_{0}$ mm，如图 2-34(a)，工艺安排如下。

(1) 镗孔至 $\phi 39.6^{+0.1}_{0}$ mm；(2) 插键槽至工序尺寸 A；(3) 淬火热处理；(4) 磨内孔至 $\phi 40^{+0.05}_{0}$ mm，同时保证键槽深度 $43.6^{+0.34}_{0}$ mm。试确定插键槽的工序尺寸 A 及其公差(忽略热处理内孔的变形误差)。

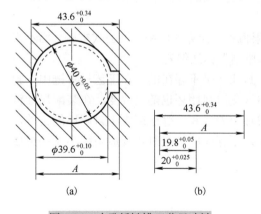

图 2-34　内孔插键槽工艺尺寸链

解：建立尺寸链如图 2-34(b)所示，镗孔的直径和磨孔的直径是通过中心线发生联系的，故在尺寸链中以半径表示。磨孔完成后键槽深度的设计尺寸 $43.6^{+0.34}_{0}$ mm 是间接保证的，是封闭环，磨孔半径 $20^{+0.025}_{0}$ mm 是直接控制的工序尺寸，是增环，镗孔半径 $19.8^{+0.05}_{0}$ mm 是减环，工序尺寸 A 是增环。

根据尺寸链计算公式可求得插键槽工序尺寸及其偏差：

$A = 43.6 - 20 + 19.8 = 43.4$（mm）

$ES(A) = 0.34 - 0.025 + 0 = 0.315$（mm）

$ES(I) = 0 - 0 + 0.05 = 0.05$（mm）

所求工序尺寸　$A = 43.4^{+0.315}_{+0.050}$ mm

验算：根据 $\sum T_i = T_1 + T_2 + T_3 = 0.05 + 0.265 + 0.025 = 0.34$（mm），$T_{0l} = 0.34$（mm），可知封闭环公差等于各组成环公差之和，故计算正确。

若按入体原则标注偏差，则工序尺寸为 $A = 43.45^{+0.265}_{0}$ mm。

3. 保证渗碳或渗氮层深度时工艺尺寸的计算

零件渗碳或渗氮后，表面常需要磨削以同时保证尺寸精度和规定的渗层深度。这就要求计算渗碳或渗氮工序的渗层深度尺寸及其公差(用控制热处理时间来保证)。

例 2-3 某偏心轴零件如图 2-35(a)，表面 P 要求渗碳，渗层深度为 $0.5 \sim 0.8$ mm，工艺安排如下：(1)精车 P 面至 $\phi 38.4_{-0.1}^{0}$ mm；(2)渗碳，控制渗层深度；(3)精磨 P 面至 $\phi 38_{-0.016}^{0}$ mm，同时保证渗层深度为 $0.5 \sim 0.8$ mm。

解： 建立尺寸链如图 2-35(b)，磨削后渗层深度是间接保证的尺寸，所以是封闭环 L_0，精车工序尺寸 L_1 是减环，渗碳工序尺寸 L_2 (待求)和精磨工序尺寸 L_3 是增环。各环尺寸如下：
$L_0 = 0.5_0^{+0.3}$ mm，$L_1 = 19.2_{-0.05}^0$ mm，$L_3 = 19_{-0.008}^0$ mm。

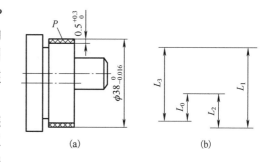

图 2-35 渗碳磨削工艺尺寸链

根据尺寸链计算公式可求得渗碳工序尺寸及其偏差，$L_2 = 0.7_{+0.008}^{+0.250}$ mm。

2.12 计算机辅助工艺规程设计

2.12.1 概述

1. 传统工艺设计

机械制造是一种离散的生产过程。机械制造的基本特点是按照设计要求和工艺要求对毛坯进行加工，将设计信息和工艺信息逐步物化到毛坯上，使之转化成为加工后的零件；并按照设计要求，将加工后的零件与标准件、外购件一起装配成为产品。工艺设计大致包含两个方面。

(1)工艺路线生成。建立加工前零件的被加工工序序列，包含确定工序内容、选择加工设备、确定定位基准及装配面、确定加工顺序等。

(2)设计工艺规程。确定各个工序的实施方案，包括确定工序内容、选择加工设备、确定毛坯尺寸、确定工序尺寸及余量、选择刀具及工装卡具、选择加工参数、制定加工程序、确定检验方法、计算工时定额、估计加工成本、提出加工注意事项等，最后完成工艺设计文件。

传统工艺设计是由工艺师人工逐件设计的，工艺文件内容、质量以及编制用时取决于工艺师的经验和技术娴熟程度，必然导致工艺文件的多样性、设计时间较长和质量的参差不齐；另外对相似零件(如系列化产品)手工编制工艺时，还不可避免地产生许多重复劳动；并且许多制造资源得不到有效利用，常常产生重复设计、制造或购买工装等辅具，造成制造资源浪费。这些传统工艺存在的不足与现代多品种小批量生产已不相适应。

2. CAPP 的产生

计算机技术迅速发展，特别是在机械制造领域中应用日益广泛，出现了计算机辅助工艺规程设计(Computer Aided Process Planning，CAPP)这一新技术。

最初的 CAPP 系统是在 20 世纪 60 年代后期开始研究的，1976 年第一个派生式 CAPP 系统研制成功，到 80 年代才逐渐受到工业界重视，并得到迅速发展。早期开发的 CAPP 系统主要是以检索方式，与传统工艺设计相比，可以减少工艺师重复烦琐的修改编写工作，并能提高工艺文件质量。

随着计算机技术的发展，CAPP 系统开发人员将成组技术和逻辑决策技术引入 CAPP，开发出许多以成组技术为基础的派生式 CAPP 系统和以决策规则为工艺生成基础的创成式 CAPP 系统，以及基于人工智能技术的专家系统，使 CAPP 系统向智能化方向发展；CAPP 系统的构成也由单一模式向多模式系统发展，使其更适用于不同对象的工艺编制需求；系统结构也由原先的单一孤立的系统向 CAD / CAM 集成化方向发展，使其成为 CAD 和 CAM 之间的纽带；另外，现在的 CAPP 系统也越来越注重制造资源在工艺文件中的管理，许多偏重于工艺管理的 CAPP 系统已开发出来并在一些中小型企业中得到很好的应用。

计算机辅助工艺规程设计（CAPP），是在成组技术的基础上，通过向计算机输入被加工零件的原始数据、加工条件和加工要求，经由计算机处理并自动进行编码、编程，直至最后输出经过优化的工艺路线、工序内容和工艺文件。

实践经验证明，应用 CAPP 能显著提高工艺文件的质量和工作效率，主要体现在以下方面。

（1）缩短生产准备周期。应用 CAPP 一方面可将工艺设计人员从繁杂的劳动中解放出来，另一方面大大减少工艺编制的时间和费用，缩短生产准备周期，降低制造成本，提高产品在市场上的竞争力。

（2）减少工艺编制对工艺人员技能和经验的依赖。CAPP 本身具有创成性，可以降低对工艺人员的技能要求，减少对工艺人员经验的依赖性。

（3）保证工艺文件的一致性。由于相似零部件的工艺过程来源于同一标准工艺或基于同一知识库和同一推理机，因此便于编制出方案较优、一致性更好的工艺，有利于实现工艺过程的标准化。

（4）有利于计算机集成制造系统集成。CAPP 是 CAD 与 CAM 系统信息集成的纽带，CAPP 不仅能利用计算机编制工艺，而且能利用计算机实现生产计划最优化及作业过程最优化，从而构成产品制造过程、制造资源计划（Manufacturing Resource Planning，MRP.Ⅱ）和企业资源计划（Enterprise Resource Planning，ERP）的重要组成部分。CAPP 是实现 CIMS 集成的关键技术，也是企业实施 CIMS 的重要保证。

2.12.2　CAPP 的组成及基本技术

1. CAPP 的组成

为了适应多变的产品种类、制造环境的要求，CAPP 系统应包括如下的功能模块。

（1）输入模块：将零件图或 CAD 系统中的零件信息通过直接的信息转换接口或人工方式输入，转化为生成工艺路线和进行工艺系统设计所需要的数据结构。

（2）工艺规程设计模块：用来进行工艺流程的决策，生成工序卡，并对工序间尺寸进行计算，生成工序图；确定工序的各工步，选定机床和工夹量具，确定加工余量和工艺参数，计算切削用量和工时定额，最终生成工步卡，并形成数控加工指令所需的刀位文件。

（3）数控加工指令生成与加工过程动态仿真模块：根据刀位文件和具体数控机床的特点，生成数控加工指令，并利用仿真技术检验工艺过程及数控指令是否正确。

（4）输出模块：输出工艺过程卡、工序卡、工步卡、工序图等各类文档，并可编辑修改，输出合格的工艺文件。

（5）修改模块：进行现有规程的修改。

（6）控制模块：对整个系统的控制和管理。

（7）各类库存信息：工程数据库（包括材料、加工方法、机床、刀具、装夹方法、切削条件等），数据词典库，工序子图库，工艺知识库，工艺规则库，工艺文件库，NC 代码等。

2. CAPP 基本技术

CAPP 系统的基本技术主要包括如下几个方面。

（1）成组技术。成组技术是 CAPP 系统的基础支撑技术。早期的 CAPP 系统一般是以成组技术为基础的派生式 CAPP 系统，其内核是利用成组技术将零件编码分类形成若干加工族，再编制族中复合零件或主样件的标准工艺过程。

（2）零件信息的描述与转换。零件信息是工艺信息的来源，主要来自零件图、CAD 系统或集成化的产品模型并进行转化得到。如何描述与转换零件信息是 CAPP 系统的关键技术，也是 CAD/CAPP/CAM 系统有效集成的关键问题。

（3）工艺设计决策。工艺设计决策的内容包括工艺流程、工步及工艺参数决策。其核心是特征型面的加工方法选择、零件加工工序及工步的安排及组合等，利用综合分析、动态优化及交叉设计等方法使工艺设计达到全局最优化。

（4）工艺知识的获取与表示。工艺设计一般依赖于工艺设计人员的经验、技术水平。应总结出适应本企业零件加工的典型工艺及工艺决策方法，开展专家系统和知识库的建立工作，从而提高工艺设计的效率和质量。

（5）工艺文件管理。工艺文件主要包括 CAPP 系统输出的文档，如工艺过程卡、工序图、工序卡、NC 加工指令、刀夹量具清单、机床设备清单等，应加强工艺文件库的建设工作，使资源得到充分的利用，也为企业实施产品数据管理（Product Data Management，PDM）打下良好的基础。

2.12.3　CAPP 的类型及基本原理

1. CAPP 系统的分类

在编制零件加工工艺时，不同的工艺过程往往与工艺人员的经验、零件数量及编制工艺过程的频繁程度密切相关，很难用一种通用的 CAPP 软件来满足各种不同零件的工艺编制。因此按照工艺决策方法的不同，CAPP 系统可分为检索式 CAPP 系统、派生式 CAPP 系统、创成式 CAPP 系统、智能式 CAPP 系统（专家系统）及综合式 CAPP 系统五种类型。

2. 各种 CAPP 系统的基本原理

1）检索式 CAPP 系统

检索式 CAPP 系统实际上是工艺过程的技术档案管理和文字处理系统。其自动化和智能化程度较低，工艺决策完全由工艺设计人员完成。检索式 CAPP 系统的基本原理是事先将已有零件的工艺过程存入计算机工艺文件数据库中，进行工艺设计时，按零件编码或图号检索工艺文件数据库，再通过人机交互方式，对检索出的相似零件的工艺过程进行修改或重新编制新的工艺过程。图 2-36 为检索式 CAPP 系统流程图。

检索式 CAPP 系统在计算切削用量、工时、加工费用和查询工夹量具信息等方面能显著提高工艺编制的效率，简单实用，而且软件本身的开发和维护费用较低，能在多数中、小型企业中快速推广应用，具有良好的经济效益。

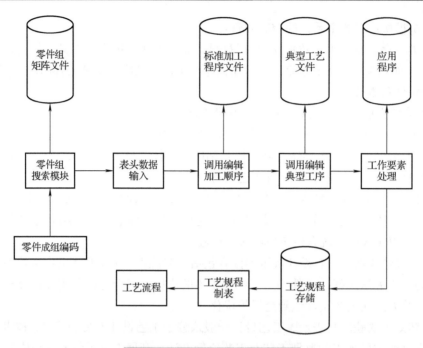

图 2-36　检索式 CAPP 系统流程图

2）派生式 CAPP 系统

派生式 CAPP 系统又称为变异型或修订型 CAPP 系统。其基本原理是在成组技术的基础上利用零件结构、尺寸和工艺的相似性将零件分成若干零件族，再编制零件族中复合零件典型工艺并储存在数据库中，当编制新零件工艺规程时，首先根据新零件的成组编码自定其所在的零件族，再根据新零件的具体要求对零件族的典型工艺进行编辑修改后，产生符合要求的新工艺规程，图 2-37 所示为派生式 CAPP 系统流程图。

派生式 CAPP 系统根据零件信息的描述与输入方式不同又分为基于成组技术的 CAPP 系统和基于特征的 CAPP 系统两大类。

拥有科学合理的零件分类编码系统和正确获取零件信息的功能对派生式 CAPP 系统具有至关重要的作用，而复合零件的设计与典型工艺过程的制定则是开发派生式 CAPP 系统的关键。派生式 CAPP 系统工艺原理简单，容易开发，目前企业实际投入运行的 CAPP 系统大多属于该类型，缺点是柔性差，不能用于全新结构零件的工艺设计。

3）创成式 CAPP 系统

创成式 CAPP 系统又称为生成式 CAPP 系统，其基本原理是根据零件输入的全面特征信息和工艺数据库的信息（如各种加工方法、加工对象、加工设备及刀具的适用范围等）在没有人工干预下，运用一定的逻辑原理、规则、公式和算法自动"创成"一个新的优化的工艺过程。创成式 CAPP 系统的自动化与智能化程度要高于派生式 CAPP 系统，它没有事先设置的典型工艺过程，具有较多的机动决策功能，克服了派生法不能适用全新零件的缺点，图 2-38 为创成式 CAPP 系统流程图。

零件加工工艺过程的创成，就是按工艺逻辑推理以确定零件各型面特征的工艺方法及其加工链（一个或一组表面的加工工序序列）。加工链反映了工艺生成过程的逆向推理过程，也反映了工艺设计人员长期积累的实际经验。因此，创成式 CAPP 系统的核心是工艺设计的决

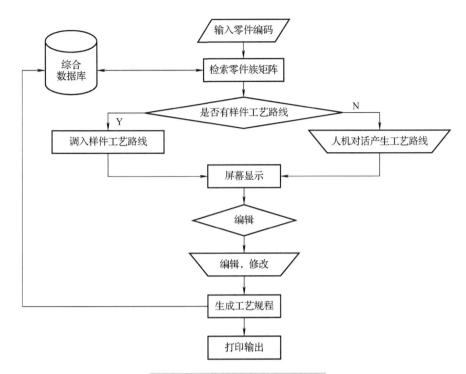

图 2-37 派生式 CAPP 系统流程图

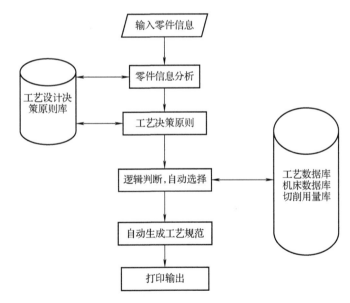

图 2-38 创成式 CAPP 系统流程图

策推理过程和加工链的确定,目前常用的决策方法有决策树法、决策表法、基于知识的决策法、基于规则的推理法以及基于框架的推理法等。

产品品种的多样性及生产制造的复杂环境等因素,使得工艺设计的决策过程错综复杂,难以建立实用的数学模型和通用算法,目前还不能开发出通用的创成式 CAPP 系统。

4)智能式 CAPP 系统

智能式 CAPP 系统是人工智能中的专家系统技术在工艺设计中的应用。一般来说智能式 CAPP 系统具有知识库、推理机、解释机、动态数据、零件信息获取模块、人机接口模块、图形处理模块、工艺文档管理和输出模块。在设计一个零件工艺规程时不像一般 CAPP 系统那样，在程序运行中直接生产工艺规程，而是根据输入信息，频繁地访问知识库，并通过推理机中的控制策略，从知识库中搜索能处理当前问题的规则，然后执行这条规则，并把每次执行规则得到的结论部分按先后顺序记录下来，直到零件加工达到一个终结状态。

图 2-39 为智能式 CAPP 系统流程图。

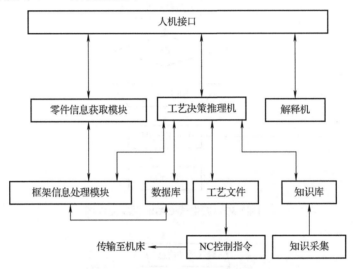

图 2-39　智能式 CAPP 系统流程图

2.12.4　CAPP 的发展方向和特点

目前 CAPP 系统的研究和开发，仍然受到较多因素的制约，大多数实用的应用系统的功能和范围小、系统的开发处于低水平的重复，难以解决零件信息的描述和获取、决策逻辑推理及规则的制定、模型化和算法化、各种制造工程数据库的建立和维护等问题，这些都严重制约 CAPP 系统的发展，直至近几年国内外还没有开发出兼具实用性和通用性的自动工艺设计的 CAPP 系统。

随着制造业的信息化以及制造技术的进步，近年来商品化的 CAPP 系统需要普及应用，对 CAPP 系统提出了较高要求。在这种形势下，CAPP 技术和系统的发展趋势主要表现在集成化、网络化、知识化、智能化、工具化、工程化、交互式和渐进式等方面。

1. 集成化、网络化方向

集成化是 CAPP 的一个重要发展方向。集成化就是 CAD/CAPP/CAM/CAE 的局部集成。CAPP 与 CAD 系统的集成，与 CAM 系统的集成，在集成化系统中采用统一的数据交换标准，从根本上解决了 CAPP 系统的零件信息 CAD 与获取问题，提高了自动化水平。

20 世纪 90 年代至今，直接从二维的或三维的 CAD 设计模型获取工艺输入信息，开发基于知识库和数据库、关键环节采用交互式设计方式并提供参考工艺方案的 CAPP 系统。此类系统在更高的层次上致力于加强 CAPP 系统的智能化工具能力，为 CAD/CAPP/CAM/CAE 的集成提供全面基础。

网络化是现代系统集成应用的必然要求，如 NC 设计信息、工艺路线设计和原材料计划由网络上的工厂级计算机完成，而工序设计、NC 编程则由网络上的车间级计算机完成，企业内工程数据库和决策逻辑的知识库等分布在整个企业中；CAPP、CAD、CAM 及 CAE 等系统的集成应用都需要网络技术支撑，如与产品设计实现双向的信息交换与传递，与生产计划调度系统实现有效集成，与质量控制系统建立内在联系等。只有实现网络化才能实现企业级乃至更大范围的信息化。

2．知识化、智能化方向

传统 CAPP 系统主要以解决事务性、管理性工作为主要任务。而基于知识化、智能化的 CAPP 系统除了作为工艺辅助工具，还有将工艺专家的经验 CAPP 积累起来建立公用工艺数据与知识库并加以充分利用的任务。在知识化的基础上，CAPP 系统应该从实际出发，结合工艺设计在工序、特征形体层面或在全过程中提供备选的工艺方案，并根据操作者的工作记录进行各种层次的自学习、自适应。目前人工智能已广泛应用于各种类型的 CAPP 系统中，并且还可将神经元网络理论及基于实例的推理等方法用于 CAPP 系统。

3．工具化、工程化方向

各企业的工艺环境管理模式千差万别，从既要使用各企业的具体环境，又要控制针对具体企业的实际工作量、提高通用性方面考虑，需要加强 CAPP 系统的工具化和工程化，使 CAPP 系统的工艺设计的共性(包括推理控制策略、公共算法以及通用的、标准化的工艺数据与工艺决策知识)、CAPP 设计的个性(包括与特定加工环境相关的工艺数据及工艺决策知识等)完全独立，使 CAPP 系统具有工具化思想的通用性。可以允许用户对现有的 CAPP 系统进行二次开发，将 CAPP 系统的功能分解成一个个相对独立的工具，用户能根据企业的具体情况输入数据和工艺知识，形成面向特定的制造和管理环境的 CAPP 系统。

4．交互式、渐进式方向

CAPP 系统主要用来帮助而不是取代工艺设计人员，一个实用、通用的 CAPP 工具系统不宜追求完全的自动化，CAPP 与操作人员交互的功能。操作人员要有足够的工艺知识和判断能力，并有能力帮助 CAPP 系统做出关键决策。决策、判断对具备足够工艺判断能力的工艺人员来说不是很困难很烦琐的工作，但对计算机而言可能难以胜任。因此需要逐步建立、验证、完善知识库及其使用法则，需要有目标、有计划地渐进式发展商品化的、基于知识的 CAPP 系统。

2.13　其他计算机辅助提高劳动生产率的加工方法

随着科学技术的发展，近几十年出现了许多先进机械制造技术和方法，显著提高了劳动生产率，除上述成组技术和计算机辅助工艺规程设计外，还有计算机辅助制造、计算机集成制造系统、柔性制造系统等。

2.13.1　计算机辅助制造

计算机辅助制造(Computer Aided Manufacturing，CAM)就是用分级计算机来控制机械制造过程的各个环节。计算机辅助制造系统是由硬件和软件组成的。硬件包括数控机床、检测装置、数字计算机及其他相关装置。软件是指一个计算机编程系统的联结网，其功能是用来进行监测、处理和最终控制信息流与 CAM 的硬件。

1. 计算机在辅助制造系统中的应用

(1)计算机过程检测：用计算机观察制造过程及相应的设备，并收集和记录工序数据，作为人工控制过程的指导。

(2)计算机数字控制(Computer Numerical Control，CNC)：用小型计算机部分或全部代替传统数控机床的专用控制机。图 2-40 所示为计算机数字控制系统，零件程序输入到小型(或微型)计算机的存储器内，已存在于计算机内的控制软件将零件程序处理后，经接口输入给机床的伺服系统，驱动机床运动。用小型计算机数字控制机床的控制器(如图中虚线方框部分)来代替传统数控机床的控制机。

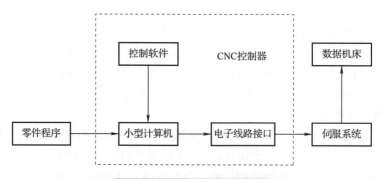

图 2-40　计算机数字控制系统

计算机数字控制系统的柔性是其最大的优点。在生产过程中由于逻辑功能是由计算机程序来实现的，修改和增删程序比较容易，因此扩展系统的功能范围就非常方便。于是可以提高劳动生产率。

(3)直接数字控制(Direct Numerical Control，DNC)：用一台计算机来控制多台数控机床，或称群控。在分时基础上采集各台数控机床的数据，并把指令信息输出给各台数控机床，以保证制造过程正常进行。制造过程的调整可自动进行，不用人工干预。

直接数字控制系统的具体构成如图 2-41 所示。它是由一台计算机和四种辅助装置(数控机床、通信线、主体记忆装置和控制台)构成的。主体记忆装置就是用来储存多种零件的数控加工指令、日程计划等各方面数据的装置。控制台设置在机床群之间，操作者使用控制台的键盘等工具就可与远距离的计算机对话、交流信息。把计算机与辅助装置连接起来就是通信线。

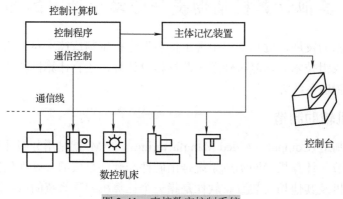

图 2-41　直接数字控制系统

DNC 系统不仅用于数控加工，也可用于利用输送装置将数控机床、自动仓库、工具及夹具管理室相连接，而且工件的装夹、取出和清理能自动进行的系统。

(4)适应控制(Adaptive Control，AC)：由于数控机床只能按照预定的程序进行加工而实际的加工情况并不完全与编程时所设想的一样。大约有 30 种变量直接或间接地影响切削过程，如工件毛坯余量不均匀、材料硬度不一致；刀具在切削过程中变钝；刀具几何参数发生变化；工件在切削过程中变形；以及热传导、润滑、冷却等。当切削条件变化时数控系统不能及时做出反应，而仍是原封不动地按规定程序动作，结果不是刀具损坏就是工件报废。因此只能在编程时采取保守的切削用量，这不仅降低了生产率，也影响加工一批零件时精度的一致性。为克服这一缺陷，在数控机床上采用适应控制系统。

图 2-42 所示为适应控制数控系统，该系统可用各种传感器测出加工过程中机床的温度、扭矩、振动、位移、刀具磨损等信息，与事先由实验得到的最佳参数比较，若有误差，则通过指令自动修正，以达到最佳的控制效果。

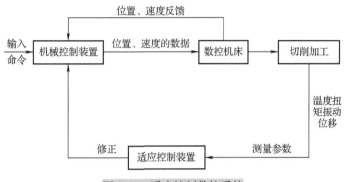

图 2-42　适应控制数控系统

2. 计算机辅助制造的数据库

数据库就是存放从各方面收集的大量数据的仓库。按不同的应用领域分别收集了大量按一定格式编好的数据，并将它们储存于大型计算机的存储器中，形成数据库供用户共享。它具有数据检索和存取功能；还可对数据进行修改、增删和整理。

CAM 数据库的内容和复杂程度取决于系统所进行的作业量。理想的 CAM 系统需要一个大的数据库。对目前可行的 CAM 系统来讲，数据库所包含的内容有设计数据、加工数据、切削参数数据、质量控制数据、生产进度表、监控数据和管理报告等。

3. 计算机辅助设计与计算机辅助制造一体化

计算机辅助设计(Computer Aided Design，CAD)与计算机辅助制造的软件系统是分别研制和发展起来的。生产实践要求设计与制造一体化，即 CAD 与 CAM 相结合，用 CAD/CAM 表示。由于 CAD 能建立数据库，以提供制造使用的数据，在理想的 CAD/CAM 系统中，产品设计与制造间建立直接的联系。CAD/CAM 的目标不但要实现设计与制造的各阶段自动化，而且还要实现从设计到制造的过渡自动化。这样从根本上改变传统的设计与制造相互分离，既费时间又使设计与工艺人员重复劳动。

2.13.2　计算机集成制造系统

20 世纪 70 年代中期，随着市场的进一步全球化，世界工业市场竞争不断加剧，给企业带来了巨大的压力，迫使企业纷纷寻求有效方法，加速推出高性能、高可靠性、低成本的产品，以期更有力地参与竞争。计算机的产生、发展及其在工业中的广泛应用，使机械工业的传统生产方式孕育着一次新的技术革命，这次技术革命的主要特征是由局部自动化走向全局自动化，即由原来局限于产品制造过程的自动化发展到产品设计过程、生产过程和经营管理过程的自动化，由此即出现了计算机集成制造系统（Computer Integraded Manufacturing System，CIMS）。

1. CIM 和 CIMS 的含义

CIM 是一种概念、一种哲理，是用来组织现代工业生产的指导思想，是 1974 年由美国学者 Harrington 在其所著的 *Computer Integrated Manufacturing* 一书中提出的。Harrington 提出的 CIM 概念包含两个基本的观点：其一，企业生产的各个环节，从市场分析、产品设计、加工制造、经营管理到售后服务的全部生产活动，是一个不可分割的整体，单一的生产活动都应在企业整个框架下统一考虑；其二，整个生产过程实质上是一个数据的采集、传递和加工处理的过程，最终的产品可看作数据的物质表现，可进一步阐述如下。

(1)企业生产的各个环节，即市场分析、经营决策、管理、产品设计、工艺规划、加工制造、销售、售后服务等全部活动过程是一个不可分割的有机整体，要用系统的观点进行协调，进而实现全局优化。

(2)企业生产的要素包括人、技术及经营管理。其中，尤其要继续重视发挥人在现代化企业生产中的主导作用。

(3)企业生产活动包括信息流(采集、传递和加工处理)及物质流两大部分。现代企业尤其要重视信息流的管理运行及信息流与物质流间的集成，对于 CIMS 中的 M，不仅仅意味着制造，还应扩展到管理(management)领域。

(4)CIM 技术是基于现代管理技术、制造技术、信息技术、自动化技术及系统工程技术的一门综合性技术。具体地讲，它综合并发展了与企业生产各环节有关的计算机辅助技术，即计算机辅助经营管理与决策技术(MIS(Management Information System，管理信息系统)、OA、MRP)，计算机辅助分析与设计技术(CAD、CAE、CAPP、CAM)，计算机辅助制造技术(DNC、CNC、工业机器人、FMC、FMS)，计算机辅助信息集成技术(网络、数据库、标准化、CASE、AI)，计算机辅助建模、仿真、实验技术，计算机辅助质量管理与控制等。

计算机集成制造系统(CIMS)是基于 CIM 这种生产理念而产成的系统，是 CIM 的具体体现，是自动化生产的系统工程。计算机集成制造系统(CIMS)是工厂自动化的发展方向，是一种企业实现整体优化的理想模式，通过计算机及其软件将全部生产活动所需的各分散系统有机地集成起来，是适合于多品种、中小批量生产的总体高效益及高柔性制造系统，是提高劳动生产率的重要方法之一。

2. 集成制造系统的层次结构

CIMS 的关键是集成问题，但集成不是简单的组合，在机械厂这种多层次多环节的离散型生产系统中，各个子系统都是分散地随机地运行的。由于各个子系统处理数据和信息的能力有限，因此如何划分层次结构，正确处理集中和分散的关系并有效地集成是 CIMS 的关键。这就需要建立一个与生产系统中各功能子系统连接起来的集成信息系统(集成数据库，用以保证企业各功能子系统所用信息数据的一致性、准确性、及时性和共享性)。一个企业可以由公司、工厂、车间、单元、工作站、设备六层组成，其职能分别为计划、管理、协调、控制及运行。在最高层公司和工厂层，有大量抽象信息和不确定性信息，其信息处理的周期长，越往下层，如设备层，信息越具体，有时实时信息甚至以毫秒、微秒来计算。计算机集成制造就要在这样一个十分广阔的信息范围内集成，进行数据的采集、通信和处理，因此，在集成制造系统中，计算机是采用分级管理的，图 2-43 表示计算机集成制造系统的简要结构图。

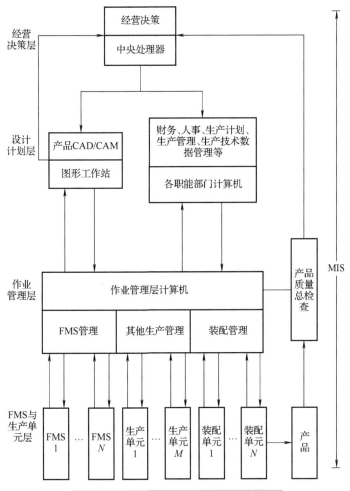

图 2-43　计算机集成制造系统简要结构图

从图 2-43 中可以看出，CIMS 的结构是层次性的结构。最高层是经营决策层，是 CIMS 的核（CAD/CAM）设计计划层，此层可划分为两大部分，一部分是产品的计算机辅助设计和制造（CAD / CAM），另一部分是组织准备和管理，它是系统的支柱；作业层、FMS 与生产单元层是产品生产实施的层次，是系统的基础。图中的箭头表示 CIMS 各个层次的计算机之间的信息交换，最重要的信息将汇总到决策层，作为决策的依据，所以系统的计算机网络是系统的神经系统。MIS 系统贯穿 CIMS 各个层次，它的效率将决定产品生产是否能高效高质，以满足市场需求。

在 CIMS 中的一项关键技术就是解决 CAD/CAPP/CAM 的一体化问题，以及如何将设计、工艺和制造三者有机地集成起来，这一技术的解决有赖于对产品模型、数据交换标准和智能制造等先进技术的研究。目前，国内外都非常重视上述技术的研究和开发，并已取得了许多有应用价值的成果。

3. 集成制造系统的组成

CIMS 一般由四个功能分系统和两个支撑分系统构成。图 2-44 表示 CIMS 与外部信息的联系。四个功能分系统分别是管理信息分系统、工程设计自动化分系统、制造自动化分系统、质量保证分系统；两个支撑分系统为计算机通信网络分系统及数据库分系统。企业在实施 CIMS 时，应根据企业自身的需求和条件，分步或局部实施。

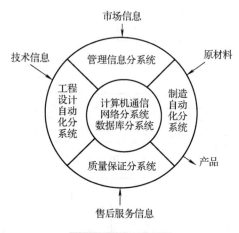

图 2-44　CIMS 组成

1) 管理信息分系统 (MIS)

管理信息分系统是以制造资源计划为核心，包括预测、经营决策、各级生产计划、生产技术准备、销售、供应、财务、成本、设备、工具、人力资源等管理信息功能，通过信息集成，达到缩短产品生产周期、降低流动资金占用率，提高企业应变能力的目的。因此，必须认真分析生产经营中物质流、信息流的运动规律，研究它们与企业各项经营、生产效益目标的关系，对企业生产经营活动中产生的各种信息进行筛选、分析、比较、加工、判断，从而实现信息集成与信息优化处理，保障企业能够有节奏、高效率地运行。管理信息系统有下列特点。

(1) 它是一个一体化的系统，把企业中各个子系统有机地结合起来。

(2) 它是一个开放系统，它与 CIMS 的其他分系统有着密切的信息联系。

(3) 所有的数据来源于企业的中央数据库 (这里是指逻辑上的)，各子系统在统一的环境下工作。

2) 工程设计自动化系统

它是指计算机辅助产品设计、制造准备以及产品性能测试等阶段的工作，通常称为 CAD/CAPP/CAM 系统。它可以使产品开发工作高效、优质地进行。

(1) CAD 系统包括产品结构的设计、定型产品的变形设计及模块化结构的产品设计。

CAD 系统应具备以下主要功能。

第一，产品方案设计的专家系统，该系统是将成熟的产品设计原则、方法等通过知识库形式存在计算机中，需要时可以调用并进行推理决策。应用该系统能使不熟练的设计人员设计出好的产品方案，但计算机不能自动产生新的设计原则和方法，所以系统需要不断地随技术进步而更新扩展。

第二，工程分析计算 (Computer Aided Engineering，CAE)，即计算机辅助工程。

第三，几何特征造型。目前几何造型是三维立体造型，通过立体造型可以使设计人员在产品还未生产出来之前就可以通过屏幕看到未来的产品。但是，几何造型没有考虑到工艺问题。特征造型的研究方向是在设计造型时将工艺因素也考虑进去，以便真正实现 CAD/CAPP/CAM 完全自动化。

第四，计算机绘图和文档编辑。几何造型后的零件通过投影转换可以变成视图、剖面图等，然后通过人机对话的方式标注尺寸、文字，成为产品设计图。产品设计图是通过计算机的外围设备绘图机自动绘制出来的。

第五，工程信息的有效存储、管理和共享，本项内容是工程数据库管理以及如何通过计算机网络与企业各部门(甚至外界)互相使用信息。

(2)CAPP 系统需要完成计算机按设计要求将原材料加工成产品所需要的详细工作指令的准备工作。

(3)CAM 系统通常进行刀具路径的规划、刀位文件的生成、刀具轨迹仿真以及 NC 代码的生成。

产品设计和制造过程，设计自动化系统在接到管理信息系统下达的产品设计指令后，进行产品设计、工艺过程设计和产品数控加工编程，并将设计文档、工艺规程、设备信息及工时定额发送给管理信息系统，将 NC 加工等工艺指令发送给制造自动化系统。

3)制造自动化分系统

它是在计算机的控制与调度下，按照 NC 代码将毛坯加工成合格的零件并装配成部件或产品。制造自动化系统的主要组成部分有加工中心、数控机床、运输小车、立体仓库及计算机控制管理系统等。

4)质量保证分系统

通过采集、存储、评价及处理存在于设计、制造过程中与质量有关的大量数据，从而提高产品的质量。

5)两个支撑分系统

(1)计算机通信网络分系统。它是支持 CIMS 各个系统的开放型网络通信系统，采用国际标准和工业标准规定的网络协议(如 MAP、TCP/IP)等，可实现异种机互联、异构局域网及多种网络的互联，满足各应用分系统对网络支持服务的不同需求，支持资源共享、分布处理、分布数据库、分层递阶和实时控制等。

(2)数据库分系统。它支持 CIMS 各分系统，覆盖企业全部信息，以实现企业的数据共享和信息集成。通常采用集中与分布相结合的三层递阶控制体系结构，即主数据管理系统、分布数据管理系统和数据控制系统，以保证数据的安全性、一致性及易维护性等。

4．集成制造系统的特征

目前在世界范围内 CIMS 正在不断地发展，人们对 CIMS 的认识也正在不断深化。至今，对 CIMS 的发展还没有形成一种统一的模式，但集成制造作为一种制造哲理，已被广泛接受。尽管 CIMS 的发展还没有固定的模式，但从 CIMS 已走过的发展道路来看，具有以下特征。

(1)CIMS 包含了现在已经被制造企业采用的各种自动化单元技术。例如，加工过程的自动化技术(FMS)；产品设计过程的自动化技术，如 CAD／CAM；生产管理过程的自动化技术，如物料需求计划(Material Requirements Planning，MRP)和全面质量控制(Total Quality Control，TQC)等。

（2）CIMS 的集成，必须高度依赖计算机网络及分布式数据库。关键之一是必须建立一种适用于工厂自动化的网络标准（如 TOP/MAP）和数据交换标准（如 IGES、STEP），并建立一个在逻辑上是全局性的，在物理上是分布性的综合数据库。

（3）CIMS 特别强调提高企业经营管理效率，并使之与企业中其他单元系统相互协调集成。因此，CIMS 比工厂自动化（FA）具有更广泛的内涵。

（4）CIMS 是一个复杂的大系统，技术复杂、投资大、周期长、风险也大。为了设计 CIMS，必须建立一整套自上而下的系统设计方法，同时必须按开放式体系结构的原则来设计，以便适应长远发展的需要。

（5）CIMS 十分重视人的作用，尽管 CIMS 是建立在全部制造加工过程的广泛的支持基础上的，但系统中人的作用始终是最重要的。

5. 实现 CIMS 的关键技术及我国在 CIMS 方面的发展

1）实现 CIMS 的关键技术

如前所述，CIMS 是自动化技术、信息技术、生产技术、网络技术、传感技术等多学科技术的相互渗透而产生的集成系统。由于 CIMS 的技术覆盖面太广，因此不可能由某一厂家成套供应 CIMS 技术与设备，而必然出现许多厂家供应的局面。另外，现有的不同技术，如数据库、CAD、CAPP、CAM 及计算机辅助质量管理（Computer Aided Quality，CAQ）等是按其应用领域相对独立地发展起来的，这就带来不同技术设备和不同软件之间的非标准化问题。而标准化及相应的接口技术对信息的集成是至关重要的。目前世界各国在解决软、硬件的兼容问题及各种编程语言的标准、协议标准、接口标准等方面做了大量工作，开发了如 MAP/TOP、IGES、STEP 等软件。

实现 CIMS 的另一个关键技术在于数据模型、异构分布数据管理系统及网络通信问题。这是因为一个 CIMS 涉及的数据类型是多种多样的，有图形数据、结构化数据（如关系数据）及非图形、非结构化数据（如 NC 代码）。如何保证数据的一致性及相互通信问题是一个至今没有很好解决的课题。现在人们探讨用一个全局数据模型，如产品模型来统一描述这些数据，这是未来 CIMS 的重要理论基础和技术基础。

第三个关键技术在于系统技术和现代管理技术。对这样复杂的系统 CIMS 如何描述、设计和控制，以便使系统在满意状态下运行，也是一个有待研究解决的问题。CIMS 会引起管理体制变革，所以生产规划、调度和集成管理方面的研究也是实现 CIMS 的关键技术之一。

2）我国在 CIMS 方面的进展

各国高新技术的发展水平已成为衡量一个国家综合国力及其国际地位的主要标志。为跟踪国际高新技术的发展，参与国际竞争，我国在 1986 年 3 月制定了国家高技术研究发展计划（即 863 计划）。在这个计划中，明确地将计算机集成制造系统确定为自动化领域的研究主题之一。这对我国制造业工厂自动化技术的导向既有长远意义又有现实意义。

国家 CIMS 工程技术研究中心全称为国家计算机集成制造系统工程技术研究中心，英文名称为 National CIMS Engineering Research Center，简称 CIMS 工程研究中心，或 CIMS-ERC。CIMS 工程研究中心是科学技术部于 1992 年批准组建的第一批国家工程研究中心，1995 年通过验收，并正式挂牌。

在 21 世纪初，我国 863/CIMS 主题战略目标是：在一批企业实现各有特色的 CIMS，并取得综合效益，促进我国的 CIMS 高技术产业的形成，建立先进的研究开发基地，攻克一批关键技术，造就一批 CIMS 人才，以 CIMS 技术促进我国制造业的现代化。为了实现这个战略目标，863/CIMS 主题按 4 个层次、10 个专题进行研究和开发。

4 个层次为应用工程、产品开发、技术攻关和应用基础研究。每个层次有不同的目标、评价指标和运行方式，各层次之间相互衔接，互为支持，形成一个有机整体。其中应用工程是重点，选择了飞机、机床、纺织机、汽车、家电和服装等部门企业作为应用工厂，开展典型 CIMS 应用系统的开发。

10 个专题为：CIMS 总体设计与实施、CIMS 发展战略及体系结构、CIMS 总体集成技术、集成产品设计自动化系统、集成工艺设计自动化系统、集成制造自动化系统、CIMS 管理与决策支持系统、集成质量控制系统、计算机网络与数据库系统、CIMS 系统技术与方法。

10 年来，在我国 863/CIMS 主题"效益驱动、总体规划、重点突出、分步实施"十六字方针的指导下，CIMS 在我国的研究、开发与应用取得了重大进展，完成了一批 CIMS 前沿技术的研究，开发了一批具有实用价值的 CIMS 工具产品，建立了 10 多个典型 CIMS 工程。

总体来说，我国 CIMS 的发展经历了三个阶段：由 863/CIMS 主题确立时"CIMS 离我们还很远"的初始阶段，到典型 CIMS 示范企业建立时"CIMS 正向我们走来"的第二阶段，发展到目前"CIMS 就在我们身边"的推广应用阶段。CIMS 技术的进步和发展，为我国小面积推广应用、继续跟踪国际先进技术打下了良好的基础。

此外，CIMS 作为新型的生产模式，其本身也处于不断的发展和更新当中，并且有着非常强的应用前景，制造业实际的变化和需要也会推动 CIMS 的研究与发展。人们围绕 CIMS 的总目标，将并行工程、精益生产、敏捷制造、智能制造、虚拟制造、绿色制造、全球制造等许多新概念、新思想、新技术、新方法引入 CIMS 当中。这些新的制造理念都有其自身特有的生产过程组织形式，并与特定的生产管理方法相联系，形成人、技术、管理的全面集成。同时这些新的制造理念的提出和研究应用也推动了 CIMS 的发展，使制造业展现出前所未有的新的发展局面。

2.13.3　柔性制造系统

柔性制造系统(Flexible Manufacturing System，FMS)是由统一的信息控制系统、物料储运系统和一组数字 FMS 加工设备组成的，能适应加工对象变换的自动化机械制造系统。

1. 柔性制造系统分类

柔性制造系统可以分为柔性制造单元、柔性制造系统、柔性制造生产线三种类型。

(1)柔性制造单元。柔性制造单元(Flexible Manufacturing Cell，FMC)是在制造单元的基础上发展起来的具有柔性制造系统部分特点的一种单元。通常由一台具有零件缓冲区、换刀装置及托板自动更换装置的数控机床或加工中心与工件储存、运输装置组成，具有适应加工多品种产品的灵活性和柔性，可以作为加工中 FMS 的基本单元，也可将其视为一个规模最小的 FMS，是 FMS 向廉价化及小型化方向发展的产物。

(2)柔性制造系统。柔性制造系统是以数控机床或加工中心为基础，配以物料传送装置组成的生产系统。FMS 通常包括两台或两台以上的 CNC 机床(或加工中心)，由集中的控制系统及物料系统连接起来，该系统由电子计算机实现自动控制，可在不停机的情况下实现多品种、中小批量的加工管理。FMS 是使用柔性制造技术最具代表性的制造自动化系统。柔性制造系统适合加工形状复杂、加工工序多、批量大的零件。其加工和物料传送柔性大，但人员柔性仍然较低。

(3)柔性制造生产线。柔性制造生产线(Flexible Manufacturing Line，FML)是把多台可以调整的机床(多为专用机床)连接起来，配以自动运送装置组成的生产线。该生产线可以加工批量较大的不同规格零件。柔性程度低的柔性制造生产线在性能上接近大批量生产用的制造生产线；柔性程度高的柔性制造生产线接近于小批量、多品种生产用的柔性制造系统。

2. 柔性制造系统的构成

就机械制造业的柔性制造系统而言，其基本组成部分包括以下几个子系统，如图 2-45 所示。

(1)加工子系统：指以成组技术为基础，把外形尺寸(形状不必完全一致)、重量大致相似，材料相同，工艺相似的零件集中在一台或数台数控机床或专用机床等设备上加工的系统。

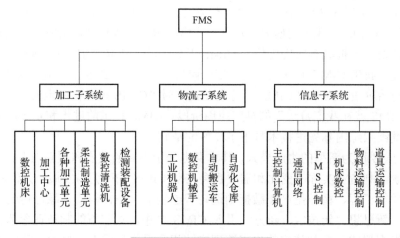

图 2-45　柔性制造系统构成

(2)物流子系统：指由多种运输装置构成，如传送带、轨道转盘以及机械手等完成工件、刀具等的供给与传送的系统，它是柔性制造系统主要的组成部分。

(3)信息子系统：指对加工和运输过程中所需各种信息收集、处理、反馈，并通过电子计算机或其他控制装置(液压、气压装置等)，对机床或运输设备实行分级控制的系统。

3. 柔性制造系统的优点及发展趋势

1)柔性制造系统的优点

柔性制造系统是一种技术复杂、高度自动化的系统，它将微电子学、计算机和系统工程等技术有机地结合起来，理想地解决了机械制造高自动化与高柔性化之间的矛盾。

具体优点如下。

(1)设备利用率高。一组机床编入柔性制造系统后，产量比这组机床在分散单机作业时的产量提高数倍。

(2)减少生产周期。

(3)生产能力相对稳定。自动加工系统由一台或多台机床组成，发生故障时，有降级运转的能力，物料传送系统也有自行绕过故障机床的能力。

(4)产品质量高。零件在加工过程中，装卸一次完成，加工精度高，加工形式稳定。

(5)运行灵活。有些柔性制造系统的检验、装卡和维护工作可在第一班完成，第二、第三班可在无人照看下正常生产。在理想的柔性制造系统中，其监控系统还能处理如刀具的磨损调换、物流的堵塞疏通等运行过程中不可预料的问题。

(6)产品应变能力大。刀具、夹具及物料运输装置具有可调性，且系统平面布置合理，便于增减设备，满足市场需要。

2)柔性制造系统的发展趋势

随着科学技术水平的日益提高，柔性制造系统将在各种技术发展的推动下继续迅速发展。

(1)柔性制造系统与计算机辅助设计和辅助制造系统相结合，利用原有产品系列的典型工艺资料，组合设计不同模块，构成各种不同形式的具有物料流和信息流的模块化柔性系统。

(2)现代企业已经实现从产品决策、产品设计、生产到销售的整个生产过程自动化，特别是管理层次自动化的计算机集成制造系统。在这个大系统中，柔性制造系统作为计算机集成制造系统的重要组成部分，必然会随着计算机集成制造系统的发展而发展。

(3)构成 FMS 的各项技术，如加工技术、运储技术、刀具管理技术、控制技术以及网络通信技术的迅速发展，毫无疑问会大大提高 FMS 系统的性能。在加工中采用喷水切削加工技术和激光加工技术，并将许多加工能力很强的加工设备如立式、卧式镗铣加工中心，高效万能车削中心等用于 FMS 系统，大大提高了 FMS 的加工能力和柔性，提高了 FMS 的系统性能。AVG 小车及自动存储、提取系统的发展和应用，为 FMS 提供了更加可靠的物流运储方法，同时也能缩短生产周期，提高生产率。刀具管理技术的迅速发展，为及时而准确地为机床提供适用刀具提供了保证。同时可以提高系统柔性、设备利用率、降低刀具费用、消除人为错误、提高产品质量、延长无人操作时间并最终提高劳动生产率。

习题与思考题

2-1　什么是生产过程和工艺过程？

2-2　什么是工序、安装、工步、走刀和工位？

2-3　生产类型是根据什么划分的？常用的生产类型有哪几种？

2-4　什么是基准？工艺基准包括哪几种？

2-5　基准分为哪两类？粗、精基准选择原则有哪些？为什么粗基准通常只允许使用一次？

2-6　毛坯选择时，应考虑哪些因素？

2-7　表面加工方法选择时应考虑哪些因素？

2-8　工件加工质量要求较高时，应划分哪几个加工阶段？各加工阶段的主要任务是什么？划分加工阶段的原因是什么？

2-9　机械加工工序应如何安排？

2-10　什么是加工工序余量和加工总余量？加工余量的确定方法有哪几种？影响工序间加工余量的因素有哪些？

2-11　何为时间定额？批量生产时，时间定额由哪些部分组成？

2-12　安排热处理工序的目的是什么？有哪些热处理工序？

2-13　何为工序集中？何为工序分散？工序集中和工序分散各有何特点？决定工序集中与分散的主要因素是什么？为什么说目前和将来大多倾向于采用工序集中的原则来组织生产？

2-14　有色金属零件为什么不宜选用磨削加工的方法？是否绝对不能采用？

2-15　零件在进行机械加工前为什么要定位？

2-16　在大批大量生产条件下，加工一批直径为 $\phi25^{0}_{-0.03}$ mm，长度58mm的光轴，其表面粗糙度 $Ra < 0.16\mu m$，该零件材料为45钢。请确定其加工方法。

2-17　某机床厂年产CW6140普通车床500台，已知机床主轴的备品率为20%，废品率为4%，试计算主轴的生产纲领。此主轴属于何种生产类型？工艺过程应有何特点？

2-18　加工图2-46所示零件，其粗基准、精基准应如何选择？（其中，图2-46(a)齿轮零件简图，毛坯为模锻件；图2-46(b)为液压缸零件图，毛坯为铸件；图2-46(c)为飞轮简图，毛坯为铸件。）

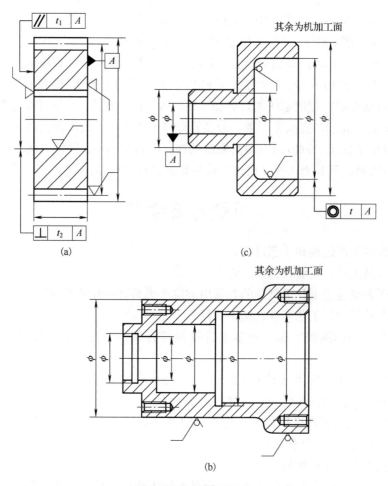

图2-46　习题2-18图

2-19　在图2-47所示的工件中，$L_1 = 70^{-0.025}_{-0.050}$ mm，$L_2 = 60^{0}_{-0.025}$ mm，$L_3 = 20^{+0.15}_{0}$ mm，L_3 不便直接测量，试重新给出测量尺寸，并标注该测量尺寸公差。

2-20　图2-48所示为铣键槽示意图，图中键槽深度为 $5^{+0.3}_{0}$ mm，该尺寸不便直接测量，为检验槽深是否合格，可直接测量哪些尺寸，并标注这些尺寸的尺寸和公差。

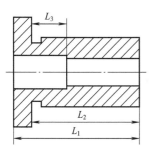

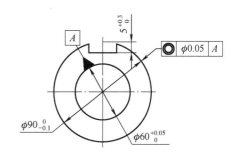

图 2-47　习题 2-19 图　　　　　　　　图 2-48　　习题 2-20 图

2-21　图 2-49 为齿轮轴截面图，要求保证轴径尺寸 $\phi 28^{+0.024}_{+0.008}$ mm 和键槽深 $t = 4^{+0.16}_{0}$ mm。其工艺规程为：(1)车外圆至 $\phi 28.5^{0}_{-0.10}$ mm；(2)铣键槽槽深至尺寸 H；(3)热处理；(4)磨外圆至尺寸 $\phi 28^{+0.024}_{+0.008}$ mm。试求工序尺寸 H 及其极限偏差。

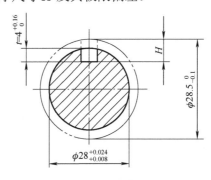

图 2-49　习题 2-21 图

2-22　一批小轴加工工艺过程为：车外圆至 $\phi 20.6^{0}_{-0.04}$ mm，渗碳淬火，磨外圆至 $\phi 20^{0}_{-0.02}$ mm。试计算保证淬火层深度为 0.7～1.0mm 的渗碳工序深入深度 t。

第3章　机床夹具设计原理

本章知识要点

(1)工件定位基本原理。

(2)定位方式及定位元件。

(3)定位误差的分析与计算。

(4)工件在夹具中的夹紧。

(5)各类机床夹具。

(6)机床夹具的设计步骤与方法。

探索思考

(1)工件定位的空间自由度和机械原理中的平面自由度有何不同?

(2)工件使用机床夹具安装的条件?

预习准备

工件的安装方法、机床夹具的分类以及专用机床夹具的组成等方面的知识。

3.1　机床夹具概述

1. 工件的安装方法

工件在机床上加工时,由于加工精度和生产批量的不同,工件可能有不同的安装方法,归纳如下。

1) 直接找正安装

在这种安装方式中,工件直接安放在机床工作台或通用夹具(如三爪卡盘、四爪卡盘、平口钳、电磁吸盘等)上,工件的定位是由操作者利用划针、百分表等量具直接校准工件的待加工表面,也可校准工件上某一个相关表面,从而使工件获得正确的位置。如图 3-1 所示在内圆磨床上磨削一个与外圆表面有很高同轴度要求的筒形工件的内孔时,为保证工件定位的外圆表面轴心线与磨床头架回转轴线的

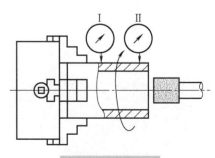

图 3-1　直接找正法

同轴度要求，加工前可先把工件装在四爪夹盘上，用百分表在位置Ⅰ和Ⅱ处直接对外圆表面找正，直至认为该外圆表面已取得正确位置后用夹盘将其夹牢固定。找正用的外圆表面即定位基准。

直接找正安装比较普遍，如轴类、套类、圆盘类工件在卧式或立式车床上的安装；齿坯在滚齿机上的安装等。

用这种方法安装工件时，找正比较费时，且定位精度的高低主要取决于所用工具或量仪的精度，以及工人的技术水平，定位精度不易保证，生产效率低，通常用于单件、小批量生产。

2)画线找正安装

按加工要求预先在待加工的工件表面上划出加工表面的位置线，然后在机床上按划出的线找正工件的方法，称为画线找正安装。画线找正安装的定位精度比较低，一般在0.2～0.5mm，因为画线本身有一定的宽度，画线又有画线误差，找正时还有观察误差等。这种方法广泛用于单件、小批生产，更适用于形状复杂的大型、重型铸锻件以及加工尺寸偏差较大的毛坯。

3)专用夹具安装

工件安装在为其加工专门设计和制造的夹具中，无须找正，就可以迅速而可靠地保证工件相对机床和刀具的正确位置，并可迅速夹紧。但由于夹具的设计、制造和维修需要一定的投资，所以只有在成批生产或大批大量生产中，才能取得比较好的效益。对于单件小批量生产，当采用直接找正安装难以保证加工精度，或非常费工时，也可以考虑采用专用夹具安装。

2. 机床夹具的定义

在成批生产、大量生产中，工件的装夹是通过机床夹具实现的。机床夹具是工艺系统的重要组成部分，它在生产中应用十分广泛。

在机床上加工工件时，为了使工件在该工序所加工表面达到图纸规定的尺寸、形状和相互位置精度等要求，必须使工件在机床上占有正确的位置，这一过程称为工件的定位。为使该正确位置在加工过程中不发生变化，就需要使用特殊的工艺方法将工件夹紧压牢，这一过程称为工件的夹紧。从定位到夹紧的全过程称为工件的装夹。机械加工中，在机床上用以确定工件位置并将其夹紧的工艺装备称为机床夹具。

3. 机床夹具的作用

(1)保证加工精度。用机床夹具装夹工件，能准确确定工件与刀具、机床之间的相对位置关系，可以保证批量生产一批工件的加工精度。

(2)提高生产效率。机床夹具能快速地将工件定位和夹紧，可以减少辅助时间，提高生产效率。在生产批量较大时，比较容易实现多件、多工位加工，使装夹工件的辅助时间与基本时间重合；当采用自动化程度较高的夹具时，可进一步缩短辅助时间，从而大大提高劳动生产率。

(3)对工人的技术水平要求不高和减轻工人的劳动强度。采用夹具装夹工件，工件的定位精度由夹具本身保证，不需要操作者有较高的技术水平；机床夹具采用机械、气动、液动夹紧装置，可以减轻工人的劳动强度。

(4)扩大机床的使用范围。在机床上配备专用夹具，可以扩大机床的加工范围，如在车床或钻床使用镗模可以代替镗床镗孔，使车床、钻床具有镗床的功能。

4．机床夹具的分类

按夹具的应用范围和使用特点，机床夹具可以分为以下几类。

(1)通用夹具。通用夹具是指结构已经标准化，且有较大适用范围的夹具，一般作为通用机床的附件提供，如车床的三爪自定心卡盘和四爪单动卡盘，铣床用的平口钳及分度头，镗床用的回转工作台等。这类夹具通用性强，广泛应用于单件小批生产中。

(2)专用夹具。专用夹具是针对某一工件的某道工序专门设计制造的夹具，它一般在产品成批或大量生产中使用，是机械制造厂应用数量最多的一种机床夹具。此类夹具的特点是针对性强，结构紧凑，操作简便，生产率高；缺点是需专门设计制造，成本较高，当产品变更时无法继续使用。

(3)组合夹具。组合夹具是用一套预先制造好的标准元件和合件组装而成的夹具。组合夹具用过之后可方便地拆开、清洗后存放，待组装成新的夹具。因此，组合夹具具有结构灵活多变，设计和组装周期短，夹具零部件能长期重复使用等优点，适于在多品种单件小批生产或新产品试制等场合应用。组合夹具的缺点是一次性投资较大。

(4)成组夹具。成组夹具是在采用成组加工时，为每个零件组设计制造的夹具，当改换加工同组内另一种零件时，只需调整或更换夹具上的个别元件，即可进行加工。成组夹具适于在多品种、中小批生产中应用。

(5)随行夹具。它是一种在自动线上使用的移动式夹具，在工件进入自动线加工之前，先将工件装在夹具中，然后夹具连同被加工工件一起沿着自动线依次从一个工位移到下一个工位，直到工件在退出自动线加工时，才将工件从夹具中卸下。随行夹具是一种始终随工件一起沿着自动线移动的夹具。

此外，按使用机床类型，可将夹具分为车床夹具、钻床夹具、铣床夹具、镗床夹具、磨床夹具、拉床夹具、齿轮机床夹具以及组合机床夹具等类型。

按夹具动力源，可将夹具分为手动夹紧夹具、气动夹紧夹具、液压夹紧夹具、气液联动夹紧夹具、电磁夹具、真空夹具等。

5．专用机床夹具的组成

机床夹具一般由下列元件或装置组成。

(1)定位元件。定位元件是用来确定工件正确位置的元件，被加工工件的定位基面与夹具定位元件直接接触或相配合。如图3-2中的定位心轴6。

(2)夹紧装置。夹紧装置是使工件在外力作用下仍能保持其正确定位位置的装置。如图3-2中的锁紧螺母5和开口垫圈4。

(3)对刀元件、导向元件。对刀元件、

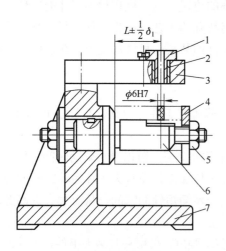

图 3-2　钻床夹具

1-钻套；2-衬套；3-钻模板；4-开口垫圈；
5-锁紧螺母；6-定位心轴；7-夹具体

导向元件是指夹具中用于确定(或引导)刀具相对于夹具定位元件具有正确位置关系的元件，如钻套、镗套、对刀块等。图 3-2 中的钻套 1 即导向元件。

(4)夹具体。夹具体是夹具的基础元件，用于连接并固定夹具上各元件及装置，使之成为一个整体。夹具通过夹具体与机床联结，使夹具相对机床具有确定的位置，如图 3-2 中的夹具体 7。

(5)其他元件及装置。根据加工要求，有些夹具尚需设置分度转位装置、靠模装置、工件抬起装置和辅助支承等装置。

应该指出，并不是每台夹具都必须具备上述的各组成部分。但一般说来，定位元件、夹紧装置和夹具体是每一夹具都应具备的基本组成部分。

3.2　工件在夹具中的定位

3.2.1　工件在夹具中定位的目的

工件在夹具中的定位，对保证加工精度起着决定性的作用。在使用夹具的情况下，就要使机床、刀具、夹具和工件之间保持正确的加工位置。工件在夹具中定位的目的就是使同一批工件在夹具中占有同一正确的加工位置。为此，必须选择合适的定位元件，设计相应的定位和夹紧装置，同时，要保证有足够的定位精度。

3.2.2　工件定位基本原理

物体在空间具有六个自由度，即沿三个坐标轴的移动(分别用符号 $\vec{x}$、$\vec{y}$ 和 $\vec{z}$ 表示)和绕三个坐标轴的转动(分别用 $\hat{x}$、$\hat{y}$ 和 $\hat{z}$ 表示)，如图 3-3 所示，如果完全限制了物体的这六个自由度，则物体在空间的位置就完全确定了。

工件定位的实质就是要根据加工要求限制对加工有不良影响的自由度。设空间有一固定点，工件的底面与该点保持接触，那么工件沿 z 轴的位置自由度便被限制了。如果按图 3-4 所示设置六个固

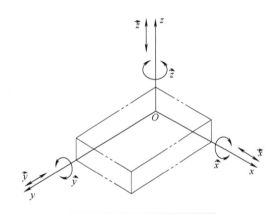

图 3-3　物体在空间的自由度

定点，工件的三个面分别与这些点保持接触，工件的六个自由度都被限制了。底面三个不共线的支承点限制工件沿 z 轴移动和绕 y 轴、x 轴转动的自由度；侧面两个连线与底面平行的两个支承点限制了工件沿 x 轴移动和绕 z 轴转动的自由度；端面一个支承点限制了工件沿 y 轴移动的自由度，如图 3-5 所示。这些用来限制工件自由度的固定点称为定位支承点，简称支承点。

欲使工件在空间处于完全确定的位置，必须选用与加工件相适应的六个支承点来限制工件的六个自由度，这就是工件定位的六点定位原理。

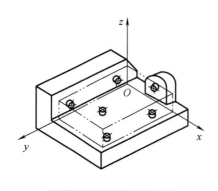

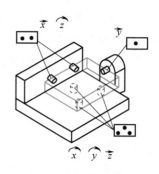

图 3-4　工件的六点定位　　　　　图 3-5　六个支承点限制工件的六个自由度

但应注意的是，有些定位装置的定位点不如上述例子直观，一个定位元件可以体现一个或多个支承点。要根据定位元件的工作方式及其与工件接触范围的大小而定，如一个较小的支承平面与尺寸较大的工件相接触时只相当于一个支承点，只能限制一个自由度；一个平面支承在某一方向上与工件接触，就相当于两个支承点，能限制两个自由度；一个支承平面在二维方向与工件接触，就相当于三个支承点，能限制三个自由度；一个与工件里孔的轴向接触范围小的圆柱定位销（短圆柱销）相当于两个支承点，限制两个自由度；一个与工件里孔在轴向有大范围接触的圆柱销（长圆柱销）相当于四个支承点，可以限制四个自由度等。另外，支承点的分布必须合理，如图 3-4 侧面上的两个支承点不能垂直布置，否则工件绕 z 轴转动的自由度不能限制。常用的典型定位元件及其所限制的自由度情况如表 3-1 所示。

表 3-1　典型定位元件及其所限制的自由度

工件定位基面	定位元件	定位方式及所限制的自由度	工件定位基面	定位元件	定位方式及所限制的自由度
平面	支承钉	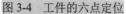	平面	固定支承与自位支承	
	支承板			固定支承与辅助支承	

续表

工件定位基面	定位元件	定位方式及所限制的自由度	工件定位基面	定位元件	定位方式及所限制的自由度
圆孔	定位销（心轴）		外圆柱面	V 形块	
	锥销			定位套	
外圆柱面	支承板或支承钉			锥套	
	半圆孔		锥孔	顶尖	
				锥心轴	

注：□内点数表示相当于支承点的数目，□外注表示定位元件所限制工件的自由度。

3.2.3　工件定位时的几种情况

加工时工件的定位需要限制几个自由度，完全由工件的加工要求所决定。

1. 完全定位

工件的六个自由度完全被限制的定位称为完全定位。例如，图 3-6(a)所示工件上铣一个槽，要求保证工序尺寸 A、B、C，保证槽的侧面和底面分别与工件的侧面和底面平行。为保证工序尺寸 A 以及槽底和工件底面平行，工件的底面应放置在与铣床工作台面相平行的平面上定位，三点可以决定一个平面，这就相当于在工件的底面上设置了三个支承点，它限制了工件 $\vec{z}$、$\hat{y}$ 和 $\hat{x}$ 三个自由度；为保证工序尺寸 B 以及槽侧面与工件侧面平行，工件的侧面应紧靠与铣床工作台纵向进给方向相平行的某一直线，两点可以决定一条直线，这就相当于让工件侧面靠在两个支承点上，它限制了工件 $\vec{x}$ 和 $\vec{z}$ 两个自由度；为保证工序尺寸 C，工件的端面紧靠在一支承点，以限制工件 $\hat{y}$ 自由度。这样，工件的六个自由度完全被限制，满足了加工要求。

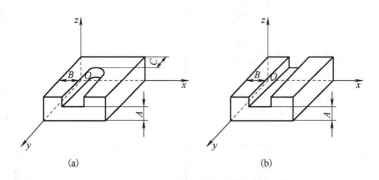

图 3-6　铣槽加工不同定位分析

2. 不完全定位

在保证加工精度的前提下，并不需要完全限制工件的六个自由度，不影响加工要求的自由度可以不限制，称为不完全定位。例如，图 3-6(b)所示工件上铣通槽，限制 $\vec{x}$、$\vec{z}$、$\hat{x}$、$\hat{y}$ 和 $\vec{z}$ 五个自由度，就可以保证图 3-6(b)所示工件的加工要求，工件沿 y 方向的移动自由度可以不加限制。

3. 欠定位

根据加工要求，工件应该限制的自由度未被限制，称为欠定位。例如，图 3-6(b)铣槽工序需限制了 $\vec{x}$、$\vec{z}$、$\hat{x}$、$\hat{y}$ 和 $\vec{z}$ 五个自由度，如果在工件侧面上只放置一个支承点，则工件的 $\vec{z}$ 自由度就未被限制，加工出来的工件就不能满足尺寸 B 的要求，也不能满足槽侧面与工件侧面平行的要求，很显然欠定位不能保证加工要求，因此是不允许的。

4. 过定位

几个定位元件重复限制工件某一自由度的定位现象，称为过定位。过定位一般是不允许的，因为它可能产生破坏定位、工件不能装入、工件变形或夹具变形。但如果工件与夹具定位面的精度比较高而不会产生干涉，则过定位也是允许的，因为它可以提高工件的安装刚度和加工的稳定性。例如，图 3-7 为在滚齿机上加工齿轮简图，工件以里孔和端面作为定位基面装夹在滚齿机心轴 1 和支承凸台 3 上，心轴 1 限制了工件的 $\vec{x}$、$\vec{y}$ 和 $\hat{x}$、$\hat{y}$ 四个自由度，支承凸台 3 限制了工件的 $\vec{z}$ 和 $\hat{x}$、$\hat{y}$ 三个自由度，心轴 1 和支承凸台 3 同时重复限制了工件的 $\hat{x}$、$\hat{y}$ 两个自由度，出现了过定位现象。由于工件孔中心线与端面存在垂直度误差，滚齿机心轴轴线与支承凸台平面存在垂直度误差，因此工件定位时，将出现工件端面与支承凸台不完全接触，若用螺母 7 将工件 4 压紧在支承凸台 3 上后，会使机床心轴产生弯曲变形或使工件产生翘曲变形，其结果都将破坏工件的定位要求，从而严重影响工件的定位精度。

如图 3-8 为双联齿轮的零件图，齿轮两端面对花键里孔大径轴线有跳动的位置公差要求。除了保证齿轮传动的使用要求，还可以防止加工齿形由于过定位出现工件不能装入、工件变形或夹具变形等。

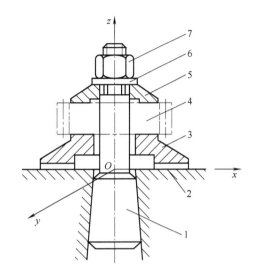

图 3-7　过定位分析示例

1-心轴；2-工作台；3-支承凸台；4-工件；
5-压块；6-垫圈；7-压紧螺母

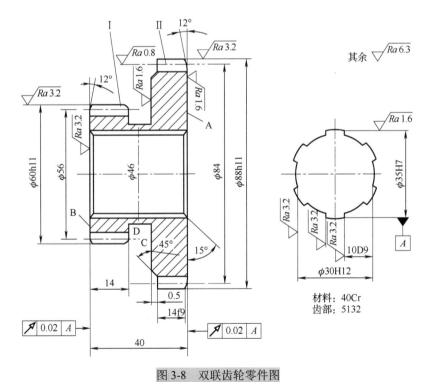

图 3-8　双联齿轮零件图

消除过定位一般有两个途径，一是改变定位元件的结构，以消除被重复限制的自由度。例如，将图 3-7 中的支承凸台 3 大端面改成小端面，或将心轴 1 和工件里孔接触范围缩小。二是提高工件定位基面之间以及夹具定位元件之间的位置精度，以减少或消除过定位引起的干涉。

3.2.4　定位方式及定位元件

工件定位方式不同，夹具定位元件的结构形式也不同，这里只介绍几种常用定位方式及所用定位元件，实际生产中使用的定位元件都是这些基本定位元件的组合。

1. 工件以平面定位常用定位元件

机械加工中，利用工件上一个或几个平面作为定位基准的定位方式称为平面定位。例如，各种箱体、支架、机座、连杆、圆盘等类工件，常以平面或平面与其他表面组合为定位基准进行定位。以平面作为定位基准所用的定位元件主要有支承钉、支承板、可调支承、自位支承以及辅助支承等。平面定位是支承定位，通过工件定位基准平面与定位元件表面相接触而实现定位。

(1)支承钉。常用支承钉的结构形式如图 3-9 所示。平头支承钉(图 3-9(a))用于支承精基准面；球头支承钉(图 3-9(b))用于支承粗基准面；网纹顶面支承钉(图 3-9(c))能产生较大的摩擦力，但网槽中的切屑不易清除，常用在工件以粗基准定位且要求产生较大摩擦力的侧面定位场合。一个支承钉相当于一个支承点，限制一个自由度；在一个平面内，两个支承钉限制两个自由度；不在同一直线上的三个支承钉限制三个自由度。

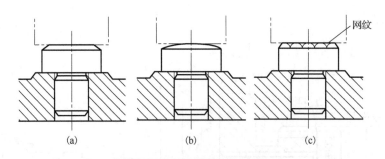

图 3-9　常用支承钉的结构形式

(2)支承板。常用支承板的结构形式如图 3-10 所示。平面型支承板(图 3-10(a))结构简单，但沉头螺钉处清理切屑比较困难，适于作侧面和顶面定位；带斜槽型支承板(图 3-10(b))，在带有螺钉孔的斜槽中允许容纳少许切屑，适于作底面定位。当工件定位平面较大时，常用几块支承板组合成一个平面。一个支承板相当于两个支承点，限制两个自由度；两个(或多个)支承板组合，相当于一个平面，可以限制三个自由度。

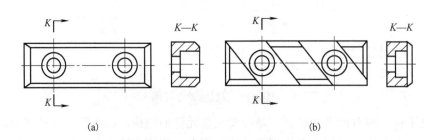

图 3-10　常用支承板的结构形式

(3)可调支承。支承点的位置可以在一定范围内调整的支承称为可调支承。常用可调支承的结构形式如图 3-11 所示。可调支承多用于支承工件的粗基准面，支承点可以根据需要进行调整，调整到位后用螺母锁紧。一个可调支承限制一个自由度。

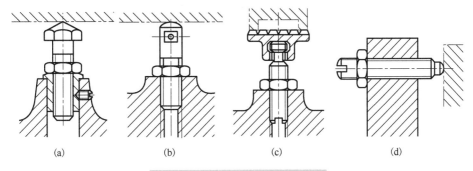

图 3-11　常用可调支承的结构形式

（4）自位支承。支承本身在定位过程中，支承点的位置随工件定位基准位置变化而自动调整并与之相适应的一类支承称为自位支承。常用自位支承的结构形式如图 3-12 所示。由于自位支承是活动的或是浮动的，无论结构上是两点或三点支承，其实质只起一个支承点的作用，所以自位支承只限制一个自由度。使用自位支承的目的在于增加与工件的接触点，减小工件变形或减少接触应力。

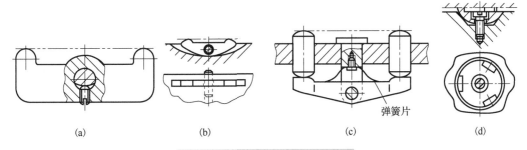

图 3-12　常用自位支承的结构形式

（5）辅助支承。辅助支承只在工件定位后才参与支承，只起提高工件刚性和稳定性的作用，不限制工件自由度。因此，辅助支承不能作为定位元件。图 3-13 列出了辅助支承的几种结构形式。图 3-13（a）结构简单，但在调整时支承钉要转动，会损坏工件表面，也容易破坏工件定位；图 3-13（b）所示结构在旋转螺母 1 时，支承钉 2 受装在衬套 4 键槽中的止动销 3 的限制，只作直线移动；图 3-13（c）为自动调节支承，支承销 6 受下端弹簧 5 的推力作用与工件接触。当工件定位夹紧后，回转手柄 9 通过锁紧螺钉 8 和斜面顶销 7 将支承销 6 锁紧；图 3-13（d）为推式辅助支承，支承滑柱 11 通过推杆 10 向上移动与工件接触，然后回转手柄 13，通过钢球 14 和半圆键 12 将支承滑柱 11 锁紧。

以精基准大平面作为定位基面时，可采用数个平头支承钉或支承板作为定位元件，其作用相当于一个大平面，但几个支承板装配到夹具体上后须进行磨削，以保证支承平面等高，且与夹具体底面保持必要的位置精度。

支承钉或支承板的工作面应耐磨，以利于保持夹具定位精度。直径小于 12mm 的支承钉及小型支承板，一般用 T7A 钢制造，淬火后硬度 60～64HRC；直径大于 12mm 的支承钉及较大型的支承板一般采用 20 钢制造，渗碳淬火后硬度 60～64HRC。

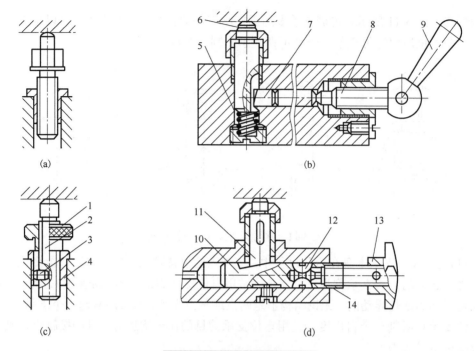

图 3-13　辅助支承的结构形式

1-旋转螺母；2-支承钉；3-止动销；4-衬套；5-弹簧；6-支承销；7-斜面顶销；
8-锁紧螺钉；9、13-回转手柄；10-推杆；11-支承滑柱；12-半圆键；14-钢球

2. 工件以孔定位常用定位元件

即工件以孔作为定位基准的定位方式，工件以孔定位常用的定位元件有定位销和心轴等。定位孔与定位元件之间处于配合状态，能够保证孔轴线与夹具定位元件轴线重合，属于定心定位。

1) 定位销

定位销按定位元件的形状又可分为圆柱销和圆锥销。

(1) 圆柱销。图 3-14 为常用圆柱销的典型结构。当工件的孔径尺寸较小时,可选用图 3-14(a)所示的结构；当工件同时以圆孔和端面组合定位时，则应选用图 3-14(b)所示的带有支承端面的结构；当孔径尺寸较大时，选用图 3-14(c)所示的结构；大批大量生产时，为了便于圆柱销的更换，可采用图 3-14(d)所示带衬套的结构形式。用定位销定位时，短圆柱销限制两个自由

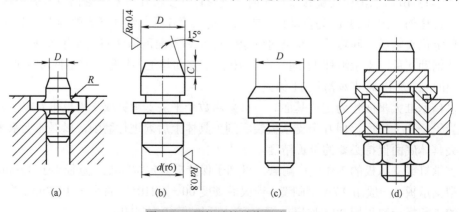

图 3-14　圆柱销的结构形式

度；长圆柱销可以限制四个自由度；其中图 3-14(a)、(b)、(c)三种为固定式。固定式圆柱销直接装配在夹具体上使用，结构简单，但不便于更换。

圆柱销结构已标准化，为便于工件顺利装入，圆柱销头部应有 15°的大倒角。圆柱销的材料 $D<16$mm 时一般用 T7A 钢，淬火后硬度 57～60HRC；$D>16$mm 时用 20 钢，渗碳深度 0.8～1.2mm，淬火后硬度 53～58HRC。

(2)圆锥销。在实际生产中，也有圆柱孔用圆锥销定位的方式，见图 3-15。这种定位方式是圆柱面与圆锥面接触，由于两者的接触为线接触，工件容易倾斜，故圆锥销常和其他定位元件组合定位。圆锥销比短圆柱销多限制一个沿轴向移动自由度，即共限制工件三个移动方向自由度。图 3-15(a)用于粗基准定位，图 3-15(b)用于精基准定位，这种定位方式也属于定心定位。

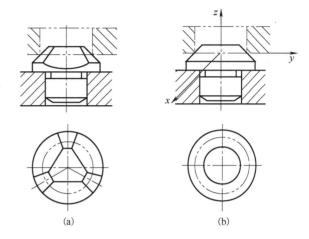

图 3-15　圆锥销的结构形式

2)心轴

心轴主要用于加工盘类或套类零件的定位。心轴的结构形式很多，图 3-16 是几种常用的心轴结构形式。图 3-16(a)为过盈配合心轴，限制工件四个自由度，图 3-16(b)为间隙配合心轴，限制工件五个自由度，其中外圆柱部分限制四个自由度，轴凸台限制一个自由度；图 3-16(c)为小锥度心轴，装夹工件时，通过工件孔和心轴接触表面的弹性变形夹紧工件，定位时，工件楔紧在心轴上，靠孔的弹性变形产生的少许过盈消除间隙，并产生摩擦力带动工件回转，而不需另外夹紧。使用小锥度心轴定位可获得较高的定位精度，它可以限制五个自由度。

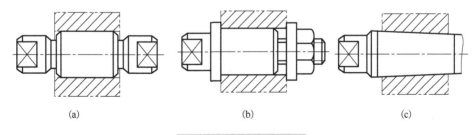

图 3-16　心轴的结构形式

3. 工件以外圆柱面定位常用定位元件

工件以外圆柱定位在生产中经常用到，如轴类零件、盘类零件、套类零件等。工件以外圆柱定位常用定位元件有 V 形块、定位套和半圆套。

1)V 形块

外圆柱面采用 V 形块定位应用最广，V 形块两斜面间的夹角一般为 60°、90°和120°，90° V 形块应用最多，其结构已标准化。V 形块的常用结构形式如图 3-17 所示。图 3-17(a)为短 V 形块精基准定位；图 3-17(b)为两个短 V 形块组合，用于工件定位基面较长的精基准定位；图 3-17(c)为淬硬钢镶块或硬质合金镶块用螺钉固定在 V 形铸铁底座上，用于工件长度和直径均较大的定位；图 3-17(d)为用于较长的粗基准或阶梯轴定位，V 形块工作面的长度一般较短，以提高定位的稳定性；图 3-17(e)、图 3-17(f)是两种浮动式 V 形块结构。短 V 形块限制两个自由度，长 V 形块限制四个自由度，浮动式短 V 形块只限制一个自由度。

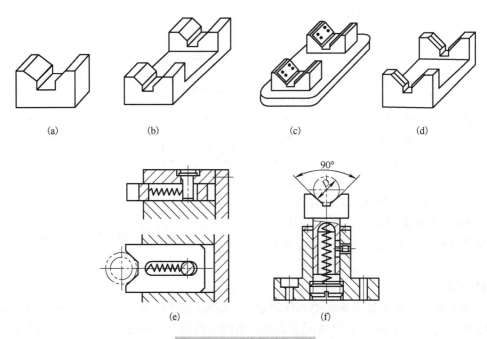

图 3-17　V 形块的结构形式

　　V 形块定位对中性好，即能使工件的定位基准(轴线)对中在 V 形块两斜面的对称面上，而不受工件直径误差的影响，此外 V 形块可用于非完整外圆表面的定位，并且安装方便。

　　V 形块的材料一般选用 20 钢，渗碳深度 0.8～1.2mm，淬火后硬度 60～64HRC。

2)定位套

　　工件以外圆柱面在定位套中定位，常将定位套镶装在夹具体中。图 3-18 是常用的定位套结构形式。图 3-18(a)用在工件以端面为主要定位基面的场合，短定位套限制工件的两个自由度；图 3-18(b)用在工件以外圆柱表面为主要定位基面的场合，长定位套限制工件的四个自由度；图 3-18(c)用于工件以圆柱面端部轮廓为定位基面，锥孔限制工件的三个自由度。定位套应用较少，主要用于形状简单的小型轴类零件的定位。

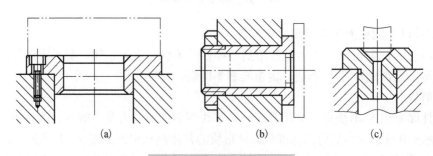

图 3-18　定位套的结构形式

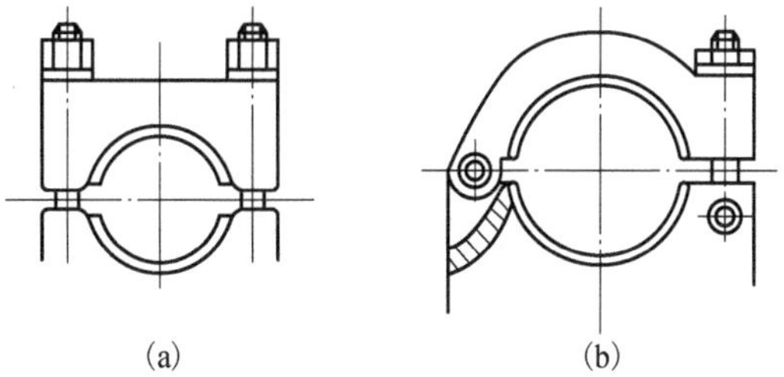

3) 半圆套

当工件尺寸较大,用圆柱孔定位不方便时,可将圆柱孔改成两半,下半孔用作定位,上半孔用于夹紧工件。图 3-19 是典型半圆套定位装置。短半圆套限制两个自由度;长半圆套限制四个自由度。这种定位方式常用于不便轴向安装的大型轴套类零件的精基准定位。

(a)　　　　　　　　(b)

图 3-19　半圆套的结构形式

4. 工件以组合表面定位常用定位元件

为满足实际生产加工要求,有时采用几个定位面相组合的方式进行定位称为组合表面定位。常见的组合形式有两顶尖孔、一端面一孔、一端面一外圆、一面两孔等,与之相对应的定位元件也是组合式的。例如,长轴类零件采用双顶尖组合定位;箱体类零件采用一面两孔组合定位。

几个表面同时参与定位时,各定位基面在定位中所起的作用有主次之分。例如,轴以两顶尖孔在车床前后顶尖上定位时,前顶尖孔为主要定位基面,限制三个自由度,后顶尖为辅助定位基面,只限制两个自由度。

3.3　定位误差的分析与计算

3.3.1　定位误差分析

1. 定位误差概念

工件在夹具中的位置是以其定位基面与定位元件相接触(配合)来确定的。然而,定位基面、定位元件的工作表面的制造误差,会使一批工件在夹具中的实际位置不一致,工件加工后形成尺寸误差。这种由于工件在夹具上定位不准而造成的加工误差称为定位误差,用 Δ_{dw} 表示,它包括基准位置误差 Δ_{jw} 和基准不重合误差 Δ_{jb}。当定位基准与工序基准不重合时产生基准不重合误差,因此选择定位基准时应尽量与设计基准相重合。工件在夹具中定位时,定位副的制造公差和最小配合间隙的影响,导致定位基准在加工尺寸方向上产生位移,从而使各个工件的位置不一致,产生加工误差,这个误差称为基准位置误差。基准位置误差等于定位基准在工序尺寸方向的最大变动量。

2. 定位误差计算公式

在采用调整法加工一批工件时,定位误差的实质是工序基准在加工尺寸方向上的最大变动量。采用试切法加工,不存在定位误差。

基准位移误差和基准不重合误差均应沿工序尺寸方向度量,如果与工序尺寸方向不一致,则应投影到工序尺寸方向计算。

定位误差计算公式为

$$\Delta_{dw} = \Delta_{jw} + \Delta_{jb} \tag{3-1}$$

式中,"+"、"−"号的确定方法如下。

(1)分析定位基面直径由小变大(或由大变小)时,定位基准的变动方向。

(2)定位基面直径同样变化时,假设定位基准的位置不变动,分析工序基准的变动方向。

(3)两者的变动方向相同时,取"+"号;两者的变动方向相反时,取"−"号。

使用夹具以调整法加工工件时，由于夹具定位、工件夹紧及加工过程都可能产生加工误差，故定位误差仅是加工误差的一部分，因此在设计和制造夹具时一般限定定位误差不超过工件相应尺寸公差的 1/5～1/3。

3.3.2　典型定位方式的定位误差计算

1. 工件以平面定位

工件以平面定位，夹具上相应的定位元件是支承钉或支承板，工件定位面的平面度误差和定位元件的平面度误差都会产生定位误差。对高度工序尺寸来说，如图 3-20 所示，当用已加工平面作定位基面时，此项误差很小，一般可忽略不计。对于水平方向的工序尺寸，其定位基准为工件左侧面 A，工序基准与定位基准重合，即 $\Delta_{jb}=0$；由于工件左侧面与底面存在角度误差（$\pm\Delta\alpha$），对于一批工件来说，其定位基准 A 最大变动量即水平方向的基准位移误差：

$$\Delta_{jw}=2H\tan\Delta\alpha \tag{3-2}$$

水平方向尺寸定位误差为

$$\Delta_{dw}=\Delta_{jb}+\Delta_{jw}=2H\tan\Delta\alpha \tag{3-3}$$

式中，H 为侧面支承点到底面的距离，当 H 等于工件高度的一半时，定位误差达最小值，所以从减小误差出发，侧面支承点应布置在工件高度一半处。

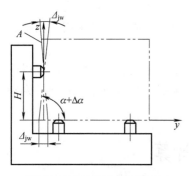

图 3-20　平面定位误差计算

2. 工件以内孔表面定位

工件以孔定位时，夹具上的定位元件可以是心轴或是定位销。图 3-21 是以内孔定位铣平面的工序简图，由图可知，工序尺寸 A 的定位基准与工序基准重合，无基准不重合误差，即 $\Delta_{jb}=0$；对于定位孔与定位元件为过盈配合情况，由于定位基面与限位基准无径向间隙，即使定位孔的直径尺寸有误差，定位时孔的表面位置有变动，但孔中心的位置却是固定不变的，故无基准位置误差；对于定位孔与定位元件为间隙配合的情况，根据定位元件放置的形式不同，分为以下两种情况。

（1）定位销（心轴）水平放置。如图 3-22（a）所示，工件装到定位销中后，由于自重作用，工件定位孔与心轴上母线接触。在孔径最大、轴径最小的情况下，孔的中心在 O_1 处；在孔径最小、轴径最大的情况下，孔的中心在 O_2 处。孔中心的最大变动量 O_1O_2 即基准位置误差为

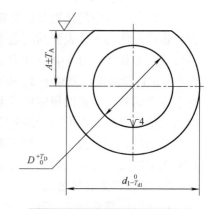

图 3-21　以内孔定位铣平面简图

$$\Delta_{jw}=O_1O_2=\frac{1}{2}(D_{max}-d_{min})-\frac{1}{2}(D_{min}-d_{max})$$
$$=\frac{(D_{min}+T_D)-(d_{max}-T_d)}{2}-\frac{D_{min}-d_{max}}{2}=\frac{1}{2}(T_D+T_d) \tag{3-4}$$

式中，D_{min}、D_{max} 为定位孔的最小直径与最大直径；T_D 为定位孔的公差；d_{min}、d_{max} 为定位销的最小直径与最大直径；T_d 为定位销的公差。

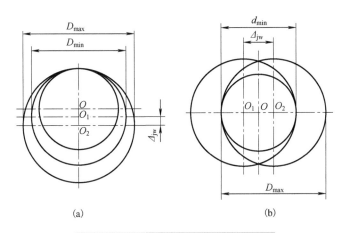

图 3-22　工件以孔定位的定位误差分析

(2)定位销(心轴)垂直放置。如图 3-22(b)所示，工件装到定位销上时，工件定位孔与定位销可在任意母线接触。在孔径最大、轴径最小的情况下，孔中心的位置变动量最大。这时的基准位置误差为

$$\Delta_{\mathrm{jw}} = 2OO_1 = 2\left(\frac{D_{\max} - d_{\min}}{2}\right) = (D_{\min} + T_D) - (d_{\max} - T_d) = T_D + T_d + \Delta_{\min} \tag{3-5}$$

式中，$\Delta_{\min}$ 为孔与轴配合的最小间隙。

例 3-1　图 3-23 为在金刚石镗床上镗活塞销孔的示意图，活塞销孔轴线对活塞裙部内孔中心线的对称度要求为 0.02mm。以裙部内孔及端面定位，内孔与定位销的配合为 $\phi95\mathrm{H7/g6}$。求对称度的定位误差，并分析定位质量。

解： 由已知条件查表得 $\phi95\mathrm{H7} = \phi95^{+0.035}_{0}\,\mathrm{mm}$，

$\phi95\mathrm{g6} = \phi95^{-0.012}_{-0.034}\,\mathrm{mm}$。

(1)基准不重合误差 Δ_{jb} 计算。对称度的工序基准是裙部内孔中心线，定位基准也是裙部内孔中心线，两者重合，故 $\Delta_{\mathrm{jb}} = 0$。

(2)基准位置误差 Δ_{jw} 计算。如图所示，定位销垂直放置，由公式(3-5)可得

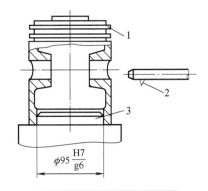

图 3-23　镗活塞销孔示意图

1-活塞；2-镗刀；3-定位销

$$\Delta_{\mathrm{jw}} = T_D + T_d + \Delta_{\min} = 0.035 + 0.022 + 0.012 = 0.069(\mathrm{mm})$$

(3)所以对称度的定位误差为

$$\Delta_{\mathrm{dw}} = \Delta_{\mathrm{jb}} + \Delta_{\mathrm{jw}} = 0.069\mathrm{mm}$$

(4)在镗活塞销孔时，要求保证活塞销孔轴线对裙部内孔中心线的对称度公差为 0.02mm，由定位误差不超过工件相应尺寸公差的 $1/5\sim1/3$ 的原则，$0.069 > \dfrac{1}{3} \times 0.02$，故该定位方案不能满足所要求的加工精度。

3. 工件以外圆柱表面定位

工件以外圆柱定位常用定位元件有 V 形块、定位套和半圆套，尤以 V 形块为定位元件居多。图 3-24 为圆柱形工件在 V 形块上定位铣键槽的例子。对于键槽深度尺寸可以有 h_1、h_2、h_3 三种标注方法。其工序基准分别是工件的中心线、上母线和下母线，其定位误差的计算可分以下三种情况。

(1) 以工件外圆轴线为工序基准标注键槽深度尺寸 h_1（图 3-24(a)）。V 形块定位，工件的定位基准是工件轴心线。工序尺寸 h_1 的工序基准与工件的定位基准重合，无基准不重合误差，即 $\Delta_{jb}(h_1) = 0$。

当工件直径有变化时，与 V 形块接触的母线位置发生变化，但工件轴心线只在垂直方向有位置变化，而在水平方向轴心线的变动量为零，此即 V 形块的对中性。在垂直方向上，基准位置误差为

$$\Delta_{jw}(h_1) = O_1O_2 = \frac{d}{2\sin(\alpha/2)} - \frac{d-T_d}{2\sin(\alpha/2)} = \frac{T_d}{2\sin(\alpha/2)} \tag{3-6}$$

式中，T_d 为工件外圆直径公差；α 为 V 形块夹角。

铣键槽工序的定位误差为

$$\Delta_{dw}(h_1) = \Delta_{jb}(h_1) + \Delta_{jw}(h_1) = \frac{T_d}{2\sin(\alpha/2)} \tag{3-7}$$

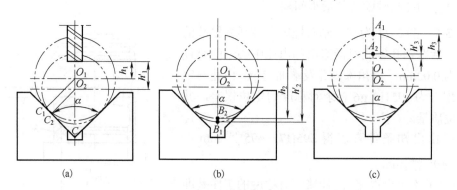

(a)　　　　　　　　　　　(b)　　　　　　　　　　　(c)

图 3-24　工件在 V 形块定位铣键槽

(2) 以工件外圆下母线为工序基准标注键槽深度尺寸 h_2（图 3-24(b)）。工序基准与定位基准不重合，故有基准不重合误差，其值为工序基准相对于定位基准在工序尺寸 h_2 方向上的最大变动量，即 $\Delta_{jb}(h_2) = \frac{T_d}{2}$。

基准位置误差其值同前，$\Delta_{jw}(h_2) = O_1O_2 = \frac{T_d}{2\sin(\alpha/2)}$，但两者仍需考虑其加减关系。当工件直径由小变大时，工件中心线由下向上移动，该变动将导致工序尺寸增大；当工件直径由小变大时，下母线相对于工件中心线由上向下移动，该变动将导致工序尺寸减小。由于这两项误差因素导致工序尺寸作相反方向的变化，所以应该将二者相减，故其定位误差为

$$\Delta_{dw}(h_2) = \Delta_{jw}(h_2) - \Delta_{jb}(h_2) = \frac{T_d}{2\sin(\alpha/2)} - \frac{T_d}{2} = \frac{T_d}{2}\left[\frac{1}{\sin(\alpha/2)} - 1\right] \tag{3-8}$$

(3) 以工件外圆上母线为工序基准标注键槽深度尺寸 h_3 (图 3-24(c))。工序基准与定位基准不重合，故有基准不重合误差，其值为工序基准相对于定位基准在工序尺寸 h_3 方向上的最大变动量，即 $\Delta_{jb}(h_3) = \dfrac{T_d}{2}$。

基准位置误差其值同前，$\Delta_{jw}(h_3) = O_1 O_2 = \dfrac{T_d}{2\sin(\alpha/2)}$。对于工序尺寸 h_3，工序基准为工件上母线，其基准不重合误差为 $\Delta_{jb} = \dfrac{1}{2}T_d$。由于工件直径公差 T_d 是影响基准位置误差和基准不重合误差的公共因素，因此必须考虑其相加减的关系。

当工件直径由小变大时，工件中心线由下向上移动。由于铣刀成型面的位置是固定不动的，所以该变动将导致工序尺寸增大；同样地，当工件直径由小变大时，上母线相对于工件中心线由下向上移动，该变动也会导致工序尺寸增大。由于这两项误差因素导致工序尺寸作相同方向的变化，所以应该将二者相加，故其定位误差为

$$\Delta_{dw}(h_3) = \Delta_{jw}(h_3) + \Delta_{jb}(h_3) = \frac{T_d}{2\sin(\alpha/2)} + \frac{T_d}{2} = \frac{T_d}{2}\left[\frac{1}{\sin(\alpha/2)} + 1\right] \tag{3-9}$$

由以上分析可知，按图示方式定位铣削键槽时，键槽深度尺寸由上母线标注时，其定位误差最大；由下母线标注时，其定位误差最小。因此从减小误差的角度考虑，在进行零件图设计时，应采用 h_1 或 h_2 的标注方法。

4. 组合定位时的定位误差

以箱体类零件采用一面两孔组合定位为例。图 3-25 所示箱体零件采用"一面两孔"组合定位，支承平面限制了 $\hat{z}$、$\hat{x}$、$\hat{y}$ 三个自由度，短圆柱销 I 限制 $\hat{x}$ 和 $\hat{y}$ 两个自由度，短圆柱销 II 限制了 $\hat{x}$ 和 $\hat{z}$ 两个自由度。由于两个短圆柱销同时限制了 $\hat{x}$ 自由度，出现了过定位现象。当工件上两定位孔的中心距和夹具上两定位销的中心距处于极限位置时，会出现工件无法装入的情况。为防止工件定位孔无法装入夹具上定位销的情况，采取以菱形销(削边销)代替一个圆柱销的办法解决，如图 3-26 所示，削边部分必须在两销连线方向上，使菱形销(削边销)不限制 $\hat{x}$ 自由度，实现完全定位。

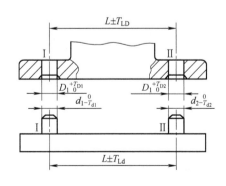

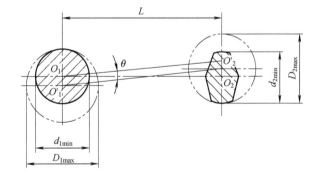

图 3-25　一面两孔组合定位　　　　　　　　图 3-26　一面两孔定位的定位误差分析

工件以一面两孔定位，有可能出现图 3-26 所示工件轴线偏斜的极限情况，即左边定位孔 I 与圆柱销在上边接触，而右面的定位孔 II 与菱形销在下边接触。当两孔直径均为最大、两销直径均为最小时，工件轴线相对于两销轴线的最大偏转角为

$$\theta = \arctan \frac{O_1 O_1' + O_2 O_2'}{L} \tag{3-10}$$

式中，$O_1 O_1' = \frac{1}{2}(D_{1\max} - d_{1\min})$；$O_2 O_2' = \frac{1}{2}(D_{2\max} - d_{2\min})$。

$$\theta = \arctan \frac{D_{1\max} - d_{1\min} + D_{2\max} - d_{2\min}}{2L} \tag{3-11}$$

一面两孔定位时转角定位误差的计算公式为

$$\Delta_{\mathrm{dw}} = \pm\arctan \frac{D_{1\max} - d_{1\min} + D_{2\max} - d_{2\min}}{2L} \tag{3-12}$$

例 3-2　图 3-27 所示为工件以间隙配合水平放置心轴定位铣键槽时的零件简图。图中给出了键槽深度尺寸的五种标注方法。试计算针对键槽深度工序尺寸的定位误差。

解：当心轴水平放置时，基准位置误差 $\Delta_{\mathrm{jw}} = \frac{1}{2}(T_D + T_d)$。

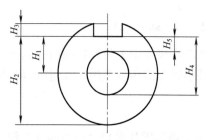

图 3-27　工件以水平心轴定位铣削键槽

（1）对于工序尺寸 h_1，由于工序基准与定位基准重合，基准不重合误差为零，故 $\Delta_{\mathrm{jb}}(h_1) = 0$；所以定位误差

$$\Delta_{\mathrm{dw}}(h_1) = \Delta_{\mathrm{jw}} = \frac{1}{2}(T_D + T_d)$$

式中，T_D 为定位孔公差；T_d 为心轴公差。

（2）对工序尺寸 h_2，定位基准与工序基准不重合，故有 $\Delta_{\mathrm{jb}}(h_2) = \frac{1}{2}T_{d1}$；由于在影响基准位移误差和基准不重合误差的因素中，没有任何一个误差因素对两者同时产生影响，考虑到各误差因素的独立变化，在计算定位误差时，应将两者相加，即

$$\Delta_{\mathrm{dw}}(h_2) = \Delta_{\mathrm{jw}} + \Delta_{\mathrm{jb}} = \frac{1}{2}(T_D + T_d) + \frac{1}{2}T_{d1} = \frac{1}{2}(T_D + T_d + T_{d1}) \tag{3-13}$$

式中，T_{d1} 为套筒公差。

（3）对工序尺寸 h_3，$\Delta_{\mathrm{jb}}(h_3) = \frac{1}{2}T_{d_1}$，由于在影响基准位移误差和基准不重合误差的因素中，也没有公共误差因素，因此在计算定位误差时，还应将二者相加，即

$$\Delta_{\mathrm{dw}}(h_3) = \Delta_{\mathrm{jw}} + \Delta_{\mathrm{jb}} = \frac{1}{2}(T_D + T_d) + \frac{1}{2}T_{d1} = \frac{1}{2}(T_D + T_d + T_{d1}) \tag{3-14}$$

（4）对工序尺寸 h_4，$\Delta_{\mathrm{jb}}(h_4) = \frac{1}{2}T_D$，由于误差因素 T_D 既影响基准位移误差又影响基准不重合误差，两者变动引起工序尺寸作相同方向变化，故定位误差为两项误差之和，即

$$\Delta_{\mathrm{dw}}(h_4) = \Delta_{\mathrm{jw}} + \Delta_{\mathrm{jb}} = \frac{1}{2}(T_D + T_d) + \frac{1}{2}T_D = T_D + \frac{1}{2}T_d \tag{3-15}$$

（5）对工序尺寸 h_5，$\Delta_{\mathrm{jb}}(h_5) = \frac{1}{2}T_D$，内孔直径公差仍是影响基准位移误差和基准不重合误差的公共因素，两者变动引起工序尺寸作相反方向变化，故定位误差为两项误差之差，即

$$\Delta_{dw}(h_5) = \Delta_{jw} - \Delta_{jb} = \frac{1}{2}(T_D + T_d) - \frac{1}{2}T_D = \frac{1}{2}T_d \tag{3-16}$$

3.4　工件在夹具中的夹紧

3.4.1　对工件夹紧装置的基本要求

夹紧装置是夹具的重要组成部分，在设计夹紧装置时应满足以下基本要求。

(1)夹紧过程不得破坏工件在夹具中的正确定位位置。

(2)夹紧力大小要适当。既要保证工件在加工过程中定位的稳定性和可靠性，又要防止因夹紧力过大使工件产生较大的夹紧变形和表面损伤。夹紧机构一般应能自锁。

(3)操作方便、安全、省力。

(4)结构应尽量简单，紧凑，并尽量采用标准化元件，便于制造。

3.4.2　夹紧力的确定

夹紧力包括大小、方向和作用点三要素，下面分别讨论。

1. 夹紧力方向的选择

(1)夹紧力的方向应垂直于工件的主要定位基面，以有利于工件的准确定位。图 3-28 所示镗孔工序要求保证孔轴线与 A 面垂直，则应以 A 面为主要定位基面，夹紧力方向应与 A 面垂直。否则由于 A 面与 B 面的垂直度误差，很难保证孔轴线与 A 面的垂直度要求。

(2)夹紧力的作用方向应与工件刚度最大的方向一致，以减小工件的夹紧变形。图 3-29 为加工薄壁套筒零件的两种夹紧方式，由于工件轴向刚度大，用图 3-29(b)所示轴向夹紧方式比用图 3-29(a)所示径向夹紧方式，夹紧变形相对较小。

(3)夹紧力作用方向应尽量与工件的切削力、重力等的作用方向一致，以减小夹紧力。

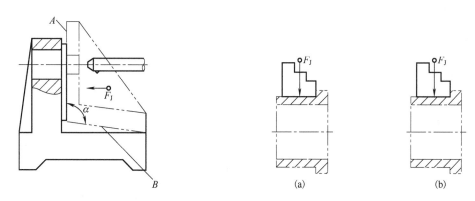

图 3-28　夹紧力垂直于主要定位面　　　　　　图 3-29　夹紧力与最大刚度一致

2. 夹紧力作用点的选择

(1)夹紧力的作用点应正对定位元件或位于定位元件所形成的支承面内，以保证工件已获得的定位不变。图 3-30 违背了这项原则，夹紧力的正确位置应如图中箭头所示。

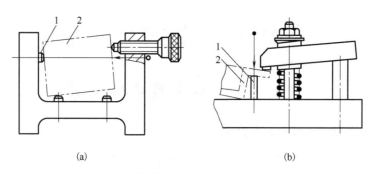

(a)　　　　　　　　　　　(b)

图 3-30　夹紧力作用点的位置

1-定位元件；2-工件

（2）夹紧力的作用点应位于工件刚性较好的部位，以减小工件的变形。如图 3-31 所示实线为夹紧力的正确作用点。

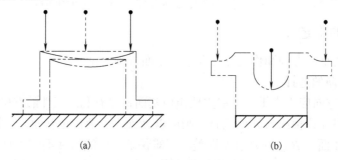

(a)　　　　　　　　　　　(b)

图 3-31　夹紧力作用点与工件变形

（3）夹紧力作用点尽量靠近加工表面，以减小切削力对工件造成的翻转力矩，防止或减小切削过程中的振动和变形。

3. 夹紧力的估算

确定夹紧力时，将工件视为分离体，将作用在工件上的各种力如切削力、夹紧力、重力和惯性力等根据静力平衡条件列出方程式，即可求得保持工件平衡所需最小夹紧力。最小夹紧力乘安全系数，即得到所需的夹紧力。一般安全系数粗加工取 2.5～3，精加工取 1.5～2。

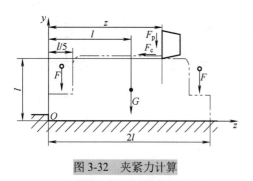

图 3-32　夹紧力计算

例 3-3　在图 3-32 所示刨平面工序中，G 为工件自重，F 为夹紧力，F_c、F_p 分别为主切削力和背向力。已知 $F_c=800N$，$F_p=200N$，$G=100N$。问需施加多大夹紧力才能保证此工序加工的正常进行？

解：取工件为分离体，工件所受的力如图所示，根据静力平衡原理，列出静力平衡方程式

$$F_c l - \left[Fl/10 + Gl + F(2l - l/10) + F_p z \right] = 0 \tag{3-17}$$

从夹紧的可靠性考虑，当 $z = l/5$ 时属最不利情况。将有关已知条件代入上式，即可求得夹紧力 $F=330N$；取安全系数 $k=3$，最后求得需施加的夹紧力 $F=990N$。

　　夹具设计中，夹紧力大小并非在所有情况下都需要计算。如手动夹紧装置中，常根据经验或类比法确定所需的夹紧力。

3.4.3　典型夹紧机构

1. 斜楔夹紧机构

　　斜楔是夹紧机构中最为基本的一种形式，它是利用斜面移动时所产生的力来夹紧工件，常用于气动和液压夹具中。图 3-33(a) 为一钻床夹具，它用移动斜楔 1 产生的力夹紧工件 2，取斜楔 1 为分离体，分析其所受的作用力，见图 3-33(b)，根据静力平衡条件，可得斜楔夹紧机构的夹紧力为

$$F_{\mathrm{J}} = \frac{F_{\mathrm{Q}}}{\tan\phi_1 + \tan(\alpha + \phi_2)} \tag{3-18}$$

式中，F_{Q} 为作用在斜楔上的作用力；α 为斜楔升角；ϕ_1 为斜楔与工件间的摩擦角；ϕ_2 为斜楔与夹具体间的摩擦角。夹紧机构一般都要求自锁，即在去除作用力 F_{Q} 后，夹紧机构仍能保持对工件的夹紧，斜楔自锁条件为

$$\alpha \leqslant \phi_1 + \phi_2 \tag{3-19}$$

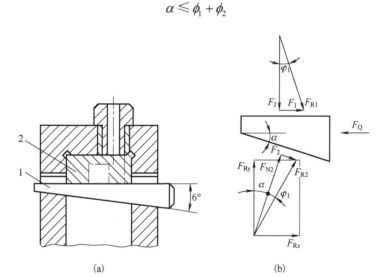

(a)　　　　　　　　　　　　(b)

图 3-33　斜楔夹紧

1-斜楔；2-工件

2. 螺旋夹紧机构

　　采用螺旋直接夹紧或与其他元件组合实现夹紧的机构，统称螺旋夹紧机构。螺旋夹紧机构可以看作绕在圆柱表面上的斜面，将它展开就相当于一个斜楔。

　　图 3-34 为最简单的螺旋夹紧机构，图 3-34(a) 为螺钉夹紧，螺钉头部直接压紧工件表面，螺钉转动时易划伤工件表面，且易使工件产生转动，破坏工件的定位。图 3-34(b) 在螺钉 3 的头部增加活动压块 1 与工件表面接触，拧螺钉时，压块不随螺钉转动，并且增大了承压面积，通过更换衬套 2 可提高夹紧机构的使用寿命。图 3-34(c) 为螺母夹紧，适用于夹紧毛坯表面。

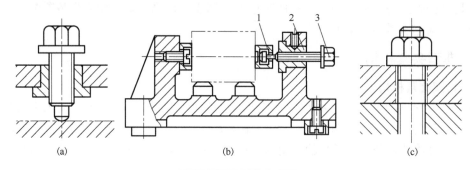

图 3-34 螺旋夹紧机构

1-活动压块；2-衬套；3-螺钉

螺旋夹紧机构结构简单，容易制造。由于螺旋升角小，螺旋夹紧机构的自锁性能好，夹紧力和夹紧行程都较大，在手动夹具上应用较多。图 3-35 所示为螺旋压板夹紧机构。拧动螺母 1 通过压板 4 压紧工件表面。采用螺旋压板组合夹紧时，由于被夹紧表面的高度尺寸有误差，压板位置不可能一直保持水平，在螺母端面和压板之间设置球面垫圈与锥面垫圈，可防止在压板倾斜时，螺栓不致因受弯矩作用而损坏。

3. 偏心夹紧机构

偏心夹紧机构是利用偏心轮回转半径逐渐增大而产生夹紧作用(图 3-36)，其原理和斜楔工作时斜面高度由小变大而产生的斜楔作用相同。偏心夹紧机构具有结构简单、夹紧迅速等优点；但它的夹紧行程小，增力倍数小，自锁性能差，常用于切削平稳、切削力不大的场合。

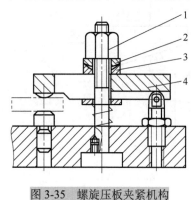

图 3-35 螺旋压板夹紧机构

1-螺母；2-球面垫圈；3-锥面垫圈；4-压板

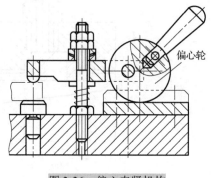

图 3-36 偏心夹紧机构

4. 定心夹紧机构

定心夹紧机构不仅能够实现定心作用，还起着将工件夹紧的作用。定心夹紧机构中与工件定位基面相接触的元件，既是定位元件，又是夹紧元件。

定心夹紧机构按工作原理可分为依靠定心夹紧机构等速移动实现定心夹紧和依靠定心夹紧机构产生均匀弹性变形实现定心夹紧两种类型。图 3-37 所示为一螺旋定心夹紧机构，螺杆 3 的两端分别有螺距相等的左、右螺纹，转动螺杆，通过左、右螺纹带动 2 个 V 形块 1 和 2 同步向中心移动，从而实现工件的定心夹紧。叉形件 7 可用来调整对称中心的位置。

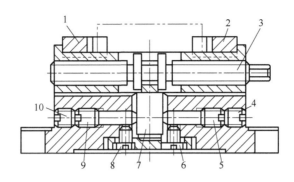

图 3-37　螺旋定心夹紧机构

1、2-V 形块；3-螺杆；4、5、6、8、9、10-螺钉；7-叉形件

图 3-38(a)为工件以外圆柱面定位的弹簧夹头，旋转螺母 4，其内螺孔端面推动弹性夹头 2 向左移动，锥套 3 内锥面迫使弹性夹头 2 上的簧瓣向里收缩，将工件夹紧。图 3-38(b)为工件以内孔定位的弹簧心轴，旋转带肩螺母 8 时，其端面向左推动锥套 7 迫使弹性夹头 6 上的簧瓣向外涨开，将工件定心夹紧。

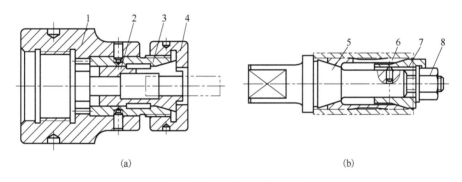

(a)　　　　　　　　　　　　　　　　(b)

图 3-38　弹性定心夹紧机构

1-夹具体；2、6-弹性夹头；3、7-锥套；4、8-螺母；6-锥度心轴

5. 联动夹紧机构

在夹紧机构设计中，有时需要对一个工件上的几个点或对多个工件同时进行夹紧，为减少装夹时间，简化机构，常采用各种联动夹紧机构。图 3-39 是联动夹紧机构实例，图 3-39(a)是为实现相互垂直的两个方向的夹紧力同时作用的联动夹紧机构；图 3-39(b)是为实现相互平行的两个夹紧力同时作用的联动夹紧机构。图 3-40 是多件联动夹紧机构实例。

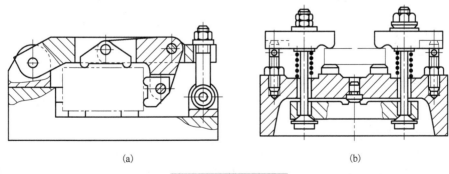

(a)　　　　　　　　　　　　　　　　(b)

图 3-39　联动夹紧机构

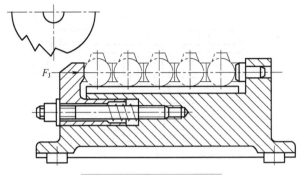

图 3-40 多件联动夹紧机构

3.4.4 夹紧的动力装置

夹紧分为手动夹紧和机动夹紧。但由于手动夹紧劳动强度大和生产效率低，尤其在大批大量生产中，多采用机动夹紧装置。机动夹紧的动力装置有气动、液动、电动、真空等，其中应用最广泛的是气动和液动夹紧装置。

1. 气动夹紧装置

气动夹紧装置是以压缩空气工作介质，其工作压力通常为 0.4～0.6MPa。气动传动系统中执行元件是汽缸，常用的汽缸结构有活塞式和薄膜式两种。

活塞式汽缸如图 3-41 所示，活塞杆 3 与传力装置或直接与夹紧元件相连，汽缸行程较长；图 3-42 所示为单向作用的薄膜式汽缸结构，薄膜 2 代替活塞将气室分为左右两部分。与活塞式汽缸相比，薄膜式汽缸的优点是密封性好、结构简单、寿命较长；缺点是工作行程较短，夹紧力随行程变化而变化。

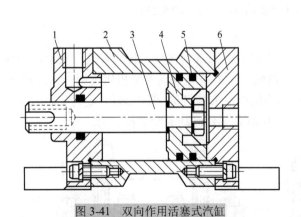

图 3-41 双向作用活塞式汽缸

1、6-端盖；2-汽缸体；3-活塞杆；4-活塞；5-密封圈

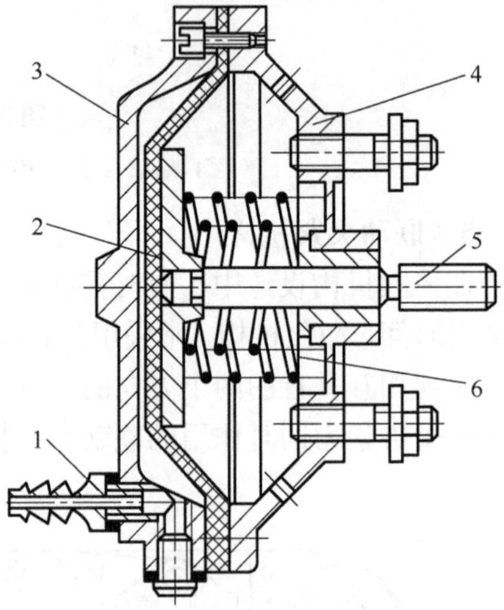

图 3-42 薄膜式汽缸

1-管接头；2-薄膜；3、4-左右汽缸壁；5-推杆；6-弹簧

2. 液压夹紧装置

液压夹紧装置的工作原理与气动夹紧装置基本相同，所不同的是以液压油为工作介质，工作压力可达 5～6.5MPa。与气压夹紧装置相比，液压夹紧装置的优点是：传递动力大，夹

具结构相对较小；油液不可压缩，夹紧可靠，工作平稳；噪声小。其缺点是须设置专门的液压系统，成本较高。

3.5　各类机床夹具

3.5.1　钻床夹具

钻床夹具就是引导刀具对工件进行孔加工的一种夹具，习惯上又称为钻模。用钻模加工孔，一方面可以保证孔的轴线不倾斜；另一方面可以保证被加工的孔系之间、孔与端面之间的位置精度要求。

1. 钻模的主要类型

钻模的种类很多，有固定式、回转式、翻转式、滑柱式和盖板式等多种形式。

(1)固定式钻模。加工中钻模板相对于工件的位置不变。图 3-43 为用于加工拨叉轴孔的固定式钻模。工件以底平面和外圆柱表面分别在夹具上的支承板 1 和长 V 形块 2 上定位，限制五个自由度；旋转手柄 8，由转轴 7 上的螺旋槽推动 V 形压头 5 夹紧工件；钻头由安装在固定式钻模板 3 上的钻套 4 导向。钻模板 3 用螺钉紧固在夹具体上。

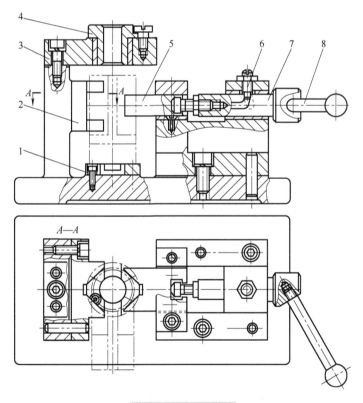

图 3-43　固定式钻模

1-支承板；2-长 V 形块；3-钻模板；4 钻套；5-V 形压头；6-螺钉；7-转轴；8-手柄

(2)回转式钻模。加工分布在同一圆周上的轴向或径向孔系，工件一次装夹，经夹具分度机构转位而顺序加工各孔。图 3-44 是用来加工工件上三个有角度关系径向孔的回转式钻模。工件以内孔、键槽和侧平面为定位基面，分别在夹具上的定位销 6、键 7 和支承板 3 上定位，限制六个自由度。由螺母 5 和开口垫圈 4 夹紧工件。分度装置由分度盘 9、等分定位套 2、拔销 1 和锁紧手柄 11 组成；工件分度时，拧松手柄 11，拔出拔销 1，旋转分度盘 9 带动工件一起分度，当转至拔销 1 对准下一个定位套 Ⅰ 或 Ⅱ 时，将拔销 1 插入，实现分度定位，然后再拧紧手柄 11 锁紧分度盘，即可加工工件上另一个孔。钻头由安装在固定式钻模板上的钻套 8 导向。

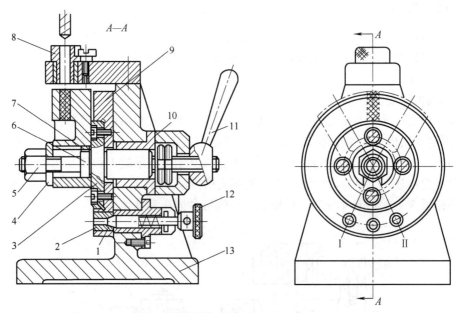

图 3-44　回转式钻模

1-拔销；2-等分定位套；3-支承板；4 开口垫圈；5-螺母；6-定位销；7-键；8-钻套；9-分度盘；10-衬套；11、12-手柄；13-底座

(3) 翻转式钻模。用于加工中小型工件分布在不同表面上的孔。图 3-45 所示是钻锁紧螺母上四个径向孔的翻转式钻模。工件以里孔和端面在涨套 3 和支承板 4 上定位，拧紧螺母 5 使工件夹紧。在工作台上将工件连同夹具一起翻转，顺序钻削工件上 4 个径向孔。该夹具结构简单，但需手动翻转钻模，因此工件连同夹具重量不能太重，常在中小批量生产中使用。

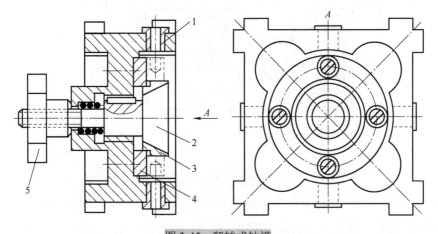

图 3-45　翻转式钻模

1-钻套；2-锥面螺栓；3-涨套；4-支承板；5-螺母

（4）滑柱式钻模。滑柱式钻模是一种具有升降模板的通用可调整钻模，图 3-46 所示为手动滑柱式钻模，转动手柄 5，使齿轮轴 1 上的齿轮带动齿条滑柱 2 和钻模板 3 上下升降，导向柱 6 起导向作用，保证钻模板位移的位置精度。

滑柱式钻模具有结构简单、操作方便迅速、广泛用于成批生产和大量生产中，但这种钻模应具有自锁机构。

（5）盖板式钻模。盖板式钻模无夹具体，图 3-47 所示为加工车床溜板箱小孔所用的盖板式钻模，工件以一面两孔定位，在钻模板上装有钻套和定位元件。盖板式钻模的优点是结构简单，适合于体积大而笨重工件的小孔加工。

2. 钻床夹具设计要点

（1）钻套。钻套是用来引导刀具的元件，用以保证孔的加工位置，并防止刀具在加工中偏斜。根据结构特点，钻套分为固定钻套、可换钻套、快换钻套和特殊钻套等多种形式。固定钻套（图 3-48）直接被压装在钻模板上，其位置精度较高，但磨损后不易更换，固定钻套多用于中小批生产；可换钻套结构如图 3-49（a）所示，钻套 1 装在衬套 2 中，衬套 2 压装在钻模板 3 中，为防止钻套在衬套中转动，钻

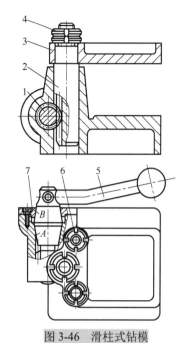

图 3-46　滑柱式钻模

1-齿轮轴；2-滑柱；3-钻模板；4-螺母；
5-手柄；6-导向柱；7-锥套

套用螺钉 4 紧固。可换钻套在磨损后可以更换，多用在大批量生产中；快换钻套如图 3-49（b）所示，具有快速更换钻套的特点，只需逆时针转动钻套使削边平面转至螺钉位置，即可向上快速取出钻套。适用于在工件的一次装夹中，顺序进行钻孔、扩孔、铰孔或攻螺纹等多个工步加工情况；特殊钻套为特定场合设计的钻套，图 3-50（a）用于在斜面上钻孔；图 3-50（b）用于钻孔表面离钻模板较远的场合；图 3-50（c）用于两孔孔距过小而无法分别采用钻套的场合。

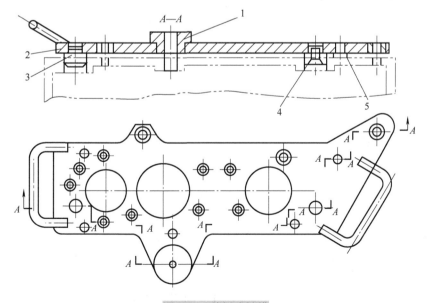

图 3-47　盖板式钻模

1-钻套；2-钻模板；3、4-定位销；5-支承钉

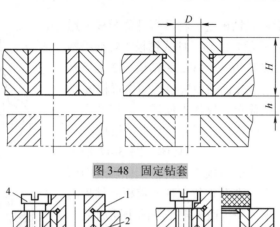

图 3-48　固定钻套

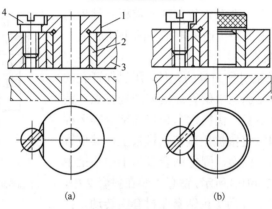

图 3-49　可换钻套

1-钻套；2-衬套；3-钻模板；4-螺钉

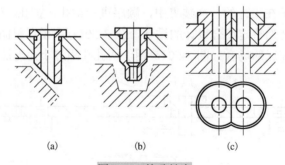

图 3-50　特殊钻套

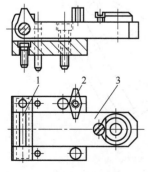

图 3-51　铰链式钻模板

1-铰链轴；2-菱形螺母；3-钻模板

钻套导向高度尺寸 H 越大导向性越好，但摩擦增大，一般取 $H=(1\sim2.5)D$，孔径小、精度要求较高时，H 取较大值。为便于排屑，排屑空间 h 应满足：加工钢件时，取 $h=(0.7\sim1.5)D$，加工铸铁件时，取 $h=(0.3\sim0.4)D$。大孔取较小的系数，小孔取较大的系数。

（2）钻模板。钻模板用于安装钻套，常见的钻模板有固定式、铰链式、分离式、悬挂式四种结构形式。固定式钻模板与夹具体是固定连接，图 3-43 所示钻模所用钻模板就是固定式钻模板，采用这种钻模板钻孔，位置精度较高；铰链式钻模板与夹具体通过铰链连接，如图 3-51 所示。加工时钻模板用菱形螺母 2 固紧，采用铰链式钻模板，工件装卸方便，由于铰链与销孔之间存在配合间隙，钻孔位置精度不高，主要用在生产规模不大、钻孔精度要求不高的场合；分离式钻模板(图 3-52)工件每装卸一次，钻模板也要装卸一次，装卸工件比较方便；悬挂式钻模板(图 3-53)与机床主轴箱相连接，并随主轴箱上下升降，钻模板下降同时夹紧工件。悬挂式钻模板常用在组合机床的多轴传动头加工平行孔系，生产效率高。

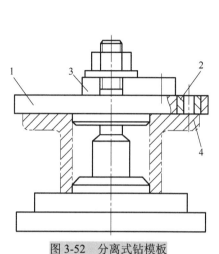

图 3-52　分离式钻模板

1-钻模板；2-转套；3-夹紧元件；4-工件

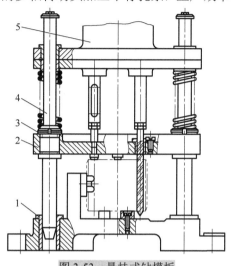

图 3-53　悬挂式钻模板

1-定位套；2-钻模板；3-螺母；4-滑柱；5-主轴箱

3.5.2　镗床夹具

1. 镗模的种类

镗床夹具习惯上又称为镗模，镗模与钻模有很多相似之处。根据镗模支架的布置形式可分为单面导向和双面导向两类。图 3-54 为单面单导向镗模，单面单导向要求镗杆与机床主轴刚性连接；单面双导向镗模(图 3-55)在刀具的后方向有两个导向套，镗杆与机床主轴浮动连接；双面单导向镗模(图 3-56)有两个镗模支架，分别布置

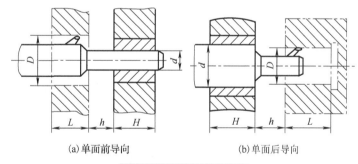

(a)单面前导向　　　　　(b)单面后导向

图 3-54　单面单导向镗模

在刀具的前后方，并要求镗杆与机床主轴浮动连接，镗孔的精度完全取决于夹具，而不受机床精度的影响。

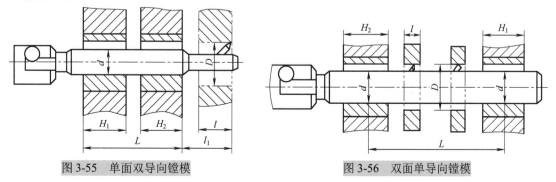

图 3-55　单面双导向镗模　　　　　　　　图 3-56　双面单导向镗模

2. 镗模的设计要点

(1)镗套。镗套用于引导镗杆，分为固定镗套和回转镗套。固定镗套的结构与钻套类似，它固定在镗模支架上而不能随镗杆一起转动，镗杆和镗套之间存在摩擦。固定镗套外形尺寸较小，多用于低速场合；回转镗套在镗孔过程中随镗杆一起转动，所以镗杆与镗套之间无相对转动，只有相对移动。回转镗套可分为滑动镗套(图 3-57(a))和滚动镗套(图 3-57(b))。回转镗套多用于速度较高的场合。

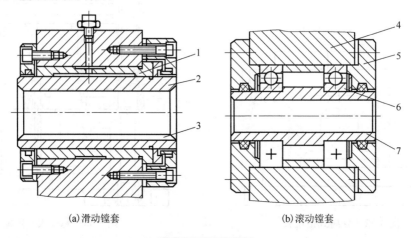

(a)滑动镗套　　　　　　　　　　(b)滚动镗套

图 3-57　回转镗模

1-轴承套；2-滑动镗套；3-键槽；4-镗模支架；5-轴承盖；6-滚动轴承；7-滚动镗套

(2)镗模支架。镗模支架用于安装镗套，保证加工孔系的位置精度，并可承受切削力。镗模支架要求有足够的强度和刚度，在工作时不应承受夹紧力，以免支架变形影响镗孔精度。

3.5.3　铣床夹具

铣削加工属断续切削，易产生振动，铣床夹具的受力部件要有足够的强度和刚度，夹紧机构所提供的夹紧力应足够大，且要求有较好的自锁性能。为了提高工作效率，常采用多件夹紧和多件加工。

对刀装置和定位键是铣床夹具的特有元件。对刀装置是用来确定夹具相对于铣刀的位置，主要由对刀块和塞尺构成。图 3-58 所示是两种常见的对刀装置，其中图 3-58(a)为高度对刀块，用于加工平面时对刀；图 3-58(b)是直角对刀块，用于加工键槽或台阶面时对刀。采用对

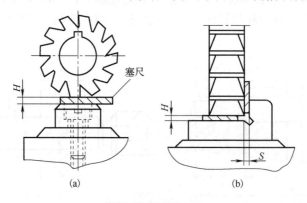

(a)　　　　　　　　　　　　　(b)

图 3-58　对刀装置

刀装置对刀时，为避免刀具与对刀块直接接触而造成磨损，用塞尺检查刀具与对刀块之间的间隙，凭抽动的松紧来判断刀具的正确位置。

定位键用来确定夹具相对于机床位置，定位键安装在夹具体底面的纵向槽中，并与铣床工作台 T 形槽相配合，见图 3-59，一个夹具一般要配置两个定位键。

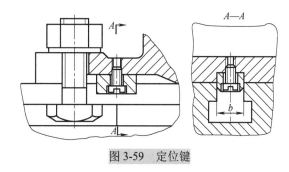

图 3-59　定位键

图 3-60 是加工分离叉内侧面铣床夹具，该图的右下角为铣分离叉内侧面的工序简图。工件以 ϕ25H9mm 孔定位支承在定位销 5 上，限制四个自由度；轴向则由右端面靠在支座 6 侧平面上定位，限制一个自由度；叉脚背面靠在支承板 1 或 7 上限制一个自由度，实现完全定位。由螺母 8、螺柱 9 和压板 4 组成的螺旋压板机构将工件压紧在支承板 7 和 1 上。支承板 7 还兼作对刀块用。夹具在铣床工作台上的定位，由装在夹具体底部的两个定位键 2 实现。

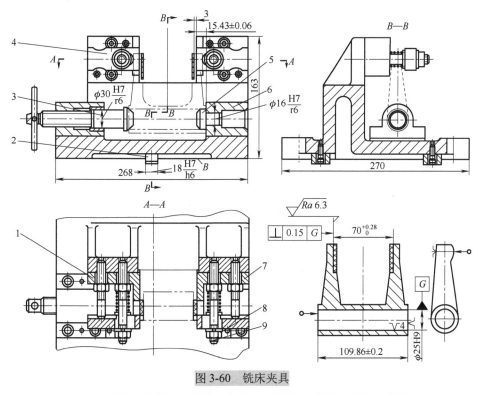

图 3-60　铣床夹具

1、7-支承板；2-定位键；3-顶锥；4-压板；5-定位销；6-支座；8-螺母；9-螺柱

3.5.4　车床夹具

车床夹具一般用于加工回转体零件，其主要特点是：夹具都安装在机床主轴上，并与主轴一起作回转运动。由于主轴转速一般都很高，在设计夹具时，要注意平衡问题和操作安全问题。

车床夹具与机床主轴常见的连接方式见图 3-61。图 3-61 (a) 中的夹具体以长锥柄安装在主轴孔内，定位精度较高，但刚性较差，多用于小型车床夹具与主轴的连接；图 3-61（b）以端面 A 和内孔 D 在主轴上定位，制造容易，但定位精度不高；图 3-61（c）以端面 T 和短锥面 K 定位，定位精度高，而且刚性好，但这种定位方式属于过定位，故要求制造精度很高。

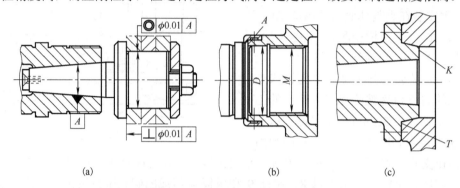

(a)　　　　　　(b)　　　(c)

图 3-61　夹具与车床主轴连接方式

3.5.5　组合夹具

组合夹具是用一套预先制造好的标准元件和合件组装而成的夹具。组合夹具使用完后，所用元件均可以拆开，清洗入库，留待组装新夹具时再用。

图 3-62 是一个钻转向臂侧孔的组合夹具，图 3-62（a）及图 3-62（b）分别为其立体图和分解图。工件以内孔及端面在定位销 6、定位盘 7 上定位共限制五个自由度，另一个自由度由菱形销 8 限制；工件用螺旋夹紧机构夹紧，夹紧机构由 U 形垫圈 18、槽用螺栓 12 和厚螺母 13 组成。快换钻套 9 用钻套螺钉 10 紧固在钻模板 5 上，钻模板用专用螺母 14、槽用螺栓 12 紧固在支承座 3 上。支承座 3 用槽用螺栓 12 和专用螺母 14 紧固在支承座 2 和底座 1 上。

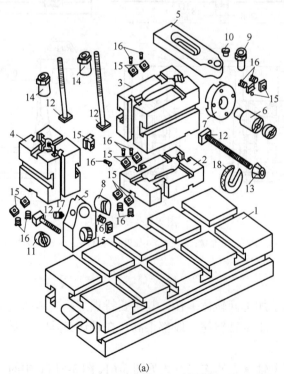

(a)

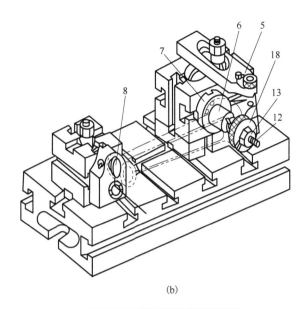

(b)

图 3-62　钻转向臂的组合夹具

1-底座；2,3,4-支承座；5-钻模板；6-定位销；7-定位盘；8-菱形销；9-快换钻套；10-螺钉；11-圆螺母；
12-螺栓；13-厚螺母；14-专用螺母；15-定位键；16-沉头螺钉；17-定位螺钉；18-U 形垫圈

组合夹具标准化、系列化、通用化程度较高，其优点是：结构灵活多变，元件能长期重复使用，设计和组装周期短。缺点是：体积较大，刚性较差，购置元件和合件一次性投资大。适用于在单件小批生产和新产品试制中使用。

3.5.6　数控机床夹具

数控机床夹具的主要作用是把工件精确地载入机床坐标系中，保证工件在机床坐标系中的确切位置。设计数控机床夹具时应注意以下几点。

(1) 数控机床夹具定位面与机床原点之间有严格的坐标关系，因此要求夹具在机床上要完全定位。

(2) 数控机床夹具只需具备定位和夹紧两种功能，无须设置刀具导向和对刀装置。因为数控机床加工时，机床、夹具、刀具和工件始终保持严格的坐标关系，刀具与工件的相对位置无须导向元件来确定位置。

(3) 数控机床在工件一次装夹中可以完成多个表面加工，因此数控机床夹具应是敞开式结构，以免夹具与机床运动部件发生干涉或碰撞。

(4) 数控机床夹具应尽量选用可调夹具和组合夹具。因为数控机床上加工的工件，常常是单件小批，必须采用柔性好、准备时间短的夹具。

图 3-63 所示为在数控机床上使用的正弦平口钳。该夹具利用正弦规原理，通过调整高度规的高度，可以使工件获得准确的角度位置。夹具底板上设置了 12 个定位销孔，孔的位置度误差不大于 0.005mm，通过孔与专用 T 形槽定位销的配合，可以实现夹具在机床工作台上的完全定位。为保证工件在夹具上的准确定位，平口钳的钳口以及夹具上其他基准面的精度要达到 0.003/100。

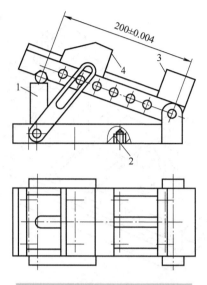

图 3-63　数控机床使用正弦平口钳

1-高度规；2-定位销孔；3-固定钳口；4-活动钳口

3.6　机床夹具的设计步骤与方法

1．机床夹具设计基本要求

(1)保证工件加工精度。这是夹具设计的最基本要求，其关键是正确确定定位方案、夹紧方案，刀具导向方式，合理制定夹具的技术要求，必要时要进行误差分析与计算。

(2)夹具结构尽量与生产类型相适应。大批量生产时，应尽量采用多件夹紧、联动夹紧等高效夹具，以提高生产效率；对于中、小批量生产，在满足夹具功能的前提下，尽量使夹具结构简单，以降低制造成本。

(3)尽量选用标准化零部件。尽量选用标准夹具元件和标准件，这样可以缩短夹具的设计制造周期，提高夹具设计质量和降低夹具制造成本。

(4)夹具操作方便、安全、省力。为便于夹紧工件，操纵夹紧件的手柄或扳手应有足够的活动空间，应尽量采用气动、液压等夹紧装置。

(5)夹具应具有良好的结构工艺性。所设计的夹具应便于制造、检验、调整和维修。

2．机床夹具设计一般步骤

1)明确设计要求，收集和研究原始资料

在接到夹具设计任务书后，首先要仔细阅读被加工零件的零件图和装配图，了解零件的作用、结构特点和技术要求；其次，要认真研究零件的工艺规程，充分了解本工序的加工内容和加工要求，了解本工序使用的机床和刀具，研究分析夹具设计任务书上所选用的定位基准和工序尺寸。

2)确定夹具的结构方案，绘制夹具结构草图

(1)确定定位方案，选择定位元件，计算定位误差。

(2)确定刀具引导方式，并设计引导装置或对刀装置。

(3)确定夹紧方案，选择夹紧机构。

(4)确定其他元件或装置的结构形式，如分度装置、夹具和机床的连接方式等。

(5)确定夹具的总体结构。

在确定夹具结构方案的过程中，应提出几种不同的方案进行比较分析，从中择优。在确定夹具结构方案的基础上，绘制夹具结构草图，并检查方案的合理性和可行性，为绘制夹具装配图作准备。

3) 绘制夹具装配图

夹具装配图一般按 1∶1 比例绘制，以使所设计夹具有良好的直观性。总图上的主视图，应取操作者实际工作位置。

绘制夹具装配图可按如下顺序进行：用双点画线画出工件的外形轮廓和定位面、加工面；画出定位元件和导向元件；按夹紧状态画出夹紧装置；画出其他元件或机构；将夹具体各部分联结成一体，形成完整的夹具；标注必要的尺寸、配合以及技术条件；绘制零件编号，填写零件明细表和标题栏。

4) 绘制夹具零件图

绘制装配图中非标准零件的零件图。

3. 机床夹具设计实例

图 3-64(a)所示为钻摇臂小头孔的工序简图，零件材料为 45 钢，毛坯为模锻件，年产量为 500 件，所用机床为 Z525 型立式钻床。试为该工序设计一钻床夹具。

1) 精度与批量分析

本工序有尺寸精度和位置精度要求，年产量为 500 件，使用夹具保证加工精度是可行的；但批量不是很大，因此在满足夹具功能的前提下，结构应尽量简单。

2) 确定夹具的结构方案

(1)确定定位方案，选择定位元件。根据工序简图规定的定位基准，选用带小端面定位销和活动 V 形块实现完全定位，如图 3-64(b)所示。定位孔与定位销的配合尺寸取为 $\phi 36\,H7/g6$ mm。对于工序尺寸(120 ± 0.08)mm 而言，定位基准与工序基准重合 $\varDelta_{jb}=0$；定位副制造误差引起的基准位移误差 $\varDelta_{jw}=(0.026+0.017+0.0095)$mm $=0.0525$mm，它小于该工序尺寸公差 0.16mm 的 1/3，定位方案可行。

(2)确定导向装置。本工序需依次对被加工孔进行钻、扩、粗铰、精铰等四个工步的加工，故采用快换钻套作导向元件，如图 3-64(c)所示。

(3)确定夹紧机构。选用螺旋夹紧机构夹紧工件，如图 3-64(d)所示。在带螺纹的定位销上，用螺母和开口垫圈夹紧工件。

(4)确定其他装置。为提高工艺系统的刚度，在工件小头孔端面设置辅助支承，如图 3-64(d)所示。设计夹具体，将上述各种装置组成一个整体。

3) 画夹具装配图，标注尺寸、配合及技术要求

4) 对零件进行编号，填写明细表与标题栏，绘制零件图

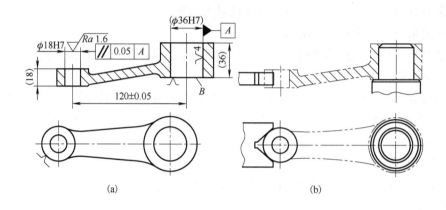

钻套孔径(D)

钻孔	$\phi17F7$
扩孔	$\phi17.85F7$
粗铰孔	$\phi17.94G7$
精铰孔	$\phi18.013G6$

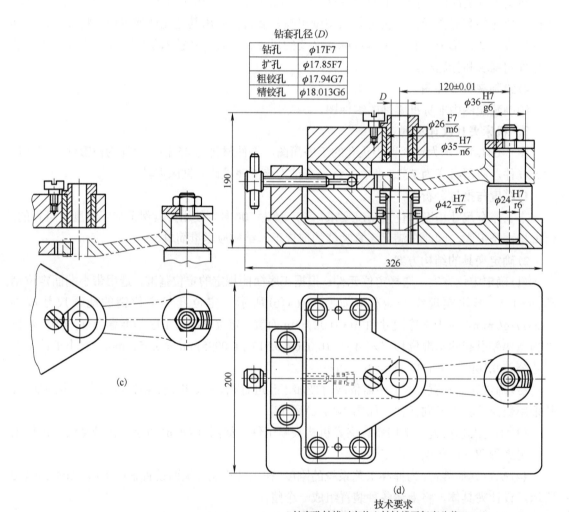

(d)

技术要求
1. 钻套孔轴线对定位心轴轴线平行度公差0.02mm。
2. 定位心轴轴线对夹具底面垂直度公差0.02mm。
3. 活动V形块对钻套孔与定位心轴轴线所决定的
　　平面对称度公差0.05mm。

图 3-64　机床夹具设计实例

习题与思考题

3-1　机床夹具由哪几部分组成？各有何作用？

3-2　分析图 3-65 所示定位方案各定位元件所限制的自由度数？判断有无过定位或欠定位？

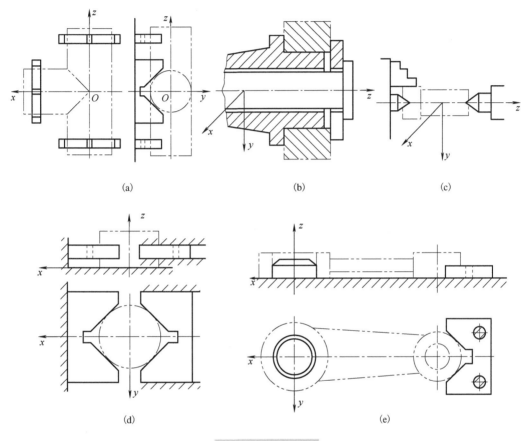

图 3-65　习题 3-2 图

3-3　图 3-66 所示为在轴类零件铣键槽，已知轴类零件轴径为 $\phi 80_{-0.1}^{0}$ mm，试分别计算图 3-66(b)、(c) 两种定位方案的定位误差。

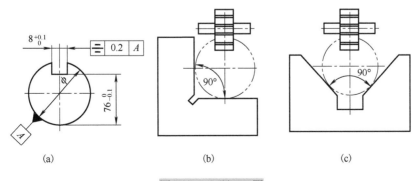

图 3-66　习题 3-3 图

3-4　图 3-67 所示为齿坯在 V 形块上定位铣键槽，要求保证尺寸 $H = 38.5^{+0.2}_{0}$ mm，已知 $d = \phi80^{0}_{-0.1}$ mm，$D = \phi35^{+0.025}_{0}$ mm，若不计内孔与外圆同轴度误差的影响，试求此工序的定位误差。

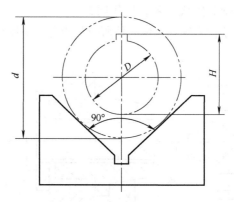

图 3-67　习题 3-4 图

3-5　在铣床夹具中，对刀块和塞尺各起什么作用？

3-6　钻床夹具导向装置的作用是什么？钻套按其结构特点可分为哪几种类型？

3-7　车床夹具与车床主轴的连接方式有哪几种？

第4章 典型零件的加工过程分析

本章知识要点

(1)轴类零件加工工艺过程分析。
(2)圆柱齿轮的机械加工工艺过程及工艺分析。
(3)箱体零件机械加工工艺过程分析。

探 索 思 考

(1)轴类零件加工的主要工艺问题有哪些？
(2)拟定箱体类零件机械加工工艺规程的基本原则有哪些？

预 习 准 备

请先预习各类零件加工过程的案例分析。

4.1 轴类零件的加工过程分析

轴类零件的功用是支承传动零件(如齿轮、皮带轮等)、传递扭矩、承受载荷及保证装在轴上的零件(或刀具)有一定的回转精度。

轴类零件按结构形状可分为光轴、空心轴、阶梯轴和异形轴(包括曲轴、凸轮轴、偏心轴、十字轴和花键轴等)几类。

轴类零件在结构上的共同特点是一般为回转体零件，长度大于直径，而且有内外圆柱面、圆锥面及螺纹、键槽、横向孔、沟槽等。

4.1.1 轴类零件的材料、热处理与毛坯

一般轴类零件常用中碳钢，如 45 钢，经过调质处理后，进行局部高频淬火，再经适当的回火处理，可获得一定的强度、韧性和表面硬度。对中等精度而转速较高的轴类零件，可用 40Cr 等中碳合金钢，经过调质和表面淬火处理，使其具有较高的综合力学性能。对在高转速、重载荷等条件下工作的轴类零件，可用 20CrMnTi、20Mn2B、20Cr 等低碳合金钢或 38CrMoAlA 氮化钢。低碳合金钢经渗碳淬火处理后，具有很高的表面硬度、耐冲击韧性、优良的耐磨性和耐疲劳性，热处理变形也较小。

轴类零件的毛坯常采用棒料或锻件。一般光轴或外圆直径相差不大的阶梯轴采用热轧或

冷轧棒料，对外圆直径相差较大或较重要的轴采用锻件，对某些大型的或结构复杂的轴可采用铸件。

4.1.2 轴类零件的精度和表面粗糙度

(1)尺寸精度。尺寸精度包括直径尺寸精度和长度尺寸精度。精密轴颈为 IT5 级，重要轴颈为 IT6～IT8 级，一般轴颈为 IT9 级。轴长尺寸通常为公称尺寸。阶梯轴各阶梯的长度要求较高时，允差为 0.005～0.01mm。

(2)几何形状精度。几何形状精度主要指轴颈的圆度、圆柱度，一般应在直径公差范围内。当几何形状精度要求较高时，零件图上应注出规定允许的偏差。

(3)相互位置精度。相互位置精度主要指装配传动件轴颈相对于装配轴承的支承轴颈的径向跳动以及端面对轴心线的垂直度等。配合轴颈对支承轴颈的径向跳动，一般精度的轴为 0.01μm～0.03mm，高精度的轴为 0.005μm～0.010mm。

(4)表面粗糙度。轴类零件的表面粗糙度和尺寸精度应与表面工作要求相适应。通常支承轴颈的表面粗糙度值 Ra 为 0.05～1.25μm，配合轴颈的表面粗糙度值 Ra 为 0.2～2.5μm。

4.1.3 轴类零件加工的主要工艺问题

1. 定位基准的选择

(1)用两中心孔定位，轴类零件的各外圆表面、圆锥面、螺纹等设计基准都是轴的中心线，用轴的两端中心孔作为定位基准，不仅符合基准重合的原则，并能够在一次装夹中加工出全部外圆及有关端面，又符合基准统一的原则。

对于空心的轴类零件，在加工出内孔后，为了使以后各工序有统一的定位基准，可采用带中心孔的锥堵或锥堵心轴。如图 4-1 所示。当空心轴孔端有小锥度锥孔时，使用锥堵；当孔端锥度较大或是圆柱孔时，可使用锥堵心轴。但锥堵与定位孔的配合精度不可能很高，拆下后重新装入会造成轴各加工表面相对锥堵中心孔的同轴度误差，影响各工序间已加工表面的位置精度。在通常情况下，锥堵装后在轴加工完成前不应拆卸或更换。

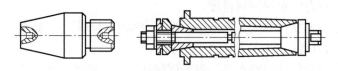

图 4-1　带中心孔的锥堵或锥堵心轴

中心孔在使用过程中会因磨损和热处理变形而影响轴类零件的加工精度。在加工高精度轴类零件时，中心孔的形状误差会反映到加工表面上，因此要在各个加工阶段修正中心孔。对未淬硬零件中心孔可用复合中心钻进行修复，对淬硬零件中心孔可用中心孔磨床磨削、铸铁顶尖研磨和硬质合金顶尖刮研等方式修整。

(2)用外圆表面定位，当不宜采用顶尖孔作为定位基准(如加工轴的内孔)，或在粗加工为提高装夹刚度时，可用轴的外圆表面作为定位基准。还可以用外圆表面和顶尖孔共同作定位基准。

2. 外圆表面加工

(1)外圆表面的车削加工，轴类零件外圆表面的车削加工可划分为荒车、粗车、半精车、精车和精细车等各加工阶段。

对于自由锻件或大型铸件毛坯，为减少外圆表面的形状误差，使后续工序的加工余量均匀，需荒车加工，加工后的尺寸精度可达 IT15～IT18 级。对中小型铸锻件可直接进行粗车加工，加工后的尺寸精度可达 IT10～IT13 级，表面粗糙度值 Ra 为 20～30μm。半精车后工件的尺寸精度可达 IT9～IT10 级，表面粗糙度值 Ra 为 3.2～6.3μm，可作为中等精度表面的最终加工，也可作为磨削或其他精加工工序的预加工。精车后工件的尺寸精度可达 IT7～IT8 级，表面粗糙度值 Ra 为 0.8～1.6μm。精细车后的工件加工精度可达 IT6～IT7 级，表面粗糙度值 Ra 为 0.2～0.4μm，尤其适宜加工有色金属。

在不同生产条件下，加工外圆表面使用的设备也不相同。在单件小批生产中，使用通用机床；在中批生产中，使用液压仿形刀架或液压仿形车床；在大批大量生产中，使用液压仿形车床或多刀半自动车床和自动车床。

使用液压仿形刀架可实现车削加工的半自动化，更换靠模、调整刀具都比较简单，可减轻劳动强度，提高加工效率。

(2)外圆表面的磨削加工，磨削是外圆表面精加工的主要方法，既能加工淬火件，也能加工未淬火件。磨削可划分为粗磨、精磨、精细磨和镜面磨削。

粗磨精度为 IT8～IT9 级，表面粗糙度值 Ra 为 0.8～6.3μm。精磨精度为 IT6～IT8 级，表面粗糙度值 Ra 为 0.4～0.8μm。精细磨精度为 IT5～IT6 级，表面粗糙度值 Ra 为 0.1～0.4μm。镜面磨削表面粗糙度值 Ra 可达 0.01μm。

磨削时根据工件的定位方式可分为中心磨削和无心磨削。中心磨削加工精度高、生产率高，通用性广，目前在机械加工中占有重要地位。无心磨削的生产率很高，但难以保证工件的相互位置精度和形状精度，并且不能磨削带有键槽和纵向平面的轴。

磨削加工是工件精加工的主要工序，由于精铸、精锻、热轧、冷轧等少切屑或无切屑加工的应用范围越来越广泛，磨削加工的比重也越来越大。因此，提高磨削效率，降低磨削成本，是磨削加工中不可忽视的问题。提高磨削效率的途径有两条：其一是缩短辅助时间，如自动装卸工件、自动测量及数字显示、砂轮的自动修整与补偿、开发新磨料和提高砂轮耐用度等；其二是缩短机动时间，如高速磨削、强力磨削、宽砂轮磨削和多片砂轮磨削等。

3. 其他表面的加工方法

(1)花键的加工，轴类零件的花键，常见的是以大径定心的矩形外花键，有铣削和磨削两种加工方法。

对于花键的铣削加工，当单件小批量生产时，在装有分度头的卧式铣床上进行，先用盘铣刀铣花键侧面，再用弧形成型铣刀铣花键小径。也可用一把成型铣刀同时完成侧面和小径的加工。当生产批量较大时，可在花键铣床上用花键滚刀加工花键，如果工件较短也可在滚齿机上加工花键。

对花键的磨削加工，当生产批量较大时，通常在普通外圆磨床上磨削大径，在花键磨床上磨削键侧，而以小径定心的花键，小径和键侧都要磨削。当生产批量较小时，可在工具磨床或平面磨床的分度头上磨削外花键的小径和键侧。

(2)螺纹的加工，螺纹是轴类零件的常见加工表面，其加工方法很多，这里仅介绍车削、铣削和磨削螺纹的特点。

车削螺纹是最常用的加工螺纹的方法，所用刀具简单，适应性强，可获得较高的加工精度；但效率较低，适用于单件小批生产。

铣削螺纹广泛应用在生产批量较大的场合，生产效率比车削螺纹高，但加工精度较低。铣削螺纹的刀具有盘形螺纹铣刀和梳形螺纹铣刀。

磨削螺纹是精密螺纹的主要加工方法，用于加工高硬度和高精度的工件。磨削螺纹在螺纹磨床上进行，加工成本较高。

4.1.4　轴类零件的加工过程案例分析

1. 结构与技术条件分析

以卧式车床的主轴为例，其简图如图 4-2 所示。该零件是结构复杂的阶梯轴，有外圆柱面、内外圆锥面、贯通的长孔、花键及螺纹表面等，且精度要求较高。

主轴的主要加工表面有：前后支承轴颈 A 和 B，是主轴部件的装配基准，其制造精度直接影响主轴部件的回转精度；用于安装顶尖或工具锥柄的头部内锥孔，其制造精度直接影响机床精度；头部短锥面 C 和端面 D 是卡盘底座的定位基准，直接影响卡盘的定心精度；齿轮的装配表面和与压紧螺母相配合的螺纹等。其中，保证两支承轴颈本身的尺寸精度、形状精度、两支承轴颈间的同轴度、支承轴颈与其他表面的相互位置精度和表面粗糙度，是主轴加工的关键技术。

2. 工艺过程分析

下面以卧式车床的主轴为例分析其加工工艺过程。给定条件是大批量生产，材料为 45 钢，毛坯为模锻毛坯。其工艺过程见表 4-1。

对卧式车床主轴的加工工艺过程分析如下。

(1)定位基准面的加工，主轴的工艺过程一开始，就以外圆柱面作粗基准铣端面，打顶尖孔，为粗车外圆准备了定位基准，粗车外圆又为深孔加工准备了定位基准。为了给半精加工和精加工外圆准备定位基准，又要先加工好前后锥孔，以便安装锥堵。由于支承轴颈是磨锥孔的定位基准，所以终磨锥孔前须磨好轴颈表面。

(2)加工阶段的划分，主轴是多阶梯通孔的零件，切除大量金属后会引起内应力重新分布而变形，为保证其加工精度，将加工过程划分为三个阶段。调质以前的工序为各主要表面的粗加工阶段，调质以后至表面淬火前的工序为半精加工阶段，表面淬火以后的工序为精加工阶段。要求较高的支承轴颈和莫氏 6 号锥孔的精加工，则放在最后进行。这样，整个主轴加工的工艺过程，是以主要表面(特别是支承轴颈)的粗加工、半精加工和精加工为主线，适当穿插其他表面的加工工序组成的。

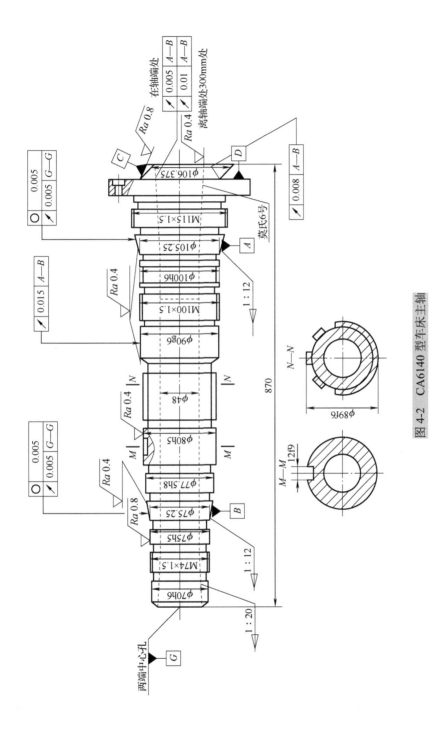

图 4-2　CA6140 型车床主轴

表 4-1　CA6140 车床主轴加工工艺过程

工序	工序名称	工序内容	设备及主要工艺装备
1	模锻	锻造毛坯	—
2	热处理	正火	—
3	铣端面，钻中心孔	铣端面，钻中心孔，控制总长 872mm	专用机床
4	粗车	粗车外圆、各部留量 2.5~3mm	仿形车床
5	热处理	调质	—
6	半精车	车大头各台阶面	卧式车床
7	半精车	车小头各部外圆，留余量 1.2~1.5mm	仿形车床
8	钻	钻 $\phi48$ 通孔	深孔钻床
9	车	车小头 1:20 锥孔及端面(配锥堵)	卧式车床
10	车	车大头莫氏 6 号孔、外短锥及端面(配锥堵)	卧式车床
11	钻	钻大端端面各孔	钻床
12	热处理	短锥及莫氏 6 号锥孔、$\phi75h5$、$\phi90g6$、$\phi100h6$ 进行高频淬火	—
13	精车	仿形精车各外圆，留余量 0.4~0.5mm，并切槽	数控车床
14	粗磨	粗磨 $\phi75h5$、$\phi90g6$、$\phi100h6$ 外圆	万能外圆磨床
15	粗磨	粗磨小头工艺内锥孔(重配锥堵)	内圆磨床
16	粗磨	粗磨大头莫氏 6 号内锥孔(重配锥堵)	内圆磨床
17	铣	粗精铣花键	花键铣床
18	铣	铣 12f9 键槽	铣床
19	车	车三处螺纹 M115×1.5、M100×1.5、M74×1.5	卧式车床
20	精磨	精磨外圆至尺寸	万能外圆磨床
21	精磨	精圆锥面及端面 D	专用组合磨床
22	精磨	精磨莫氏 6 号锥孔	主轴锥孔磨床
23	检验	按图样要求检验	—

(3)热处理工序的安排，主轴毛坯锻造后，首先进行正火处理，以消除锻造应力，改善金相组织结构，细化晶粒，降低硬度，改善切削性能。粗加工后，进行调质处理，以获得均匀细致的回火索氏体组织，使得在后续的表面淬火以后，硬化层致密且硬度由表面向中心降低。在精加工之前，对有关轴颈表面和莫氏 6 号锥孔进行表面淬火处理，以提高硬度和耐磨性。

(4)加工顺序的安排，为了保证零件的加工质量，合理使用设备，提高生产率和降低成本，需合理安排加工顺序。主轴的加工顺序是：备料—正火—切端面和钻顶尖孔—粗车—调质—半精车—精车—表面淬火—粗、精磨外圆表面—磨内锥孔。其特点如下。

深孔加工安排在调质和粗车之后进行，以便有一个较精确的轴颈作定位基准面，保证壁厚均匀。

先加工大直径外圆，后加工小直径外圆，避免一开始就降低工件刚度。

花键、键槽的加工放在精磨外圆之前进行，既保证了自身的尺寸要求，也避免了影响其他工序的加工质量。

螺纹对支承轴颈有一定的同轴度要求，安排在局部淬火之后进行加工，以避免淬火后的变形对其位置精度的影响。

(5)主轴锥孔的磨削，主轴锥孔对主轴支承轴颈的径向跳动，是机床的主要精度指标，因而锥孔的磨削是主轴加工的关键工序之一。

4.2　箱体类零件的加工过程分析

箱体是机器中箱体部件的基础零件，由它将有关轴、套和齿轮等零件组装在一起，使其保持正确的相互位置关系，彼此按照一定的传动关系协调运动。

箱体类零件的尺寸大小和结构形式随其用途不同有很大差别，但在结构上仍有共同的特点：构造比较复杂，箱壁较薄且不均匀，内部呈腔形，在箱壁上既有许多精度较高的轴承支承孔和平面，也有许多精度较低的紧固孔。箱体类零件需要加工的部位较多，加工的难度也较大。

4.2.1　箱体类零件的材料及毛坯

箱体类零件的材料一般采用灰铸铁，常用的牌号为 HT200。为缩短生产周期，可采用钢板焊接结构。为减轻重量，也可采用铝镁合金或其他合金。

铸件毛坯的加工余量视生产批量而定。单件小批量生产时，一般采用木模手工造型，毛坯的精度低，加工余量大。大批大量生产时，通常采用金属模机器造型，毛坯的精度较高，加工余量可适当减少。单件小批量生产时直径大于 50mm 的孔，成批生产时直径大于 30mm 的孔，一般均在毛坯上铸出。

4.2.2　箱体类零件加工的主要工艺问题

1. 箱体类零件平面的加工

箱体类零件平面的加工常采用刨削、铣削和磨削。

刨削加工箱体时，机床调整方便。如在龙门刨床上可在工件的一次安装中，利用几个刀架，完成几个表面的加工，并可保证这些表面间的相互位置精度；但在加工较大平面时，效率较低，适用于单件小批量生产。

铣削加工箱体的生产率较高，在成批和大量生产中，箱体类零件平面的粗加工和半精加工均由铣削完成。当加工尺寸较大的箱体平面时，可在多轴龙门铣床上进行组合铣削，以保证平面间的相互位置精度及提高生产率。

磨削加工主要用于生产批量较大的箱体平面的精加工。为了提高生产率和保证平面之间的相互位置精度，可采用专用磨床进行组合磨削。

2. 箱体类零件的孔系加工

孔系是指一系列具有相互位置精度要求的孔。箱体零件的孔系主要有平行孔系、同轴孔系和交叉孔系。

1)平行孔系的加工

平行孔系的主要技术要求是各平行孔轴心线之间及中心线与基准面之间的尺寸精度和相互位置精度。加工中常用找正法、镗模法和坐标法。

(1) 找正法。找正法是在通用机床上加工箱体类零件使用的方法，可分为画线找正法、心轴块规找正法和样板找正法，适用于单件小批量生产。

画线找正法是加工前在毛坯上划好各孔位置轮廓线，加工时按所画线找正进行。这种方法加工的孔距误差可达 1mm，精度低，效率也低。

心轴块规找正法是将心轴分别插入机床主轴孔或已加工孔中，然后用一定尺寸的一组块规来找正主轴的位置。找正时，在块规与心轴间用塞尺测定间隙。采用这种方法，孔距精度可达 ±0.3mm，但效率低。

样板找正法是将样板装在工件上，用装在机床主轴上的千分表定心器，按样板逐一找正机床主轴的位置进行加工。该方法找正快，不易出错，工艺装备简单，孔距精度可达 ±0.05mm，常用于加工较大工件。

(2) 镗模法。用镗模法加工孔系时工件装夹在镗模上，镗杆由模板上的导套支承。加工时，镗杆与机床主轴浮动连接。影响孔系的加工精度主要是镗模的精度。这种方法定位夹紧迅速，不需找正，生产效率高，普遍应用于成批和大量生产中。

(3) 坐标法。坐标法镗孔是在普通镗床、立式铣床和坐标镗床上，借助测量装置，按孔系间相互位置的水平和垂直坐标尺寸，调整主轴的位置，来保证孔距精度的镗孔方法。孔距精度取决于主轴沿坐标轴移动的精度。普通镗床上的刻线尺及放大镜测量精度仅 0.1～0.3mm，要加工较高孔距精度的工件，可用块规和百分表进行测量，其孔距精度可达 0.02～0.04mm，但效率低。如果采用光栅或磁尺的数显装置，读数精度可达 0.01mm，满足一般精度的孔系要求。坐标镗床使用的测量装置有精密刻线尺与光电瞄准、精密丝杠与光栅、感应同步器或激光干涉测量装置等，读数精度可达 0.001mm，定位精度可达 0.002～0.006mm，可加工孔距精度要求特别高的孔系，如镗模、精密机床箱体等零件的孔系。

2) 同轴孔系的加工

同轴孔系的主要技术要求是孔的同轴度。在成批生产中，采用镗模加工，其同轴度由镗模保证。在单件小批生产中，一般不使用镗模，保证孔的同轴度有如下方法。

(1) 利用已加工过的孔作支承导向，这种方法是在前壁上加工完毕的孔内装入导向套，支承和引导镗杆加工后壁的孔。该方法适用于加工箱壁相距较近的同轴孔。

(2) 利用镗床后立柱上的导向套支承镗杆，用这种方法加工时镗杆为两端支承，刚度好，但后立柱导套位置的调整复杂，且需较长的镗杆。该方法适用于大型箱体的孔系加工。

(3) 采用调头镗法，当箱体箱壁距离较大时，可采用调头镗法。即工件一次安装完毕，镗出一端孔后，将工件台回转 180°，再镗另一端的同轴线孔。这种加工方法镗杆悬伸短，刚性好，但调整工作台的回转时，保证其回转精度较麻烦。

3) 交叉孔系的加工

交叉孔系的主要技术要求是各孔的垂直度。在普通镗床上主要靠机床工作台上的 90°对准装置，它是挡块构造，对准精度低，需要凭经验保证挡块接触松紧程度一致。

4.2.3 箱体类零件的加工过程案例分析

如图 4-3 所示 CA6140 型车床主轴箱体为例，来分析箱体零件的加工工艺过程。

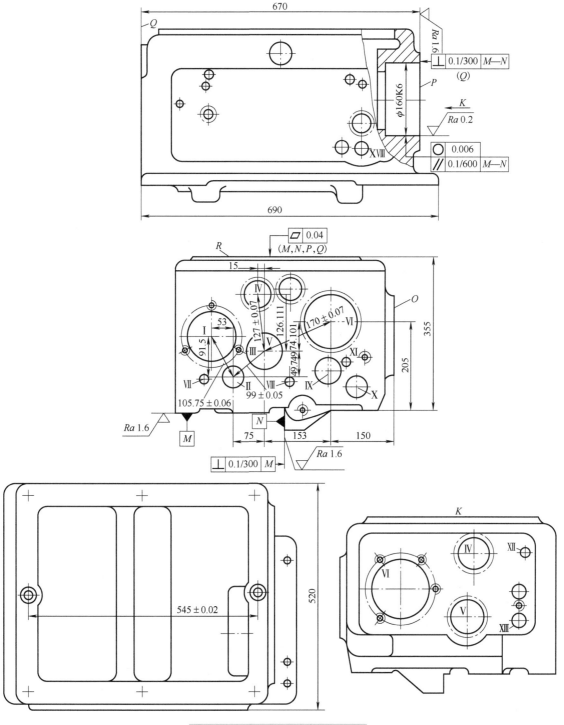

图 4-3　CA6140 型车床主轴箱简图

1．主要技术要求

（1）支承孔本身的精度，在 CA6140 型车床主轴箱体上主轴孔的尺寸公差等级为 IT6 级，其余孔为 IT6～IT7 级；主轴孔的圆度为 0.006～0.008mm，其余孔的几何形状精度未作规定，一般控制在尺寸公差范围内即可；一般主轴孔的表面粗糙度值 $Ra=0.4\mu m$，其他轴承孔 $Ra=1.6\mu m$，孔的内端面 $Ra=3.2\mu m$。

（2）孔与孔的相互位置精度，主轴轴承孔的同轴度为 0.012mm，其他支承孔的同轴度为 0.02mm。箱体类零件中有齿轮啮合关系的相邻孔系之间的平行度误差，会影响齿轮的啮合精度，工作时会产生噪声和振动，降低齿轮的使用寿命，因此，要求较高的平行度，在 CA6140 型车床主轴箱体各支承孔轴心线平行度为 0.04～0.06mm/400mm。中心距之差为±(0.05～0.07)mm。

（3）主要平面的精度，在 CA6140 型车床主轴箱体中平面度要求为 0.04mm，表面粗糙度值 $Ra=0.63～2.5\mu m$，而其他平面的 $Ra=2.5～10\mu m$。主要平面间的垂直度为 0.1mm/300mm。

（4）支承孔与主要平面间的相互位置精度，在 CA6140 型车床主轴箱体中主轴孔对装配基准的平行度为 0.1mm/600mm。

箱体类零件最常用的材料是灰铸铁 HT200～HT400，在航天航空、电动工具中也有采用铝和轻合金，当负荷较大时，可用铸钢 ZG200～ZG400、ZG230～ZG450，在单件小批生产时，为缩短生产周期，也可采用焊接件。

2. 箱体类零件的加工工艺分析

箱体零件结构复杂，加工精度要求较高，尤其是主要孔的尺寸精度和位置精度。要确保箱体零件的加工质量，首先要正确选择加工基准。

（1）在选择粗基准时，要求定位平面与各主要轴承孔有一定位置精度，以保证各轴承孔都有足够的加工余量，并要求与不加工的箱体内壁有一定位置精度以保证箱体的壁厚均匀、避免内部装配零件与箱体内壁互相干扰。

（2）箱体类零件加工工艺过程的特点。箱体类零件的结构、功用和精度不同，加工方案也不同。大批量生产时，箱体零件的一般工艺路线为：粗、精加工定位平面→钻、铰两定位销孔→粗加工各主要平面→精加工各主要平面→粗加工轴承孔系→半精加工轴承孔系→各次要小平面的加工→各次要小孔的加工→重要表面的精加工(本工序视具体箱体零件而定)→轴承孔系的精加工→攻螺纹。

（3）在加工箱体类零件时，一般按照先面后孔、先主后次的顺序加工。因为先加工平面，不仅为加工精度较高的支承孔提供了稳定可靠的精基准，还符合基准重合原则，有利于提高加工精度。加工平面或孔系时，也应遵循先主后次的原则，以先加工好的主要平面或主要孔作精基准，可以保证装夹可靠，调整各表面的加工余量较方便，有利于提高各表面的加工精度。当有与轴承孔相交的油孔时，应在轴承孔精加工之后钻出油孔以免先钻油孔造成断续切削，影响轴承孔的加工精度。

箱体类零件的结构一般较为复杂，壁厚不均匀，铸造残留内应力大。为消除内应力，减少箱体在使用过程中的变形以保持精度稳定，铸造后一般均需进行时效处理，对于精密机床的箱体或形状特别复杂的箱体，在粗加工后还要再安排一次人工时效，以促进铸造和粗加工造成的内应力释放。

箱体零件上各轴承孔之间，轴承孔与平面之间，具有一定的位置要求，工艺上将这些具有一定位置要求的一组孔称为孔系。孔系有平行孔系、同轴孔系、交叉孔系。孔系加工是箱体零件加工中最关键的工序。根据生产规模，生产条件以及加工要求的不同，可采用不同的加工方法。

CA6140 型车床主轴箱体的加工工艺见表 4-2，主轴箱装配基面和孔系的加工是其加工的核心和关键。

表 4-2　CA6140 型车床主轴箱机械加工工艺过程

工序	工序名称	工序内容	设备及主要工艺装备
1	铸造	铸造毛坯	—
2	热处理	人工时效	—
3	涂装	上底漆	—
4	画线	兼顾各部画全线	—
5	刨	①按线找正，粗刨顶面 R，留量 2～2.5mm。 ②以顶面 R 为基准，粗刨底面 M 及导向面 N，各部留量为 2～2.5mm。 ③以底面 M 和导向面 N 为基准，粗刨侧面 O 及两端面 P、Q，留量为 2～2.5mm	龙门刨床
6	划	划各纵向孔镗孔线	—
7	镗	以底面 M 和导向面 N 为基准，粗镗各纵向孔，各部留量为 2～2.5mm	卧式镗床
8	时效		
9	刨	①以底面 M 和导向面 N 为基准精刨顶面 R 至尺寸。 ②以顶面 R 为基准精刨底面 M 及导向面 N，留刮研量为 0.1mm	龙门刨床
10	钳	刮研底面 M 及导向 N 至尺寸	—
11	刨	以底面 M 和导向面 N 为基准精刨侧面 O 及两端面 P、Q 至尺寸	龙门刨床
12	镗	以底面 M 和导向面 N 为基准 ①半精镗和精镗各纵向孔，主轴孔留精细镗余量为 0.05～0.1mm，其余镗好，小孔可用铰刀加工。 ②用浮动镗刀块精细镗主轴孔至尺寸	卧式镗床
13	划	各螺纹孔、紧固孔及油孔孔线	—
14	钻	钻螺纹底孔、紧固孔及油孔	摇臂钻床
15	钳	攻螺纹、去毛刺	—
16	检验		—

4.3　盘套类零件的加工过程分析

盘套类零件主要用于配合轴杆类零件传递运动和转矩。这类零件主要包括各种轴套、液压缸、汽缸及带轮、齿轮、端盖等。

盘套类零件主要由内圆面、外圆面、端面和沟槽等表面组成。根据使用要求，形状各有差异。在盘套类零件中，齿轮是一种典型的传递运动和动力的零件。下面以齿轮为例介绍盘套类零件的加工工艺。

4.3.1　盘套类零件的材料及毛坯制造

一般的轴套、端盖、带轮等零件，常选用铸铁，有的轴套选用有色金属。齿轮承受交变载荷，工作时处于复杂应力状态。要求所选用的材料具有良好的综合力学性能，因此常选用 45 钢、40Cr 钢、20CrMnTi 钢锻件毛坯。对于受力不大、主要用来传递运动的齿轮，也可采用铸件、有色金属件和夹布胶木、电木、尼龙等。

　　齿轮的毛坯制造方法主要是锻造和铸造，传递动力的齿轮在成批生产时采用模锻生产，锻后须正火或退火，以消除内应力，改善组织，改善材料的切削加工性能。对于尺寸小、形状复杂的齿轮，可用精密铸造、精密锻造、粉末冶金、冷轧、冷挤等新工艺制造齿坯，以提高生产效率节约原材料。

4.3.2　圆柱齿轮加工的主要工艺问题

　　圆柱齿轮加工工艺，常随齿轮的结构形状、精度等级、生产批量及生产条件不同而采用不同的工艺方案。欲编制出一份切实可行的工艺过程，必须具备以下条件。

　　(1) 零件图上所规定的各项技术要求应明确无误。

　　(2) 了解国内外工艺现状、设备能力、技工技术水平及今后的发展方向。

　　(3) 根据生产批量、生产环境、制定切实可行的生产方案。

　　圆柱齿轮加工的主要工艺问题，一是齿形加工精度，它是整个齿轮加工的核心，直接影响齿轮的传动精度要求，因此，必须合理选择齿形加工方法；二是齿形加工前的齿坯加工精度，它对齿轮加工、检验和安装精度影响很大，在一定的加工条件下，控制齿坯加工精度是保证和提高齿轮加工精度的一项有效的措施，因此必须十分重视齿坯加工。

1. 定位基准的选择与加工

　　齿轮加工时的定位基准应符合基准重合与基准统一的原则。对于小直径的轴齿轮，可采用两端中心孔为定位基准；对大直径的轴齿轮，可采用轴颈和一个较大的端面定位；对带孔齿轮，可采用孔和一个端面定位。

　　不同生产纲领下的齿轮定位基准面的加工方案也不尽相同。带孔齿轮定位基准面的加工可采用如下方案。

　　大批大量生产时，采用"钻—拉—多刀车"的方案。毛坯经过模锻和正火后在钻床上钻孔，然后到拉床上拉孔，再以内孔定心，在多刀或多轴半自动车床上对端面及外圆面进行粗、精加工。

　　中批生产时，采用"车—拉—车"的方案。先在卧式车床或转塔车床上对齿坯进行粗车和钻孔，然后拉孔。再以孔定位，精车端面和外圆。也可以充分发挥转塔车床的功能，将齿坯在转塔车床上一次加工完毕，省去拉孔工序。

　　单件小批生产时，在卧式车床上完成孔、端面、外圆的粗、精加工。先加工完一端，再调头加工另一端。

　　齿轮淬火后，基准孔常发生变形，要进行修整。一般采用磨孔工艺，加工精度高，但效率低。对淬火变形不大、精度要求不高的齿轮，可采用推孔工艺。

2. 轮齿的加工

1) 滚齿与插齿

　　滚齿与插齿是两种最基本的常用切齿方法，其工艺特点如下。

　　滚齿的加工精度一般在 IT7～IT9 级，最高可达 IT4～IT5 级，齿面粗糙度值 Ra 可达 0.4～1.6μm。滚齿可作为剃齿或磨齿等齿形精加工之前的粗加工和半精加工。插齿加工精度一般在 IT7～IT8 级，最高可达 IT6 级，齿面粗糙度值 Ra 可达 0.2～1.6μm，可作为齿轮淬硬前的粗加工和半精加工。

　　滚齿的周节累积误差比插齿低，即公法线长度的变动量小。这是因为齿轮的每个齿槽由滚刀上一圈多的齿参与切削，滚刀的周节累积误差对齿轮工件无影响。插齿时，插齿刀的全部齿都参与切削，其周节累积误差反映到齿轮工件上，降低了齿轮的周节精度。

插齿的表面粗糙度值比较低，齿形误差也较小。这是因为插齿时形成的齿面包络线的切线数量由圆周进给量确定，可以选择。而滚齿时形成的齿面包络线的切线数量与滚刀槽数、螺旋线头数和滚刀与工件的重合度有关，不能通过改变切削用量而改变。

加工较大模数齿轮时，插齿因插齿机和插齿刀的刚性较差，切削时又有空行程存在，生产率比滚齿低；但加工较小模数齿轮，尤其是宽度较小的齿轮时，其生产率不低于滚齿。

2) 剃齿、珩齿和磨齿

(1) 剃齿。剃齿的加工精度可达 IT5～IT6 级，加工表面粗糙度值 Ra 可达 0.2～1.6μm。它适用于非淬硬齿轮的精加工，或用于淬硬齿轮的半精加工。应用范围广，生产率高。

剃齿刀与被加工齿轮相当于一个渐开线圆柱斜齿轮与正齿轮的啮合，它们的轴线在空间交叉成一个角度 ψ，这个角度等于斜齿轮的螺旋角 β。在啮合传动中，沿齿宽方向的齿面上会产生相对滑动。

剃齿刀由机床的传动链带动旋转，工件由剃齿刀带动旋转，它们之间是自由啮合的运动关系。该机床传动链短，结构简单。

剃齿能校正前工序留下的齿形误差、基节误差、相邻周节误差和齿圈的径向跳动。

(2) 珩齿。珩齿的加工精度可达 IT6 级，齿面粗糙度值 Ra 达 0.2～0.8μm，可以修正淬火引起的变形，且加工成本低、效率高。

珩齿时，珩磨轮与工件的相对运动原理与剃齿相同。珩磨轮上的磨料借助珩磨轮齿面与工件齿面间产生的相对滑动速度磨去工件齿面的金属。珩磨轮是由塑料加磨料制成的斜齿轮，其中央部分是铁质轮子。

珩齿可减小齿面粗糙度值，提高相邻周节的精度，并能修正齿轮的短周期分度误差。

(3) 磨齿。磨齿是精加工精密齿轮特别是加工淬硬的精密齿轮的常用方法，对磨前齿轮的误差或热处理变形有较强的修正能力，表面粗糙度值 Ra 为 0.1～0.8μm，但生产率比剃齿和珩齿低得多，加工成本较高。根据齿面渐开线形成原理的不同，磨齿可分为成型磨齿和展成磨齿。

成型磨齿是用成型砂轮直接磨出渐开线齿形，机床动作小，结构简单，效率比展成法高，加工精度比较稳定，同时也是磨削内齿轮的唯一方法。但需要将砂轮修成渐开线的截形，磨齿时砂轮与工件的接触面大，砂轮磨损不均匀，工件容易烧伤，加工精度比某些展成法低。成型法磨齿适用于成批生产。

展成法磨齿有展成运动，机床结构比较复杂，砂轮形状简单，修整方便，磨齿精度一般比成型法高，但生产率比成型法低。常用磨齿方法及特点如下。

蜗杆砂轮磨齿精度为 IT5～IT6 级，最高可达 IT4 级，生产率很高，可加工最大模数为 7mm、最大外径为 ϕ700mm 的齿轮，适用于大、中批生产。

双片蝶形砂轮磨齿精度可达 IT4 级，但砂轮刚性差，磨削量小，生产率低，加工成本高，适用于单件小批生产中的精密淬硬齿轮的精加工。

锥面砂轮磨齿精度一般为 IT6 级，最高可达 IT5 级。砂轮的刚性比较好，加工效率比较高，多用于加工 IT6 级精度的淬硬齿轮。

4.3.3　圆柱齿轮的加工过程案例分析

如图 4-4 所示为双联齿轮零件图，表 4-3 为双联齿轮加工参数，材料 40Cr，精度等级为 IT7，中批生产，其加工工艺过程见表 4-4。从表中可见，齿轮加工工艺过程大致要经过毛坯加工及热处理、齿坯加工、齿形加工、齿端加工、齿面热处理、修正精基准及齿形精加工等阶段。

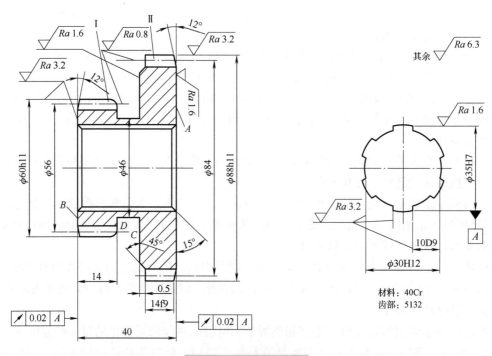

图 4-4　双联齿轮零件图

表 4-3　双联齿轮加工参数

加工参数	符号	齿轮号	
		I	II
模数/mm	m	2	2
齿数	Z	28	42
精度等级		7GK	7JL
齿圈径向跳动公差/mm	F_r	0.036	0.036
公法线长度变动公差/mm	F_w	0.028	0.028
基圆齿距极限偏差/mm	f_{pb}	±0.013	±0.013
齿形公差/mm	f_f	0.011	0.011
齿向公差/mm	F_β	0.011	0.011
跨齿数	k	4	5
公法线平均长度/mm	W	$21.36_{-0.05}^{0}$	$27.61_{-0.05}^{0}$

表 4-4　双联齿轮加工工艺过程

工序	工序内容	定位基准
1	毛坯制造	—
2	正火	—
3	粗车外圆和端面，留余量 1.5～2mm，钻镗花键底孔至尺寸ϕ30H12	外圆及端面
4	拉花键孔	ϕ30H12 孔及 A 端面
5	钳工去毛刺	—
6	上心轴精车外圆、端面及槽至图样要求尺寸	花键孔及 A 端面
7	检验	—
8	滚齿（Z=42），留剃量 0.07～0.10mm	花键孔及 A 端面
9	滚齿（Z=28），留剃量 0.04～0.06mm	花键孔及 A 端面
10	倒角（Ⅰ、Ⅱ齿缘 12° 牙角）	花键孔及 A 端面
11	钳工去毛刺	—
12	滚齿（Z=42），公法线长度至尺寸上限	花键孔及 A 端面
13	滚齿（Z=28），公法线长度至尺寸上限	花键孔及 A 端面
14	齿部高频感应加热淬火：5132	—
15	推孔	—
16	珩齿（Ⅰ、Ⅱ）至要求尺寸	花键孔及 A 端面
17	总检入库	—

习题与思考题

4-1　轴类零件的主要技术参数包括哪些？

4-2　用轴的两端中心孔作为定位基准，试分析其采用的定位元件限制的自由度？

4-3　箱体类零件的主要技术参数包括哪些？

4-4　拟定箱体类零件机械加工工艺规程的基本原则有哪些？

4-5　试介绍齿轮零件的基本工艺过程。

4-6　齿轮轮齿的加工方法有哪些？

第5章 机械加工精度及其控制

本章知识要点

(1) 机械加工精度，机械加工误差。

(2) 原理误差。

(3) 机床误差，夹具的制造误差与磨损，刀具的制造误差与磨损，调整误差。

(4) 工艺系统刚度的计算，工艺系统刚度对加工精度的影响，机床部件刚度，减小工艺系统的受力变形对加工精度影响的措施、残余应力引起的变形。

(5) 工艺系统的热源，工件热变形、刀具热变形、机床热变形对加工精度的影响、减少工艺系统热变形对加工精度影响的措施。

(6) 分布图分析法，点图分析法。

(7) 误差预防技术，误差补偿技术。

探 索 思 考

(1) 研究机械加工的目的是什么？研究机械加工精度的方法有哪些？

(2) 什么是原理误差？它对零件的加工精度有什么影响？

预 习 准 备

机械加工精度的概念及加工误差的来源。

5.1 概　　述

加工后的零件质量是保证机械产品质量的基础。零件的加工质量包括零件的机械加工精度和加工表面质量两大方面。本章的任务是讨论零件的机械加工精度问题，它是机械制造工艺学的主要研究问题之一。

5.1.1 机械加工精度

1. 机械加工精度的概念

不同的零件可以通过多种不同的机械加工方法获得。实际加工后所获得的零件在尺寸、形状或位置方面都不可能和理想的零件绝对一致，总是或多或少存在一些差异。为此，在零件图上对其尺寸、形状和有关表面间的位置都必须以一定形式标注出能满足零件使用性能的允许的误差或偏差，统称为公差。习惯上以公差等级或公差值大小表示零件的机械加工精度。公差值或等级越小，表示对该零件机械加工精度要求越高。

　　在机械加工中，所获得的零件的实际尺寸、形状和表面之间的位置关系，都必须在零件图上所规定的公差范围之内。可靠地保证零件图样所要求的精度是机械加工最基本的任务之一。

　　机械加工精度是指零件加工后的实际几何参数(尺寸、形状和表面间的相互位置)与理想几何参数的符合程度。符合程度越高，加工精度就越高。

　　零件的加工精度包含三方面的内容：尺寸精度、形状精度和位置精度。这三者之间是有联系的。通常形状公差应限制在位置公差之内，而位置公差一般也应限制在尺寸公差之内。当尺寸精度要求高时，位置精度、形状精度相应地也要求高。但形状精度要求高时，相应的位置精度和尺寸精度有时不一定要求高，这要根据零件的功能要求来决定。

　　一般情况下，零件的加工精度越高则加工成本相对地越高，生产效率则相对地越低。因此设计时应根据零件的使用要求，合理地规定零件的加工精度。加工时则应根据设计要求、生产条件等采取适当的工艺方法，以保证加工误差不超过容许范围，并在此前提下尽量提高生产率和降低成本。

2. 获得加工精度的方法

　　在机械加工中，根据生产批量和生产条件的不同可以有多种获得加工精度的方法。

　　试切法是指在零件加工过程中不断对已加工表面的尺寸进行测量，并相应调整刀具相对工件加工表面的位置进行试切，直到达到尺寸精度要求的加工方法(图 5-1)。该方法是获得零件尺寸精度最早采用的加工方法，同时也是目前常用的获得高精度尺寸的主要方法之一，该方法主要适用于单件小批生产。

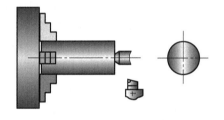

图 5-1　试切法加工轴

　　(1)调整法。调整法是指按试切好的工件尺寸，标准件或对刀块等调整确定刀具相对工件定位基准的准确位置，并在保持此准确位置不变的条件下，对一批工件进行加工的方法，多用于大批大量生产，如在摇臂钻床上用夹具加工孔系。

　　(2)定尺寸刀具法。在加工中采用具有一定尺寸的刀具或组合刀具，以保证被加工零件尺寸精度。该方法生产率高，但是刀具制造复杂，成本高。如用方形拉刀拉方孔，用镗刀块加工内孔都属于此法。

　　(3)自动控制法。在加工过程中，通过自动控制系统，该系统由尺寸测量装置、动力进给装置和控制机构等组成，使加工过程中的尺寸测量、刀具补偿调整和切削加工等一系列工作自动完成，从而自动获得所要求尺寸精度。在数控机床上加工多属于此法。

3. 获得形状精度的方法

　　(1)成型运动法。零件结构复杂多样，由平面、圆柱面，成型面组成，这些几何面均可通过刀具和工件之间一定的相对运动加工完成。成型运动法就是利用刀具和工件之间的成型运动来加工表面的方法。根据所使用刀具不同，该方法又分为轨迹法(利用刀尖运动轨迹形成工件表面形状)、成型法(由成型刀具刀刃的形状形成工件表面形状)、展成法(由切削刃包络面形成工件表面形状)和相切法(利用盘状刀具边旋转边做一定规律的运动获得工件表面形状)。

　　(2)非成型运动法。零件表面形状精度的获得不是靠刀具相对工件的准确成型运动，而是靠在加工过程中对加工表面形状的不断检验和工人对其进行精细修整加工的方法。该类方法是获得零件表面形状尺寸精度最原始的方法，但是在一些复杂型面和形状精度要求很高的表面加工过程中仍然采用。

4. 位置精度的获得方法

在机械加工中，位置精度主要由机床精度、夹具精度和工件装夹精度来保证，主要通过以下两种方法获得。

(1)一次装夹获得法。零件有关表面的位置精度是直接在工件的同一次装夹中，由各有关刀具相对工件的成型运动之间的位置关系保证的。如轴类零件外圆与端面的垂直度，箱体孔系加工中各孔之间的同轴度、平行度等，均可用此法获得。

(2)多次装夹获得法。零件有关表面间的位置精度是由刀具相对工件的成型运动与工件定位基准面之间的位置关系保证的。如轴类零件上键槽对外圆表面的对称度、箱体平面与平面之间的平行度等，均可用此法获得。在该方法中，又可根据工件的不同装夹方式划分为直接装夹法、找正装夹法和夹具装夹法。

5.1.2　影响机械加工精度的机械加工误差

1. 机械加工误差的概念

机械加工误差是指零件加工后的实际几何参数(尺寸、形状和表面间的相互位置)与理想几何参数偏离程度。在机械加工过程中，即使在同样的生产条件下，由于各种因素的影响，也不可能加工出完全相同的零件。在不影响使用性能的前提下，允许零件相对理想参数存在一定程度的偏离。零件在尺寸、形状和表面间相互位置方面与理想零件之间的差值分别称为尺寸、形状和位置误差。

加工精度和加工误差是从两个不同的角度来评定加工零件的几何参数的。常用加工误差的大小来评价加工精度的高低。加工误差越小，加工精度越高。保证和提高加工精度问题，实际上就是控制和降低加工误差的问题。

2. 机械加工误差的产生

在机械加工中，零件的尺寸、几何形状和表面间相对位置的形成，归根到底取决于工件和刀具在切削运动过程中的相互位置，而工件和刀具又安装在夹具与机床上，并受到夹具和机床的约束。因此，在机械加工时，机床、夹具、刀具和工件就构成了一个完整的系统，称为工艺系统。加工精度问题也就牵涉到整个工艺系统的精度问题。

工艺系统中的种种误差，就是在不同的具体条件下，以不同的程度和方式反映为加工误差。工艺系统的误差是"因"，是根源；加工误差是"果"，是表现，因此，把工艺系统的误差称为原始误差。

零件在加工过程中可能出现种种的原始误差，它们会引起工艺系统各环节相互位置关系的变化而造成加工误差。下面以活塞加工中精镗销孔工序的加工过程为例，分析影响工件和刀具间相互位置的种种因素，以使我们对工艺系统的各种原始误差有一个初步的了解。

(1)装夹。活塞以止口及其端面为定位基准，在夹具中定位，并用菱形销插入已经半精镗的销孔中作周向定位。固定活塞的夹紧力作用在活塞的顶部(图5-2)。这时就产生了由于设计基准(顶面)与定位基准(止口端面)不重合，以及定位止口与夹具上凸台、菱形销与销孔的

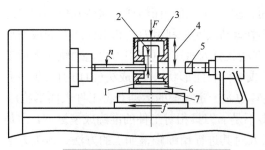

图 5-2　活塞销孔精镗工序示意图

1-定位止口；2-对刀尺寸；3-设计基准；4-设计尺寸；
5-定位用菱形销；6-定位基准；7-夹具

配合间隙而引起的定位误差，还存在由于夹紧力过大而引起的夹紧误差。这两项原始误差统称为工件装夹误差。

（2）调整。装夹工件前后，必须对机床、刀具和夹具进行调整，并在试切几个工件后再进行精确微调，才能使工件和刀具之间保持正确的相对位置。例如，本例需进行夹具在工作台上的位置调整，菱形销与主轴同轴度的调整，以及对刀调整（调整镗刀切削刃的伸出长度以保证镗孔直径）等。由于调整不可能绝对精确，因而就会产生调整误差。另外，机床、刀具、夹具本身的制造误差在加工前就已经存在了。这类原始误差称为工艺系统的几何误差。

（3）加工。在加工过程中产生的切削热、切削力和摩擦，将引起工艺系统的受力变形、受热变形和磨损，这些都会影响在调整时所获得的工件与刀具之间的相对位置，造成种种加工误差。这类在加工过程中产生的原始误差称为工艺系统的动误差。

在加工过程中，还必须对工件进行测量，才能确定加工是否合格，从而进一步确定工艺系统是否需要重新调整。任何测量方法和量具、测量仪器也不可能绝对准确，因此测量误差也是一项不容忽视的原始误差。

测量误差是工件的测量尺寸与实际尺寸的差值。加工一般精度的零件时，测量误差可占到工序尺寸公差的 1/10～1/5；加工精密零件时，测量误差可占到工序尺寸公差的 1/3 左右。

此外，工件在毛坯制造（铸、锻、焊、轧制）、切削加工和热处理时的力及热的作用下产生的内应力，将会引起工件变形而产生加工误差。有时由于采用了近似的成型方法进行加工，还会造成加工原理误差。因此，工件内应力引起的变形及原理误差也属于原始误差。

最后，为清晰起见，可将加工过程中可能出现的种种原始误差归纳如下。

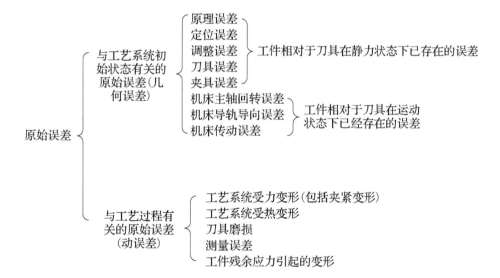

3. 机械加工误差的性质

要解决加工精度问题，正确区分机械加工误差的性质是关键。各种机械加工误差可以按它们在加工一批工件时出现的规律分为系统误差和随机误差两类。

1）系统误差

在相同的工艺条件下，加工一批零件产生的大小和方向都不发生变化或按加工顺序规律性变化的误差，称为系统误差。前者为常值系统误差，后者为变值系统误差。

工艺系统机床、夹具、刀具和量具本身的制造误差，它们的磨损、加工过程中刀具的调整以及在恒定力作用下的变形等造成的加工误差，一般都是常值系统误差。机床、夹具和刀具等在热平衡前的热变形，加工过程中刀具的磨损等都是随着时间的延长而规律性变化的，由于这些因素造成的加工误差，一般可认为是变值系统误差。

2) 随机误差

在相同的工艺条件下，加工一批零件时产生的大小和方向不同，并且无变化规律的加工误差，称为随机误差。

零件加工前的毛坯误差(如加工余量不均匀或材质软硬不等)，工件的定位误差，机床热平衡后的温度波动以及工件残余应力变形等所引起的加工误差均属于随机误差。

随机误差的变化没有明显的规律，并且引起的原因也多种多样，即使采取相应工艺措施也很难完全消除，但可以应用数理统计的方法找出随机误差的规律，然后在工艺上采取措施加以控制，减少随机误差对加工精度的影响。

应该指出的是，同一原始误差有时会引起系统误差，有时则产生随机误差。例如，在一批零件的加工中，机床调整产生系统误差，但如经过多次调整才加工完这批工件，则调整误差就无明显规律，而成为随机误差。

4. 误差敏感方向

切削加工过程中，各种原始误差的影响会使刀具和工件间的正确几何关系遭到破坏，引起加工误差。通常，各种原始误差的大小和方向是各不相同的，而加工误差则必须在工序尺寸方向度量。因此，不同的原始误差对加工精度有不同的影响。当原始误差的方向与工序尺寸方向一致时，其对加工精度的影响就最大。下面以外圆车削为例来进行说明。

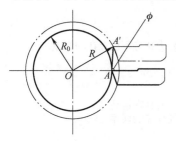

图5-3　误差的敏感方向

如图 5-3 所示，车削时工件的回转轴心是 O，刀尖正确位置在 A，设某一瞬时由于各种原始误差的影响，使刀尖位移到 A'。$\overline{AA'}$ 即原始误差 δ，它与 $\overline{OA}$ 间夹角为 ϕ，由此引起工件加工后的半径由 $R_0 = \overline{OA}$ 变为 $R = \overline{OA'}$，故半径上(即工序尺寸方向上)的加工误差 ΔR 为

$$\Delta R = \overline{OA'} - \overline{OA} = \sqrt{R_0^2 + \delta^2 + 2R_0\delta\cos\phi} - R_0 \approx \delta\cos\phi + \frac{\delta^2}{2R_0}$$

可以看出：当原始误差的方向恰为加工表面法线方向时($\phi=0$)，引起的加工误差 $\Delta R_{\phi=0} = \delta$ 为最大(忽略 $\frac{\delta^2}{2R_0}$ 项)；当原始误差的方向恰为加工表面的切线方向时($\phi=90°$)，引起的加工误差 $\Delta R_{\phi=90°} = \frac{\delta^2}{2R_0}$ 为最小，通常可以忽略。为了便于分析原始误差对加工精度的影响，我们把对加工精度影响最大的那个方向(即通过切削刃的加工表面的法向)称为误差的敏感方向。

5.1.3　研究加工精度的目的与方法

1. 研究加工精度的目的

研究加工精度的目的是要弄清各种原始误差的物理、力学本质以及它们对加工精度影响的规律，掌握控制加工误差的方法，以便获得预期的加工精度，需要时能找出进一步提高加工精度的途径。

2. 研究加工精度的方法

加工精度的研究方法有以下两种。

(1)单因素分析法。运用该方法研究某一确定因素对加工精度的影响，研究时一般不考虑其他因素的同时作用。通过分析计算、测试或实验，得出该因素与加工误差之间的关系。

(2)统计分析法。该方法以生产中一批工件的实测结果为基础，运用数理统计方法进行数据处理，处理的结果用于控制工艺过程的正常进行。当发现质量问题时，可以从中判断误差的性质，找出误差发生的规律，以指导解决有关的加工精度问题。统计分析法只适用于批量生产。

在实际生产中，常常将两种方法结合起来应用。一般先用统计分析法找出误差出现的规律，初步判断加工误差出现的原因，然后运用单因素分析法进行分析、试验，以便迅速有效地找出影响加工精度的主要原因。

5.2　加工原理误差

机械加工中为了得到要求的工件形状和表面质量，必须采用具有一定形状切削刃的刀具，在工件和刀具之间建立起一定的运动关系。把这种得到所要求的表面而需要的联系称为加工原理。例如，切削加工螺纹时，工件和车刀之间要有准确的螺旋运动联系；滚切齿轮必须是齿坯和滚刀之间有准确的展成运动。这种运动联系一般是由机床的机构运动来保证的，有些场合也可以用夹具来保证。从理论上讲，应采用理想的加工原理，以求获得完全准确的加工表面，要满足这一要求有时会使机床或夹具的结构极为复杂，致使制造困难，或者由于环节过多，增加了机构运动中的误差，反而得不到高的加工精度。所以，在实践中，常采用近似的成型运动或近似的切削刃轮廓。

加工原理误差就是指采用了近似的成型运动或近似的切削刃轮廓进行加工而产生的误差。

在三坐标数控铣床上铣削复杂型面零件时，通常要用球头刀采用"行切法"加工。行切法就是球头刀与零件轮廓的切点轨迹是一行一行的，而行间的距离 s 是按零件加工要求确定的。这种方法是将空间立体型面视为众多的平面截线的集合，每次走刀加工出其中的一条截线。每两次走刀之间的行间距 s 可以按下式确定(图 5-4)：

$$s = \sqrt{8Rh}$$

式中，R 为球头刀半径；h 为允许的表面不平度。

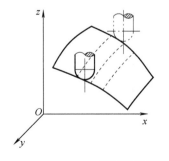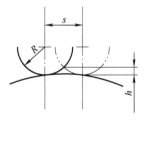

图 5-4　空间复杂曲面的数控加工

　　由于数控铣床一般只具有空间直线插补功能，所以即便是加工一条平面曲线，也必须用许多很短的折线段去逼近它。当刀具连续地将这些小线段加工出来，也就得到所需的曲线形状。逼近的精度可由每根线段的长度来控制。因此，就整个曲面而言，在三坐标联动的数控铣床上加工，实际上是以一段一段的空间直线逼近空间曲面，或者说，整个曲面就是由大量加工出的小直线段来逼近的(图 5-5)。这说明，在曲线或曲面的数控加工中，刀具相对于工件的成型运动是近似的。

　　在用齿轮铣刀切制轮齿时，在被加工齿轮精度要求不高的情况下，齿轮铣刀的齿形可以用弧齿形来代替渐开线齿形，这样不仅使齿轮铣刀齿廓的计算简化，而且还能使磨削加工铣刀齿形时修整砂轮容易。当被加工齿轮的齿数 $Z \ll 55$ 时，铣刀齿廓可以用圆心在基圆上的两段圆弧(半径为 R_1、R_2)代替，当被加工齿轮的齿数 $Z \gg 55$ 时，可用一个圆弧(半径为 R_1)来代替，如图 5-6 所示。用圆弧齿廓铣刀加工渐开线齿轮，就存在原理误差。

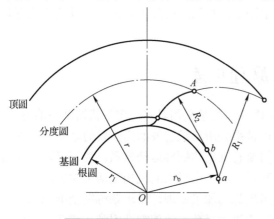

图 5-5　曲面数控加工的实质

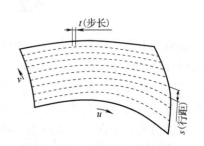

图 5-6　圆弧齿廓铣刀加工齿轮的原理误差

5.3　工艺系统的几何误差对加工精度的影响

5.3.1　机床误差

　　引起机床误差的原因是机床的制造误差、安装误差和磨损。机床误差的种类很多，这里着重分析对工件加工精度影响较大的导轨导向误差、主轴回转误差和传动链的传动误差。

1. 机床导轨导向误差

　　导轨导向精度是指机床导轨副的运动件实际运动方向与理想运动方向的符合程度，这两者之间的偏差值称为导向误差。

　　导轨是机床中确定主要部件相对位置的基准，也是运动的基准，它的各项误差直接影响被加工工件的精度。在机床的精度标准中，直线导轨的导向精度一般包括下列主要内容。

　　(1)导轨在水平面内的直线度 Δy (弯曲)(图 5-7)。

　　(2)导轨在垂直面内的直线度 Δz (弯曲)(图 5-7)。

　　(3)前后导轨的平行度 δ (扭曲)。

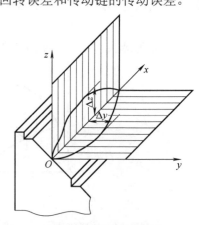

图 5-7　导轨的直线度

（4）导轨对主轴回转轴线的平行度（或垂直度）。导向误差对不同的加工方法和加工对象，将会产生不同的加工误差。在分析导轨导向误差对加工精度影响时，主要应考虑导轨误差引起刀具与工件在误差敏感方向的相对位移。

在车床上车削圆柱面时，误差的敏感方向在水平方向。如果床身导轨在水平面内存在导向误差 Δy，在垂直面内存在导向误差 Δz，在加工工件直径为 D 时（图 5-8），由此引起的加工半径误差 ΔR_y 和加工表面圆柱度误差 ΔR_{max} 分别为

$$\Delta R_y = \Delta y \tag{5-1}$$

$$\Delta R_{max} = \Delta y_{max} - \Delta y_{min}$$

式中，Δy_{max}、Δy_{min} 分别为工件全长范围内，刀尖与工件在水平面内相对位移的最大值和最小值。

由 Δz 引起的加工半径误差 ΔR_z 为

$$\Delta R_z = (\Delta z)^2 / D \tag{5-2}$$

Δz 在误差的非敏感方向上，ΔR_z 为 Δz 的二次方误差，数值很小，可以忽略，故只需考虑 Δy 引起的加工误差。

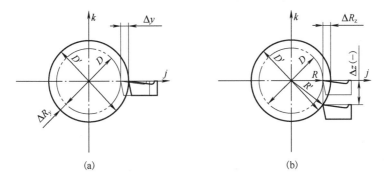

图 5-8　导向误差对车削圆柱面精度的影响

如果前后导轨不平行（扭曲），则加工半径误差为（图 5-9）

$$\Delta R = \Delta y_r = \alpha H \approx \delta H / B \tag{5-3}$$

式中，H 为车床中心高；B 为导轨宽度；α 为导轨倾斜角；δ 为前后导轨的扭曲量。

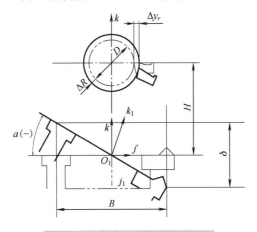

图 5-9　导轨扭曲引起的加工误差

一般车床 $H/B \approx 2/3$，外圆磨床 $H \approx B$，因此导轨扭曲量 δ 引起的加工误差不可忽略。当 α 角很小时，该误差不显著。

刨床的误差敏感方向为垂直方向。因此，床身导轨在垂直平面内的直线度误差影响较大。它引起加工表面的直线度及平面度误差（图 5-10）。

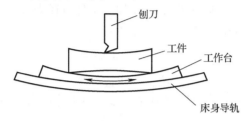

图 5-10 刨床导轨在垂直面内的直线度误差引起的加工误差

镗床误差敏感方向是随主轴回转而变化的，故导轨在水平面及垂直面内的直线度误差均直接影响加工精度。在普通镗床上镗孔时，如果以镗刀杆为进给方式进行镗削，那么导轨不直、扭曲或者与镗杆轴线不平行等误差，都会引起所镗出的孔与其基准的相互位置误差，而不会产生孔的形状误差；如果工作台进给，那么导轨不直或扭曲，都会引起所加工孔的轴线不直。当导轨与主轴回转轴线不平行时，镗出的孔呈椭圆形。图 5-11 表示二者的夹角为 α，则椭圆长短轴之比为

$$a/b = \cos\alpha$$

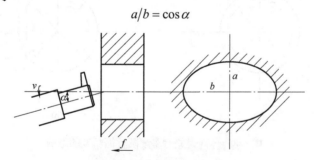

图 5-11 镗床镗出椭圆孔

机床安装不正确引起的导轨误差，往往远大于制造误差。特别是长度较长的龙门刨床、龙门铣床和导轨磨床等，它们的床身导轨是一种细长的结构，刚性较差，在本身自重的作用下就容易变形。如果安装不正确，或者地基不良，都会造成导轨弯曲变形（严重的可达 2～3mm）。

导轨磨损是造成导轨误差的另一重要原因。由于使用程度不同及受力不均，机床使用一段时间后，导轨沿全长各段的磨损量不等，并且在同一横截面上各导轨面的磨损量也不相等。导轨磨损会引起床鞍在水平面和垂直面内发生位移，且有倾斜，从而造成切削刃位置误差。

机床导轨副的磨损与工作的连续性、负荷特性、工作条件、导轨的材质和结构等有关。

一般卧式车床，两班制使用一年后，前导轨（三角形导轨）磨损量可达 0.04～0.05mm；粗加工条件下，磨损量可达 0.1～0.2mm。车削铸铁件，导轨磨损更大。

影响导轨导向精度的因素还有加工过程中力、热等方面的原因。

为了减小导向误差对加工精度的影响，机床设计与制造时，应从结构、材料、润滑、防护装置等方面采取措施以提高导向精度；机床安装时，应校正好水平和保证地基质量；使用时，要注意调整导轨配合间隙，同时保证良好的润滑和维护。

2．机床主轴的回转误差

1）主轴回转误差的基本概念

机床主轴是用来装夹工件或刀具并传递主要切削运动的重要零件。它的回转精度是机床精度的一项很重要的指标，主要影响零件加工表面的几何形状精度、位置精度和表面粗糙度。

理想状态下主轴回转时，其回转轴线的空间位置应该固定不变，即回转轴线没有任何运动。实际上，由于主轴部件中轴颈、轴承、轴承座孔等的制造误差和配合质量、润滑条件，以及回转时的动力因素的影响，主轴瞬时回转轴线的空间位置都在周期性地变化。

主轴回转误差是指主轴实际回转轴线对其理想回转轴线的漂移。

理想回转轴线虽然客观存在，但却无法确定其位置，因此通常是以平均回转轴线（即主轴各瞬时回转轴线的平均位置）来代替。

主轴回转轴线的运动误差可以分解为轴向圆跳动、径向圆跳动和倾角摆动三种基本形式，如图 5-12 所示。

（1）轴向圆跳动是主轴回转轴线沿平均回转轴线方向的变动量（图 5-12（a））。

（2）径向圆跳动是主轴回转轴线相对于平均回转轴线在径向的变动量（图 5-12（b））。

（3）倾角摆动主轴回转轴线相对平均回转轴线成一倾斜角度的运动（图 5-12（c））。

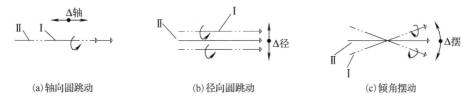

(a)轴向圆跳动　　　　　　　　(b)径向圆跳动　　　　　　　　(c)倾角摆动

图 5-12　主轴回转误差的基本形式

Ⅰ-主轴回转轴线；Ⅱ-主轴平均回转轴线

2）主轴回转误差对加工精度的影响

对于不同的加工方法，不同形式的主轴回转误差所造成的加工误差通常是不相同的。

主轴的轴向圆跳动对圆柱面的加工精度没有影响，但在加工端面时，会使车出的端面与圆柱面不垂直，如图 5-13 所示。如果主轴回转一周，来回跳动一次，则加工出的端面近似为螺旋面：向前跳动的半周形成右螺旋面，向后跳动的半周形成左螺旋面。端面对轴心线的垂直度误差随切削半径的减小而增大，其关系为

$$\tan\theta = A / R$$

式中，A 为主轴轴向圆跳动的幅值；R 为工件车削端面的半径；θ 为端面切削后的垂直度偏角。

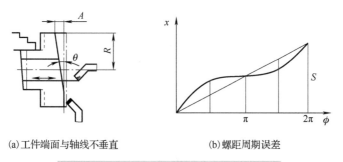

(a)工件端面与轴线不垂直　　　　　　　　(b)螺距周期误差

图 5-13　主轴轴向圆跳动对加工精度的影响

加工螺纹时，主轴的轴向圆跳动将使螺距产生周期误差（图5-13（b））。因此，对机床主轴轴向圆跳动的幅值通常都有严格的要求，如精密车床的主轴端面圆跳动规定为 $2\sim 3\mu m$，甚至更严。

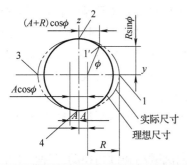

图 5-14　主轴纯径向跳动对镗孔圆度的影响

主轴的径向圆跳动会使工件产生圆度误差，但加工方法不同（如车削和镗削），影响程度也不尽相同。

如图5-14所示，在镗床上加工时，设主轴中心偏移最大 A 时，镗刀刀尖正好通过水平位置1。当镗刀转过一个角度 ϕ 时，刀尖轨迹的水平分量和垂直分量各为

$$Y = A\cos\phi + R\cos\phi = (A + R)\cos\phi \qquad (5\text{-}4)$$
$$Z = R\sin\phi \qquad (5\text{-}5)$$

由式（5-4）和式（5-5）得刀尖轨迹

$$\left(\frac{Y}{R + A}\right)^2 + \left(\frac{Z}{R}\right)^2 = 1 \qquad (5\text{-}6)$$

式（5-6）是一个椭圆方程式，即镗出的孔呈椭圆形，如图中虚线所示，其圆度误差为 A。

车削时，主轴纯径向圆跳动对工件的圆度影响很小。如图5-15（a）所示，假定主轴轴线沿 Y 轴方向作简谐振动，则在工件1处切出半径要比在2、4处切出的半径小一个振幅 A；而在工件3处切出的半径则比2、4处切出的半径大一个振幅 A。这样，在上述四点的工件直径相等，而在其他各点所形成的直径只有二阶无穷小的误差，所以车削出的工件表面接近一个真圆。

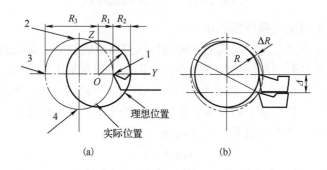

图 5-15　车削时纯径向跳动对圆度的影响

当主轴纯径向圆跳动是沿 Z 方向作简谐振动时，车削出的工件直径误差只是其振幅的二阶无穷小量。由图5-15（b）可看出

$$(R + \Delta R)^2 = A^2 + R^2$$

忽略 ΔR^2 项，得

$$\Delta R \approx \frac{A^2}{2R} \qquad (5\text{-}7)$$

即工件直径误差为

$$\Delta D \approx \frac{A^2}{R} \qquad (5\text{-}8)$$

这表明，车削出的工件表面接近于正圆。

当主轴几何轴线具有倾角摆动时，可区分为两种情况：一种是几何轴线相对于平均轴线在空间成一定锥角的圆锥轨迹。沿与平均轴线垂直的各个截面来看，相当于几何轴心绕平均轴心作偏心运动，只是各截面的偏心量有所不同。因此，无论是车削还是镗削，都能获得一个正圆锥。另一种是几何轴线在某一平面内作角摆动，若其频率与主轴回转频率相一致，沿与平均轴线垂直的各个截面来看，车削表面是一个圆，以整体而论车削出来的工件是一个圆柱，其半径等于刀尖到平均轴线的距离；镗削内孔时，在垂直于主轴平均轴线的各个截面内都形成椭圆，就工件内表面整体来说，镗削出来的是一个椭圆柱。

必须指出，实际上主轴工作时其回转轴线的漂移运动总是上述三种形式的误差运动的合成，故不同横截面内轴心的误差运动轨迹既不相同，又不相似，既影响所加工工件圆柱面的形状精度，又影响端面的形状精度。

3）影响主轴回转精度的主要因素

引起主轴回转轴线漂移的原因主要是：轴承的误差、轴承间隙、与轴承配合零件的误差及主轴系统的径向不等刚度和热变形。主轴转速对主轴回转误差也有影响。

（1）轴承误差的影响。主轴采用滑动轴承时，轴承误差主要是指主轴颈和轴承内孔的圆度误差及波度。

对于工件回转类机床（如车床、磨床等），切削力的方向大体上是不变的，主轴在切削力的作用下，主轴颈以不同部位和轴承内孔的某一固定部位相接触。因此，影响主轴回转精度的，主要是主轴轴颈的圆度和波度，而轴承孔的形状误差影响较小。如果主轴颈是椭圆形的，那么，主轴每回转一周，主轴回转轴线就径向圆跳动两次。

对于刀具回转类机床（如镗床等），由于切削力方向随主轴的回转而回转，主轴颈在切削力作用下总是以某一固定部位与轴承内表面的不同部位接触。因此，对主轴回转精度影响较大的是轴承孔的圆度和波度。如果轴承孔是椭圆形的，则主轴每回转一周，就径向跳动一次，如图 5-16（b）所示。轴承内孔表面如有波度，同样会使主轴产生高频径向圆跳动。

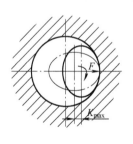
（a）工件回转类机床

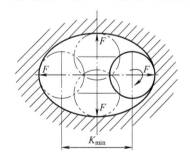
（b）刀具回转类机床

图 5-16　主轴采用滑动轴承的径向跳动

K_{max}-最大跳动量

以上分析适用于单油楔动压轴承，如采用多油楔动压轴承，主轴回转时周围产生几个油楔，把轴颈推向中央，油膜厚度也较单油楔为高，故主轴回转精度较高，而且影响回转精度的主要是轴颈的圆度。

由于动压轴承必须在一定运转速度下才能建立起压力油膜，因此主轴起动和停止过程中轴线都会发生偏移。如果采用静压轴承(特别是反馈节流的静压轴承)，由于油膜压力是由液压泵提供的，与主轴转速无关，同时轴承的油腔对称分布，外载荷由油腔间的压力变化差来平衡，因此油膜厚度变化引起的轴线漂移小于动压轴承。而且，静压轴承的承载能力与油膜厚度的关系较小，油膜厚度就较厚，能对轴承孔或轴颈的圆度误差起均化作用，故可得到较高的主轴回转精度。

主轴采用滚动轴承时，由于滚动轴承是由内圈、外圈和滚动体等组成的，影响的因素更多，轴承内、外圈滚道的圆度误差和波度对回转精度的影响，与前述单油楔动压滑动轴承的情况相似。分析时可视外圈滚道为轴承孔，内圈滚道相当于轴。因此，对工件回转类机床，滚动轴承内圈滚道圆度对主轴回转精度影响较大，主轴每回转一周，径向圆跳动两次；对刀具回转类机床，外圈滚道对主轴精度影响较大，主轴每回转一周，径向圆跳动一次。

滚动轴承的内、外圈滚道如有波度，则不论是工件回转类机床还是刀具回转类机床，主轴回转时都将产生高频径向圆跳动。

推力轴承滚道端面误差会造成主轴的轴向圆跳动。滚锥、向心推力轴承的内外滚道的倾斜既会造成主轴的轴向圆跳动，又会引起径向圆跳动和倾角摆动。

除轴承本身精度外，与配合件精度有很大关系如主轴轴颈、支撑座孔等精度。提高主轴及支承座孔的加工精度，选用高精度轴承，提高主轴部件装配精度、预紧和平衡等，都可以提高主轴回转精度。

(2)轴承间隙的影响。主轴轴承间隙对回转精度也有影响，如轴承间隙过大，会使主轴工作时油膜厚度增大，油膜承载能力降低，当工作条件(载荷、转速等)变化时，油膜厚度变化较大，主轴轴线漂移量增大。

(3)与轴承配合的零件误差的影响。由于轴承内、外圈或轴瓦很薄，受力后容易变形，因此与之相配合的轴颈或箱体支承孔的圆度误差，会使轴承圈或轴瓦发生变形而产生圆度误差。与轴承圈端面配合的零件如轴肩、过渡套、轴承端盖、螺母等有关端面，如果有平面度误差或与主轴回转轴线不垂直，会使轴承圈滚道倾斜，造成主轴回转轴线的径向、轴向漂移。箱体前后支承孔、主轴前后支承轴颈的同轴度会使轴承内外圈滚道相对倾斜，同样也会引起主轴回转轴线的漂移。总之，提高与轴承相配合零件的制造精度和装配质量，对提高主轴回转精度有很密切的关系。

(4)主轴转速的影响。由于主轴部件质量不平衡、机床各种随机振动以及回转轴线的不稳定随主轴转速增加而增加，使主轴在某个转速范围内的回转精度较高，超过这个范围时，误差就较大。

(5)主轴系统的径向不等刚度和热变形。主轴系统的刚度，在不同方向上往往不等，当主轴上所受外力方向随主轴回转而变化时，就会因变形不一致而使主轴轴线漂移。

机床工作时，主轴系统的温度将升高，使主轴轴向膨胀和径向位移。由于轴承径向热变形不相等，前后轴承的热变形也不相同，在装卸工件和进行测量时主轴必须停车而导致温度发生变化，这些都会引起主轴回转轴线的位置变化和漂移而影响主轴回转精度。

4)提高主轴回转精度的措施

(1)提高主轴部件的制造精度首先应提高轴承的回转精度，如选用高精度的滚动轴承，或采用高精度的多油楔动压轴承和静压轴承。其次是提高箱体支承孔、主轴轴颈和与轴承相配合零件的有关表面的加工精度。此外，还可在装配时先测出滚动轴承及主轴锥孔的径向圆跳动，然后调节径向圆跳动的方位，使误差相互补偿或抵消，以减少轴承误差对主轴回转精度的影响。

（2）对滚动轴承进行预紧。对滚动轴承适当预紧以消除间隙，甚至产生微量过盈，轴承内外圈和滚动体弹性变形的相互制约，既增加了轴承刚度，又对轴承内外圈滚道和滚动体的误差起均化作用，因而可提高主轴的回转精度。

（3）使主轴的回转误差不反映到工件上直接保证工件在加工过程中的回转精度而不依赖主轴，是保证工件形状精度的最简单而又有效的方法。例如，在外圆磨床上磨削外圆柱面时，为避免工件头架主轴回转误差的影响，工件采用两个固定顶尖支承，主轴只起传动作用（图 5-17），工件的回转精度完全取决于顶尖和中心孔的形状误差与同轴度误差，提高顶尖和中心孔的精度要比提高主轴部件的精度容易且经济得多。又如，在镗床上加工箱体类零件上的孔时，可采用前、后导向套的镗模（图 5-18），刀杆与主轴浮动连接，所以刀杆的回转精度与机床主轴回转精度也无关，仅由刀杆和导套的配合质量决定。

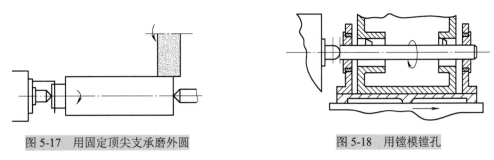

图 5-17　用固定顶尖支承磨外圆　　　　图 5-18　用镗模镗孔

3. 机床传动链的传动误差

1）传动链精度分析

传动链误差是指传动链实际传动关系与理论传动关系之间的差值，一般用传动链末端元件的转角误差来衡量。机床中的传动链可以根据其性质分为外联系传动链和内联系传动链，其中内联系传动链联系的是两个执行件，并且这两个执行件之间必须有准确的运动关系。传动链的传动误差是指内联系的传动误差，它是螺纹、齿轮、蜗轮以及其他按展成原理加工时，影响加工精度的主要因素。

在滚齿机上用单头滚刀加工直齿轮时，要求滚刀与工件之间具有严格的运动关系：滚刀转一转，工件转过一个齿。这种运动关系是由刀具与工件间的传动链来保证的。图 5-19 为它的传动系统图。被切齿轮装夹在工作台上，与蜗轮同轴回转。设滚刀轴均匀旋转，若齿轮 z_1 有转角误差 $\Delta\phi_1$，而其他各传动件假设无误差，则由 $\Delta\phi_1$ 产生的工件转角误差：

$$\phi_{1n} = \Delta\phi_1 \times \frac{80}{20} \times \frac{28}{28} \times \frac{28}{28} \times \frac{28}{28} \times \frac{42}{56} \times i_{差} \times \frac{e}{f} \times \frac{a}{b} \times \frac{c}{d} \times \frac{1}{72} = K_1\Delta\phi_1 \quad (5-9)$$

式中，$i_差$ 为差动机构的传动比；K_1 为齿轮 z_1 到工作台的传动比，称为误差传递系数。

若第 j 个传动元件有转角误差 $\Delta\phi_j$，则该转角误差通过相应的传动链传递到被切齿轮的转角误差：

$$\Delta\phi_{jn} = K_j\Delta\phi_j \quad (5-10)$$

式中，K_j 为第 j 个传动件的误差传递系数。

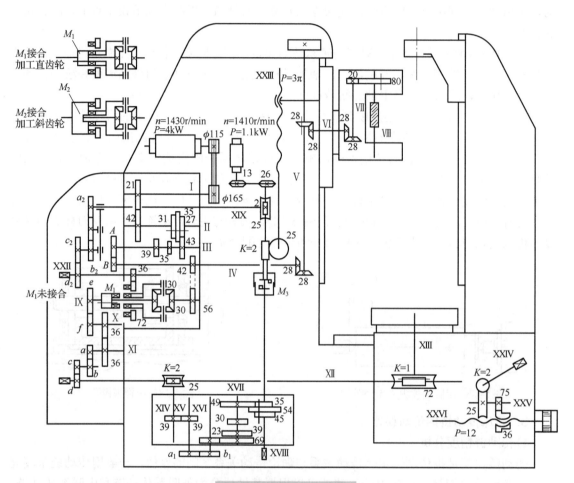

图 5-19　滚齿机传动系统图

由于所有传动件都可能存在误差，因此被切齿轮转角误差的总和 $\Delta\phi_\Sigma$ 为

$$\Delta\phi_\Sigma = \sum_{j=1}^n \Delta\phi_{jn} = \sum_{j=1}^n K_j \Delta\phi_j$$

2）减少传动链传动误差的措施

（1）传动件数越少，传动链越短，$\Delta\phi_\Sigma$ 就越小，因而传动精度就高。

（2）传动比 i 小，特别是传动链末端传动副的传动比小，则传动链中其余各传动元件误差对传动精度的影响就越小。因此，采用降速传动（$i<1$），是保证传动精度的重要原则。对于螺纹或丝杠加工机床，为保证降速传动，机床传动丝杠的螺距应大于工件螺纹螺距；对于齿轮加工机床，分度蜗轮的齿数一般比被加工齿轮的齿数多，目的是得到很大的降速传动比。同时，传动链中各传动副传动比应按越接近末端的传动副，其降速比越小的原则分配，这样有利于减少传动误差。

（3）传动链中各传动件的加工、装配误差对传动精度均有影响，但影响的大小不同，最后的传动件（末端件）的误差影响最大，故末端件（如滚齿机的分度蜗轮、螺纹加工机床的最后一个齿轮及传动丝杠）应做得更精确。

(4)采用校正装置。校正装置的实质是在原传动链中人为地加入一误差，其大小与传动链本身的误差相等而方向相反，从而使之相互抵消。

高精度螺纹加工机床常采用的机械式校正机构原理如图 5-20 所示。根据测量被加工工件 1 的螺距误差，设计出校正尺 5 上的校正曲线 7。校正尺 5 固定在机床床身上。加工螺纹时，机床传动丝杠带动螺母 2 及与其相固联的刀架和杠杆 4 移动，同时，校正尺 5 上的误差校正曲线 7 通过触头 6、杠杆 4 使螺母 2 产生一附加运动，而使刀架得到一附加位移，以补偿传动误差。采用机械式的校正装置只能校正机床静态的传动误差。如果要校正机床静态及动态传动误差，则需采用计算机控制的传动误差补偿装置。

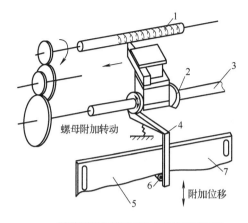

图 5-20　丝杠加工误差校正装置

1-工件；2-螺母；3-母丝杠；4-杠杆；5-校正尺；
6-触头；7-校正曲线

5.3.2　夹具的制造误差及磨损

夹具的误差主要有以下几种。

(1)定位元件、刀具导向元件、分度机构、夹具体等的制造误差。

(2)夹具装配后，以上各种元件工作面间的相对尺寸误差。

(3)夹具在使用过程中工作表面的磨损。

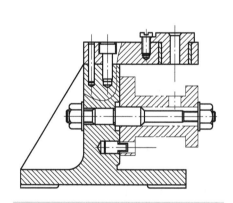

图 5-21　钻孔夹具误差对加工精度的影响

夹具误差将直接影响工件加工表面的位置精度或尺寸精度。例如，图 5-21 所示为一钻孔夹具。钻套中心至夹具体上定位平面间的距离误差，直接影响工件孔至工件底平面的尺寸精度；钻套中心线与夹具体上定位平面间的平行度误差，直接影响工件孔中心线与工件底平面平行度；钻套孔的直径误差亦将影响工件孔至底平面的尺寸精度与平行度。

一般来说，夹具误差对加工表面的位置误差影响最大。在设计夹具时，凡影响工件精度的尺寸应严格控制其制造误差，精加工用夹具一般可取工件上相应尺寸或位置公差的 1/3～1/2，粗加工用夹具则可取为 1/10～1/5。

5.3.3　刀具的制造误差及磨损

刀具误差对加工精度的影响，根据刀具的种类不同而异。

(1)采用定尺寸刀具(如钻头、铰刀、键槽铣刀、镗刀块及圆拉刀等)加工时，刀具的尺寸精度直接影响工件的尺寸精度。

(2)采用成型刀具(如成型车刀、成型铣刀、成型砂轮等)加工时，刀具的形状精度将直接影响工件的形状精度。

(3)展成刀具(如齿轮滚刀、花键滚刀、插齿刀等)的切削刃形状必须是加工表面的共轭曲线。因此，切削刃的形状误差会影响加工表面的形状精度。

(4)对于一般刀具(如车刀、镗刀、铣刀)，其制造精度对加工精度无直接影响，但这类刀具的寿命较低，刀具容易磨损。

任何刀具在切削过程中都不可避免地要产生磨损，并由此引起工件尺寸和形状误差。例如，用成型刀具加工时，刀具刃口的不均匀磨损将直接复映在工件上，造成形状误差；在加工较大表面(一次走刀需较长时间)时，刀具的尺寸磨损会严重影响工件的形状精度；用调整法加工一批工件时，刀具的磨损会扩大工件尺寸的分散范围。

刀具的尺寸磨损是指切削刃在加工表面的法线方向(即误差敏感方向)上的磨损量 u (图 5-22)，它直接反映出刀具磨损对加工精度的影响。

刀具尺寸磨损的过程可分为三个阶段(图 5-23)：初期磨损(切削路程 $l < l_0$)、正常磨损($l < l_0 < l'$)和急剧磨损($l > l'$)。在正常磨损阶段，尺寸磨损与切削路程成正比。在急剧磨损阶段，刀具已不能正常工作，因此，在到达急剧磨损阶段前就必须重新磨刀。

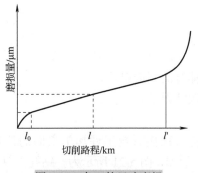

图 5-22　车刀的尺寸磨损

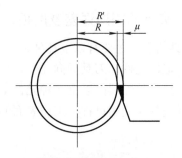

图 5-23　车刀磨损过程

5.3.4　调整误差

在机械加工中的每一个工序中，总是要对工艺系统进行这样或那样的调整工作。调整就有随机性，因而会产生调整误差。

不同的调整方法误差来源不同。工艺系统调整的基本方法有两种。

1. 试切法调整

单件、小批生产中普遍采用试切法加工。加工时先在工件上试切，根据测得的尺寸与要求尺寸的差值，用进给机构调整刀具与工件的相对位置，然后进行试切、测量、调整，直至符合规定的尺寸要求时，再正式切削出整个待加工表面。

不同材料的刀具的刃口半径是不同的，切削加工中切削刃所能切除的最小切削层厚度是有一定限度的。切削厚度过小时，切削刃就会在切削表面上打滑，切不下金属。精加工时，试切的最后一刀往往很薄，而正式切削时的背吃刀量一般要大于试切部分，所以与试切时的最后一刀相比，切削刃不容易打滑，实际切深就大一些，因此工件尺寸就与试切部分不同，粗加工时，试切的最后一刀切削层厚度还较大，切削刃不会打滑，但正式切削时背吃刀量更大，受力变形也大得多，因此正式切削时切除的金属厚度就会比试切时小一些，故同样引起工件的尺寸误差。

2. 调整法

在成批、大量生产中，广泛采用试切法(或样件、样板)预先调整好刀具与工件的相对位置，并在一批零件的加工过程中保持这种相对位置不变获得所要求的零件尺寸。与采用样件(或样板)调整相比，采用试切调整比较符合实际加工情况，故可得到较高的加工精度，但调整费时。因此实际使用时可先根据样件(或样板)进行初调，然后试切若干工件，根据试切情况做精确微调，这样既缩短了调整时间，又可得到较高的加工精度。

工艺系统初调完毕，一般要试切几个工件，并以其平均尺寸作为判断调整是否准确的依据。由于试切加工的工件数(称为抽样件数)不可能太多，因此不能把整批工件切削过程中各种随机误差完全反映出来。故试切加工几个工件的平均尺寸与总体尺寸不可能完全符合，因而造成误差。

5.4　工艺系统的受力变形对加工精度的影响

5.4.1　工艺系统刚度的概念

切削加工时，由机床、刀具、夹具和工件组成的工艺系统，在切削力、夹紧力及重力等的作用下，将产生相应的变形，使刀具和工件在静态下调整好的相互位置，以及切削成型运动所需要的正确几何关系发生变化，而造成加工误差。

例如，在车削细长轴时，工件在切削力的作用下会发生变形，使加工出的轴出现中间粗两头细的情况(图 5-24(a))；在内圆磨床上以横向切入法磨孔时，由于内圆磨头主轴弯曲变形，磨出的孔会出现圆柱度误差(锥度)(图 5-24(b))。

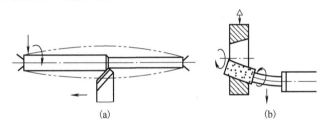

(a)　　　　　　　　　　(b)

图 5-24　工艺系统受力变形引起的加工误差

由此可见，工艺系统的受力变形是加工中一项很重要的原始误差。而且还影响加工表面质量，限制加工生产率的提高。

为了衡量工艺系统抵抗受力变形的能力和分析计算工艺系统受力变形对加工精度的影响，需要建立工艺系统刚度的概念。弹性系统在外力作用下所产生的变形位移大小取决于外力大小和系统抵抗外力的能力。弹性系统抵抗外力使其变形的能力称为刚度。工艺系统的刚度是以切削力和在该力方向上(误差敏感方向)所引起的刀具和工件间相对变形位移的比值 k(N/mm)表示的，即

$$k = \frac{F}{y} \tag{5-11}$$

由式(5-11)可知，刚度即工艺系统产生单位变形位移量所需的外力越大，刚度越大，说明了工艺系统抵抗外力使其变形的能力越强。

5.4.2　工艺系统刚度计算

对于工艺系统而言，切削加工中，工艺系统在各种外力的作用下，其各部分将在各个方向上产生相应的变形。而本书主要研究的是误差敏感方向，即通过刀尖的加工表面法向的位移。因此，工艺系统的刚度 $k_{系统}$ 定义为：工件和刀具的法向切削分力（即背向力） F_p 与在总切削力的作用下，它们在该方向上的相对位移 $y_{系统}$ 的比值，即 $k_{系统}=F_p/y_{系统}$。

由于工艺系统由一系列零件、部件按一定的连接方式组合而成，因此受力后的变形与单个物体受力后的变形不同。在外力作用下，组成工艺系统的各个环节都要受力，各受力环节将产生不同程度的变形，这些变形又不同程度地影响工艺系统的总变形。工艺系统的变形是各组成环节变形的综合结果。所以工艺系统在某一位置受力作用产生的变形量 $y_{系统}$ 应为工艺系统各组成环节在此位置受该力作用产生的变形量的代数和，即

$$y_{系统}=y_{机床}+y_{刀具}+y_{夹具}+y_{工件} \tag{5-12}$$

而　　　　$k_{机床}=F_p/y_{机床}$，　$k_{夹具}=F_p/y_{夹具}$，　$k_{刀具}=F_p/y_{刀具}$，　$k_{工件}=F_p/y_{工件}$

所以工艺系统刚度的一般式为

$$k_{系统}=\cfrac{1}{1/k_{机床}+1/k_{夹具}+1/k_{刀具}+1/k_{工件}} \tag{5-13}$$

由式(5-13)可以得出结论：工艺系统的总刚度总是小于系统中刚性最差的部件刚度。所以，要提高工艺系统的总刚度，必须从刚度最差的环节入手。

在用式(5-12)计算工艺系统刚度时，应针对具体情况加以简化。例如，车削外圆时，车刀本身在切削力作用下的变形，对加工误差的影响很小，可略去不计，故工艺系统刚度的计算公式中可省略刀具刚度一项。又如，镗孔时镗杆的受力变形严重地影响着加工精度，而工件的刚度一般较大，其受力变形很小，故也可忽略不计。

5.4.3　工艺系统刚度对加工精度的影响

在机械加工中，工艺系统的作用力除了切削力，还有传动力、惯性、夹紧力、重力等，其中切削力对加工精度的影响最大。

1. 切削力作用点位置变化引起的工件形状误差

切削过程中，工艺系统的刚度会随切削力作用点位置的变化而变化，因此工艺系统受力变形亦随之变化，引起工件形状误差。下面以在车床顶尖间加工光轴为例来说明这个问题。

1）机床的变形

假定工件短而粗，同时车刀悬伸长度很短，工件和刀具刚度很大，受力后其变形可忽略不计。也就是说，假定工艺系统的变形只考虑机床的变形。又假定工件的加工余量很均匀，并且由于机床变形而造成的背吃刀量（切削深度）变化对切削力的影响也很小，即假定车刀进给过程中切削力保持不变。设当车刀切至工件如图 5-25 所示的位置时，车床主轴箱处受力 F_A，相应的变形为从 A 移到 A'，尾座处受力 F_B，相应的变

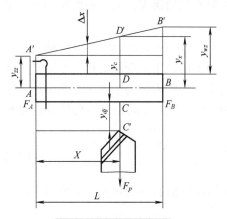

图 5-25　车床受力变形

形为从 B 移到 B'，刀架从 C 移到 C'，它们的位移分别为 y_{zz}、y_{wz}、y_{dj}。工件的轴线由原来 AB 移到 $A'B'$，则刀具切削点处工件轴线的位移：

$$y_x = y_{zz} + \Delta x = y_{zz} + (y_{wz} - y_{zz})\frac{x}{L} \tag{5-14}$$

由刚度定义

$$y_{zz} = \frac{F_A}{k_{zz}} = \frac{F_p}{k_{zz}}\left(\frac{L-x}{L}\right)$$

$$y_{wz} = \frac{F_B}{k_{wz}} = \frac{F_p}{k_{wz}}\frac{x}{L}$$

$$y_{dj} = \frac{F_p}{k_{dj}}$$

式中，k_{zz}、k_{wz}、k_{dj} 分别为主轴、尾座、刀架的刚度。

将此三式代入式(5-14)，整理后可得到总变形

$$y_x = F_p\left[\frac{1}{k_{zz}}\left(\frac{L-x}{L}\right)^2 + \frac{1}{k_{wz}}\left(\frac{1}{L}\right)^2 + \frac{1}{k_{dj}}\right] \tag{5-15}$$

由此式可得随切削位置的不同，工件的变形不同，切出的金属层的厚度也不同。运用高等数学求极大值和极小值的计算方法，可求得工艺系统最小变形 $y_{\min}$ 和最大变形 $y_{\max}$ 分别为

$$\begin{cases} y_{\min} = \dfrac{F_p}{k_{zz} + k_{wz}} + \dfrac{F_p}{k_{dj}} \\[3mm] y_{\max} = \dfrac{F_p}{k_{wz}} + \dfrac{F_p}{k_{dj}} \end{cases} \tag{5-16}$$

所以机床受力变形而使加工出来的工件呈两端粗、中间细的鞍形，如图 5-26 所示。

2) 工件变形引起的加工误差

若车削刚性很差的细长轴，则机床、刀具的受力变形可忽略不计，工艺系统的变形完全取决于工件的变形，如图 5-27 所示。由材料力学公式计算工件在切削点的变形量

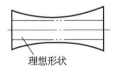

理想形状

图 5-26　工件在顶尖上车削后的形状(凹型)

图 5-27　工件在顶尖上车削后的形状(凸型)

$$y_g = \frac{F_p}{3EI}\frac{x^2(L-x)^2}{L} \tag{5-17}$$

式中，E 为工件材料的弹性模量；I 为工件截面的惯性矩。

由式(5-17)可知：当 $x=0, x=L$ 时，$y_g=0$；当 $x=\dfrac{L}{2}$ 时，工件刚度最小，变形量最大：

$$y_{\max}=\frac{F_pL^3}{48EI} \tag{5-18}$$

因此，加工后的工件呈鼓形，如图 5-27 所示。

3) 工艺系统总变形

当同时考虑机床和工件的变形时，工艺系统的总变形为二者的叠加(对于本例，车刀的变形可以忽略)：

$$y=y_x+y_g=F_p\left[\frac{1}{k_{zz}}\left(\frac{L-x}{L}\right)^2+\frac{1}{k_{wz}}\left(\frac{x}{L}\right)^2+\frac{1}{k_{dj}}+\frac{x^2}{3EI}\frac{(L-x)^2}{L}\right]$$

工艺系统的刚度：

$$k=\frac{F_p}{y_x+y_g}=F_p\left[\frac{1}{k_{zz}}\left(\frac{L-x}{L}\right)^2+\frac{1}{k_{wz}}\left(\frac{x}{L}\right)^2+\frac{1}{k_{dj}}+\frac{x^2}{3EI}\frac{(L-x)^2}{L}\right]$$

由此可知，测得了车床主轴箱、尾座、刀架三个部件的刚度，以及确定了工件的材料和尺寸，就可按 x 值估算车削圆轴时工艺系统的刚度。当已知刀具的切削角度、切削条件和切削用量，即在知道切削力 F_p 时，利用上面的公式就可估算出不同 z 处工件半径的变化。

工艺系统刚度随受力点位置变化而变化的例子很多，如立式车床、龙门刨床、龙门铣床等的横梁及刀架，大型镗铣床滑枕内的主轴等，其刚度均随刀架位置或滑枕伸出长度不同而异，对它们的分析也可参照上述方法进行。

2. 切削力大小变化引起的加工误差

在车床上加工短轴，工艺系统的刚度变化不大，可近似看作常量。这时如果毛坯形状误差较大或材料硬度很不均匀，工件加工时切削力的大小就会有较大变化，工艺系统的变形也就会随切削力大小的变化而变化，因而引起工件误差。下面以车削一椭圆形横截面毛坯为例(图 5-28)来作进一步分析。

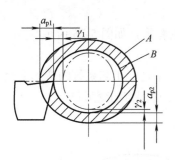

图 5-28　毛坯形状误差的复映

A-毛坯外形；B-工件外形

加工时，刀具调整到一定的背吃刀量(图中双点画线圆的位置)。在工件每转一转中，背吃刀量发生变化，毛坯椭圆长轴方向处为最大背吃刀量 a_{p1}，椭圆短轴方向处为最小背吃刀量 a_{p2}。假设毛坯材料的硬度是均匀的，那么 a_{p1} 处的切削力 F_{p1} 最大，相应的变形 y_1 也最大；a_{p2} 处的切削力 F_{p2} 最小，相应的变形 y_2 也最小。由此可见，当车削具有圆度误差 $\Delta_m=a_{p1}-a_{p2}$ 的毛坯时，由于工艺系统受力变形的变化而使工件产生相应的圆度误差 $\Delta_g=y_1-y_2$，这种现象称为误差复映。

如果工艺系统的刚度为 k，则工件的圆度误差：

$$\Delta_g=y_1-y_2=\frac{1}{k}\left(F_{p1}-F_{p2}\right) \tag{5-19}$$

由切削原理可知：

$$F_p=C_{Fp}a_p^{x_{Fp}}f^{y_{Fp}}\left(HB\right)^{n_{Fp}}$$

式中，C_{Fp} 为与刀具几何参数及切削条件(刀具材料、工件材料、切削种类、切削液等)有关的系数；a_p 为背吃刀量；f 为进给量；k 为工件材料硬度；x_{Fp}、y_{Fp}、n_{Fp} 为指数。

在工件材料硬度均匀，刀具、切削条件和进给量一定的情况下，$C_{Fp}f^{y_{Fp}}\left(HB\right)^{n_{Fp}}=C$ 为常数。在车削加工中，$x_{Fp}\approx1$，于是切削分力 F_p 一可写成：

$$F_p = Ca_p$$

因此

$$F_{p1} = Ca_{p1}, \quad F_{p2} = Ca_{p2}$$

代入式(5-19)得

$$\Delta_g = \frac{C}{k}\left(a_{p1}-a_{p2}\right) = \frac{C}{k}\Delta_m = \varepsilon\Delta_m \tag{5-20}$$

式中

$$\varepsilon = C/k$$

称为误差复映系数。由于 Δ_g 总是小于 Δ_m，所以 ε 是一个小于 1 的正数。它定量地反映了毛坯误差经加工后所减少的程度。减小 C 或增大 k 都能使 ε 减小。

增加走刀次数可大大减小工件的复映误差。设 ε_1、ε_2、ε_3、$\cdots$ 分别为第一次、第二次、第三次……走刀时的误差复映系数，则

$$\Delta_{g1} = \varepsilon_1\Delta_m$$
$$\Delta_{g2} = \varepsilon_2\Delta_{g1} = \varepsilon_1\varepsilon_2\Delta_m$$
$$\Delta_{g3} = \varepsilon_3\Delta_{g2} = \varepsilon_1\varepsilon_2\varepsilon_3\Delta_m$$

总的误差复映系数：

$$\varepsilon_{\text{总}} = \varepsilon_1\varepsilon_2\varepsilon_3\cdots$$

由于 ε_i 是一个小于 1 的正数，多次走刀后 ε 就变成一个远远小于 1 的系数。多次走刀可提高加工精度，但也意味着降低了生产率。

由以上分析可知，当工件毛坯有形状误差(如圆度、圆柱度、直线度等)或相互位置误差(如偏心、径向圆跳动等)时，加工后仍然会有同类的加工误差出现。在成批大量生产中用调整法加工一批工件时，如果毛坯尺寸不一，那么加工后这批工件仍有尺寸不一的误差。

毛坯硬度不均匀，同样会造成加工误差。在采用调整法成批生产时，控制毛坯材料硬度的均匀性是很重要的。因为加工过程中走刀次数通常已定，如果一批毛坯材料硬度差别很大，就会使工件的尺寸分散范围扩大，甚至超差。

3. 夹紧力和重力引起的加工误差

工件在装夹时，由于工件刚度较低或夹紧力着力点不当，工件产生相应的变形，造成加工误差。如图 5-29 所示为用三爪自定心卡盘夹持薄壁套筒，假定坯件是正圆形，夹紧后坯件呈三棱形，虽镗出的孔为正圆形，但松开后，套筒弹性恢复使孔又变成三棱形，如图 5-29(a)所示。为了减少加工误差，应使夹紧力均匀分布，可采用开口过渡环(图 5-29(b))或采用专用卡爪(图 5-29(c))夹紧。

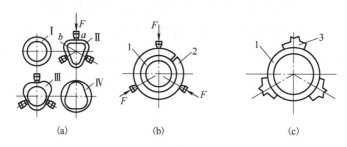

图 5-29　套筒夹紧变形误差

Ⅰ-毛坯；Ⅱ-夹紧后；Ⅲ-镗孔后；Ⅳ-松开后；1-工件；2-开口过渡环；3-专用卡爪

　　如磨削薄片零件，假定坯件翘曲，当它被电磁工作台吸紧时，产生弹性变形，磨削后取下工件，由于弹性恢复，使已磨平的表面又产生翘曲，如图 5-30(a)、(b)、(c)所示。改进的办法是在工件和磁力吸盘之间垫入一层薄橡胶皮(0.5mm 以下)或纸片，如图 5-30(d)、(e)所示，当工作台吸紧工件时，橡皮垫受到不均匀的压缩，使工件变形减少，翘曲的部分就将被磨去。如此进行，正反面轮番多次磨削后，就可得到较平的平面。

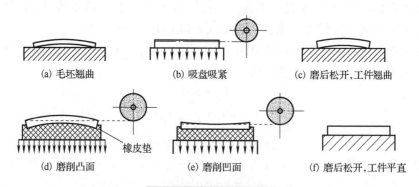

图 5-30　薄片工件的磨削

　　图 5-31 表示加工发动机连杆大头孔的装夹示意图。由于夹紧力作用点不当，加工后两孔中心线不平行及其与定位端面不垂直。

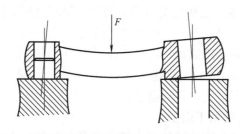

图 5-31　着力点不当引起的加工误差

　　工艺系统有关零部件自身的重力所引起的相应变形，也会造成加工误差。如图 5-32(a)、(b)表示大型立车在刀架的自重下引起了横梁变形，造成了工件端面的平面度误差和外圆上的锥度。工件的直径越大，加工误差也越大。

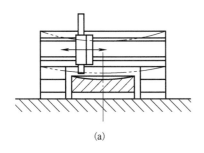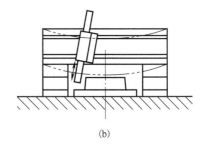

图 5-32　机床部件自重所引起的误差

对于大型工件的加工(如磨削床身导轨面),工件自重引起的变形有时成为产生加工形状误差的主要原因。在实际生产中,装夹大型工件时,恰当地布置支撑可以减小自重引起的变形。图 5-33 表示了两种不同的支承方式下,均匀截面的挠性工件的自重变形规律。显然,第二种支承方式工件重量引起的变形要大大小于第一种支承方式。

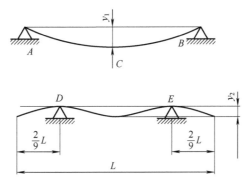

图 5-33　工件自重所造成的误差

4. 动力和惯性对加工精度的影响

1) 传动力影响

在车床上用单爪拨盘带动工件时,传动力在拨盘的每一转中不断改变方向。图 5-34(a)表示单爪拨盘传动的结构简图和作用在其上的力:切削分力 F_y、F_z 和传动力 F_c。图 5-34(b)表示切削力转化到作用于工件几何中心 O 上而使之变形到 O',又由传动力转化到作用于 O' 上而使之变形到 O'' 的位置。图中 k_s 为机床刚度,k_e 为顶尖系统的接触刚度(包括顶尖与主轴孔、顶尖与工件顶尖孔之间的接触刚度)。由图有

$$r_0^2 = \overline{OA}^2 + \overline{OO'}^2 + 2\overline{OA}\,\overline{OO'}\cos\beta$$

$$\beta = \arctan\frac{F_s/k_s}{F_p/k_s} = \arctan\frac{F_c}{F_p}$$

只要切削分力 F_c、F_p 不变,则 β、$\overline{OO'}$ 也不变,而 $\overline{OA}$ 又是恒值,它和旋转力 F_e 无关。因此 O' 是工件的平均回转轴心,O'' 是工件的瞬时回转中心,O'' 围绕 O' 作与主轴同频率的回转,恰似一个在 y-z 平面内的偏心运动。整个工件则在空间作圆锥运动:固定的后顶尖为其锥角顶点,前顶尖带着工件在空间画出了一个圆。这就是主轴几何轴线具有角度摆动的第一种情况——几何轴线(前、后顶尖的连线)相对于平均轴线(O' 与后顶尖的连线)在空间成一定锥角的圆锥轨迹。由此可以得出结论:在单爪拨盘传动下车削出来的工件是一个正圆柱,并

不产生加工误差。以前认为将形成截面形状为心脏形的圆柱度误差的结论是不正确的。在圆度仪上对工件进行实测的结果也证明了这一点。

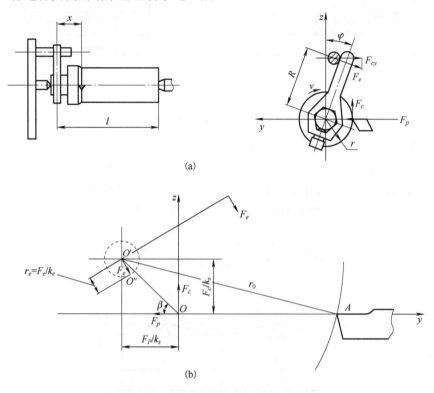

图 5-34　单爪拨盘传动下工件的受力与变形

2）惯性的影响

在高速切削时，如果工艺系统中有不平衡的高速旋转的构件存在，就会产生离心力。该力和传动力一样，在工件的每一转中不断变更方向，引起工件几何轴线作第一种形式的摆角运动，因此理论上不会造成工件圆度误差。但是要注意当不平衡质量的离心力大于切削力时，车床主轴轴颈和轴套内孔表面的接触点就会不停地变化，轴套孔的圆度误差将传给工件的回转轴心。

周期变化的惯性还常常引起工艺系统的强迫振动。因此机械加工中若遇到这种情况，可采用"对重平衡"的方法来消除这种影响，即在不平衡质量的反向加装平衡重块，使两者的离心力相互抵消。必要时亦可适当降低转速，以减少离心力的影响。

5.4.4　机床部件刚度

1. 机床部件刚度的测定

1）静载荷测定法

单一简单零件的刚度可用材料力学方法进行估算，但对于一个由许多零件组成的机床部件而言，它的刚度计算就非常复杂，迄今还没有合适的简易计算方法，目前主要还是用实验方法来测定机床部件刚度。刚度的静载荷测定法是在机床不工作状态下，模拟切削时的受力情况，对机床施加静载荷，然后测出机床各部件在不同静载荷下的变形，就可作出各部件的刚度特性曲线，并计算出静刚度。

最简单的测定车床刚度的实验方法是如图 5-35 所示的单向静载荷测定法。在车床顶尖间装一个刚性很好的心轴 1，在刀架上装一个螺旋加力器 5，在加力器与心轴之间装一测力环 4，当转动加力器的加力螺钉时，刀架与心轴之间便产生了作用力，力的大小由测力环中的千分表读出。作用力一方面传到车床刀架上，另一方面经过心轴传到前后顶尖上。若加力器 5 位于心轴的中点，如通过加力器对工件施加力 F_y，则主轴箱和尾座各受到 $F_y/2$ 力的作用。主轴箱、尾座和刀架的变形可分别由千分表 2、3、6 读出。

图 5-36 是一台中心高为 200mm 车床的刀架部件刚度实测曲线。实验中进行了三次加载—卸载循环。由图可以看出机床部件刚度曲线有以下特点。

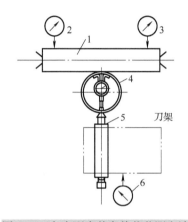

图 5-35　车床刚度单向静载荷测定法

1-心轴；2、3、6-千分表；4-测力环；5-螺旋加力器

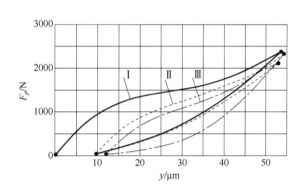

图 5-36　车床刀架的静刚度特性曲线

Ⅰ-一次加载；Ⅱ-二次加载；Ⅲ-三次加载

（1）力和变形之间不符合胡克定律，呈非线性的关系，曲线上各点的实际刚度（各点斜率）是不同的，这说明刀架变形不纯粹是弹性变形。加载与卸载曲线不重合，两曲线间包容的面积代表了加载—卸载循环中所损失的能量，也就是消耗在克服部件内零件间的摩擦和接触变形所做的功。

（2）卸载后曲线回不到原点，说明部件的变形不单纯是弹性变形，还产生了不能恢复的残余变形。在反复加载—卸载后，残余变形才逐渐接近于零。

（3）部件的实际刚度远比按实体所估计的要小。由于机床部件的刚度曲线不是线性的，其刚度 $k=\mathrm{d}F/\mathrm{d}y$ 就不是常数。通常所说的部件刚度是指它的平均刚度，即曲线两端点连线的斜率。对本例，刀架的平均刚度为

$$k = 2400/\ 0.052 = 4600(\mathrm{N/mm})$$

2）工作状态测定法

静态测定法测定机床刚度，只是近似地模拟切削时的切削力，与实际加工条件不完全一样。采用工作状态测定法，其结果比较接近实际。其依据是误差复映规律，如图 5-37 所示。

在车床顶尖间装夹一根刚度极大的心轴，心轴在靠近前顶尖、后顶尖及中间三处各预先车出一台阶，三个台阶的尺寸分别为 H_{11}、H_{12}、H_{21}、H_{22}、H_{31}、H_{32}。经过一次走刀后，由于误差复映，心轴上仍然有台阶状残留误差，经测量其尺寸分别为 h_{11}、h_{12}、h_{21}、h_{22}、h_{31}、h_{32}，于是可计算出左、中、右台阶处的误差复映系数：

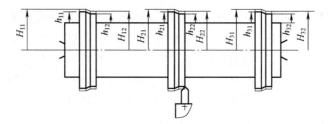

图 5-37　车床刚度的工作状态测定法

$$\varepsilon_1 = \frac{h_{11} - h_{12}}{H_{11} - H_{12}}, \quad \varepsilon_2 = \frac{h_{21} - h_{22}}{H_{21} - H_{22}}, \quad \varepsilon_3 = \frac{h_{31} - h_{32}}{H_{31} - H_{32}}$$

三处系统的刚度分别为

$$k_{xt1} = C/\varepsilon_1, \quad k_{xt2} = C/\varepsilon_2, \quad k_{xt3} = C/\varepsilon_3$$

由于心轴刚度很大，其变形可忽略，车刀的变形也可忽略，故上面算得的三处系统刚度，就是三处的机床刚度。列出方程组：

$$
\begin{cases}
\dfrac{1}{k_{xt1}} = \dfrac{1}{k_{tj}} + \dfrac{1}{k_{dj}} \\[2mm]
\dfrac{1}{k_{xt2}} = \dfrac{1}{4k_{tj}} + \dfrac{1}{4k_{wz}} + \dfrac{1}{k_{dj}} \\[2mm]
\dfrac{1}{k_{xt3}} = \dfrac{1}{k_{wz}} + \dfrac{1}{k_{dj}}
\end{cases}
$$

解此方程组可得出车床主轴箱、尾座和刀架的刚度分别为

$$\frac{1}{k_{tj}} = \frac{1}{k_{xt1}} - \frac{1}{k_{dj}}, \quad \frac{1}{k_{wz}} = \frac{1}{k_{xt3}} - \frac{1}{k_{dj}}, \quad \frac{1}{k_{dj}} = \frac{2}{k_{xt2}} - \frac{1}{2}\left(\frac{1}{k_{xt1}} + \frac{1}{k_{xt2}}\right)$$

工作状态测定法的不足之处是：不能得出完整的刚度特性曲线，而且由于材料不均匀等所引起的切削力变化和切削过程中的其他随机性因素，都会给测定的刚度值带来一定的误差。

2. 影响机床部件刚度的因素

1) 连接表面间的接触变形

零件表面总是存在着宏观的几何形状误差和微观的表面粗糙度，所以零件之间接合表面的实际接触面积只是理论接触面的一小部分，并且真正处于接触状态的，又只是这一小部分的一些凸峰，如图 5-38 所示。当外力作用时，这些接触点处将产生较大的接触应力，并产生接触变形，其中既有表面层的弹性变形，又有局部塑性变形。这就是部件刚度曲线不呈直线，以及远比同尺寸无接触面的实体的刚度要低得多的原因，也是造成残留变形和多次加载—卸载循环以后，残留变形才趋于稳定的原因之一。

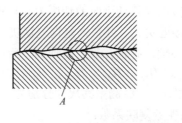

图 5-38　零件接触面间的接触情况

接触表面间的名义压强的增量与接触变形的增量之比称为接触刚度。零件表面越粗糙，形状误差越大，材料硬度越低，接触刚度越小。

连接表面的接触刚度将随着法向载荷的增加而增大，并受接触表面材料、硬度、表面粗糙度、表面纹理方向，以及表面几何形状误差等因素的影响。机床部件接触刚度的高低，主要取决于机床零部件的加工质量和装配质量。例如，以 500N 的磨削力作用于被磨工件的中间时，若磨床顶尖与主轴锥的加工质量不高，其接触变形有时可达 6～9μm，占机床总变形量的 30%～60%。

2) 零件间摩擦力的影响

机床部件受力变形时，零件间连接表面会发生错动，加载时摩擦力阻碍变形的发生，卸载时摩擦力阻碍变形的恢复，故造成加载和卸载刚度曲线不重合。

3) 接合面的间隙

部件中各零件间如果有间隙，那么只要受到较小的力(克服摩擦力)就会使零件相互错动，故表现为刚度很低。间隙消除后，相应表面接触，才开始有接触变形和弹性变形，这时就表现为刚度较大(图 5-39)。如果载荷是单向的，那么在第一次加载消除间隙后对加工精度的影响较小；如果工作载荷不断改变方向(如镗床、铣床的切削力)，那么间隙的影响就不容忽视。而且，因间隙引起的位移，在去除载荷后不会恢复。

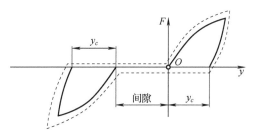

图 5-39　间隙对刚度曲线的影响

4) 薄弱零件本身的变形

在机床部件中，薄弱零件受力变形对部件刚度的影响最大。

例如，楔铁与导轨面配合不好(图 5-40(a))，溜板部件中的轴承衬套因形状误差而与壳体接触不良(图 5-40(b))，或由于楔铁和轴承衬套极易变形，故造成整个部件刚度大大降低。这些薄弱环节变形后改善了接触情况，部件的刚度就明显提高。

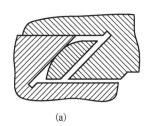 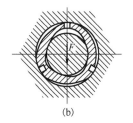

(a)　　　　　　　　　　　　　(b)

图 5-40　部件中的薄弱环节

5.4.5　减少工艺系统受力变形对加工精度的影响

减少工艺系统受力变形是保证加工精度的有效途径之一。在生产实际中，常从两个主要方面采取措施来予以解决：一是提高系统刚度；二是减小载荷及其变化。从加工质量、生产效率、经济性等问题全面考虑，提高工艺系统中薄弱环节的刚度是最重要的措施。

1. 提高工艺系统的刚度

1）合理的结构设计

在设计工艺装备时，应尽量减少连接面数目，并注意刚度的匹配，防止有局部低刚度环节出现。在设计基础件、支承件时，应合理选择零件结构和截面形状。一般地说，截面积相等时，空心截面比实心截面的刚度高，封闭的截面又比开口的截面好。在适当部位增添加强肋也有良好的效果。

2）提高连接表面的接触刚度

由于部件的接触刚度大大低于实体零件本身的刚度，所以提高接触刚度是提高工艺系统刚度的有效手段。特别是对使用中的机床设备，提高其连接表面的接触刚度，往往是提高原机床刚度的最简便、最有效的方法。

（1）提高机床部件中零件间接合表面的质量，提高机床导轨的刮研质量，提高顶尖锥柄同主轴和尾座套筒锥孔的接触质量等都能使实际接触面积增加，从而有效地提高表面的接触刚度。

（2）给机床部件以预加载荷，此措施常用在各类轴承、滚珠丝杠螺母副的调整之中。给机床部件以预加载荷，可消除接合面间间隙，增加实际接触面积，减少受力后的变形量。

（3）提高工件定位基准面的精度和减小它的表面粗糙度值，工件的定位基准面一般总是承受夹紧力和切削力。如果定位基准面的尺寸误差、形状误差较大，表面粗糙度值较大，就会产生较大的接触变形。如在外圆磨床上磨轴，若轴的中心孔加工质量不高，不仅影响定位精度，还会引起较大的接触变形。

3）采用合理的装夹和加工方式

例如，在卧式铣床上铣削角铁形零件，如按图5-41（a）所示装夹、加工方式，工件的刚度较低，如改用图5-41（b）所示装夹、加工方式，则刚度可大大提高。再如，加工细长轴时，如改为反向进给（从主轴箱向尾座方向进给），使工件从原来的轴向受压变为轴向受拉，也可提高工件刚度。

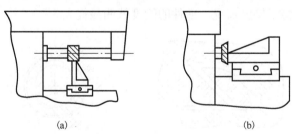

　　　　　　　（a）　　　　　　　　　　　　　　　（b）

图5-41　铣角铁形零件的两种装夹方式

2. 减少载荷及其变化

采取适当的工艺措施如合理选择刀具几何参数（如增大前角、让主偏角接近 90°等）和切削用量（如适当减少进给量和背吃刀量）以减小切削力（特别是 F_p），就可以减少受力变形。将毛坯分组，使一次调整中加工的毛坯余量比较均匀，就能减小切削力的变化，减小复映误差。

5.4.6　残余应力对工件变形的影响

残余应力也称内应力，是指当外载荷去掉后仍存在于工件内部的应力。存在内应力时，工件处于一种不稳定的相对平衡状态,在外界某种因素影响下它内部的组织很容易失去原有的平衡,并达到新的平衡状态。在这一过程中,工件将产生相应的变形,从而破坏其原有的精度。

残余应力是由于金属内部组织发生了不均匀的体积变化而产生的。促成这种不均匀体积变化的因素主要来自冷、热加工。

1. 残余应力产生的原因

1)毛坯制造和热处理过程中产生的残余应力

在铸、锻、焊、热处理等加工过程中,由于各部分冷热收缩不均匀以及金相组织转变的体积变化,使毛坯内部产生了相当大的残余应力。毛坯的结构越复杂,各部分的厚度越不均匀,散热条件相差越大,则在毛坯内部产生的残余应力也越大。具有残余应力的毛坯由于残余应力暂时处于相对平衡的状态,在短时间内还看不出有什么变化。当加工时某些表面被切去一层金属后,就打破了这种平衡,残余应力将重新分布,零件就明显地出现了变形。

较大的铸件在铸造过程中产生残余应力(图 5-42)。铸件浇铸后,由于壁 A 和 C 比较薄,散热容易,所以冷却速度较 B 快。当 A、C 从塑性状态冷却到弹性状态时(约 620℃),B 尚处于塑性状态。此时,A、C 继续收缩,B 不起阻止变形的作用,故不会产生残余应力。当 B 亦冷却到弹性状态时,A、C 的温度已降低很多,其收缩速度变得很慢,但这时 B 收缩较快,因而受到 A、C 的阻碍。这时,B 内就产生了拉应力,而 A、C 内就产生了压应力,形成相互平衡的状态。如果在 A 上开一缺口,A 上的压应力消失,铸件在 B、C 的残余应力作用下,B 收缩,C 伸长,铸件就产生了弯曲变形,直至残余应力重新分布达到新的平衡状态。

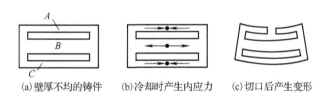

(a)壁厚不均的铸件　　(b)冷却时产生内应力　　(c)切口后产生变形

图 5-42　铸件残余应力的形成过程

推广至一般情况,各种铸件都难免发生冷却不均匀而产生残余应力。如铸造后的机床床身,其导轨面和冷却快的地方都会出现压应力。带有压应力的导轨表面在粗加工中被切去一层后,残余应力就重新分布,结果使导轨出现中部下凹的直线度误差,如图 5-43 所示。

2)冷校直带来的残余应力

冷校直带来的残余应力可以用图 5-44 来说明。弯曲的工件(原来无残余应力)要校直,必须使工件产生反向弯曲(图 5-44(a)),并使工件产生一定的塑性变形。当工件外层应力超过屈服强度时,其内层应力还未超过弹性极限,故其应力分布情况如图 5-44(c)所示。去除外力后,由于下部外层已产生拉伸的塑性变形,上部外层已产生压缩的塑性变形,故里层的弹性恢复受到阻碍。结果上部外层产生残余拉应力,上部里层产生残余压应力;下部外层产生残余压应力,下部里层产生残余拉应力(图 5-44(d))。冷校直后虽然弯曲减小了,但内部组织处于不稳定状态,如再进行后续加工,又会产生新的弯曲。故重要、精密的零件不允许进行冷校直。

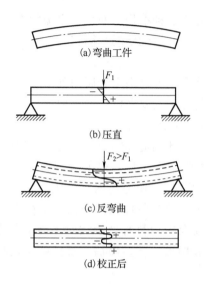

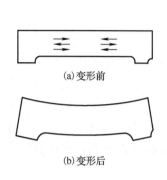

图 5-43 床身内应力引起的变形   图 5-44 冷校直时产生内应力的过程

3)切削加工带来的残余应力

工件表面在切削力、切削热作用下,也会出现不同程度的塑性变形和由于金相组织的变化引起的体积改变,从而产生残余应力。这种残余应力的大小和方向是由加工时各种工艺因素所决定的。切削加工产生残余应力使工件加工后由于内应力重新分布而变形,从而破坏加工精度。

2. 减少残余应力的措施

要减少残余应力,一般可采取下列措施。

(1)增加消除内应力的热处理工序。例如,对铸、锻、焊接件进行退火或回火;零件淬火后进行回火;对精度要求高的零件如床身、丝杠、箱体、精密主轴等在粗加工后进行时效处理。

(2)合理安排工艺过程。例如,粗精加工分开在不同工序中进行,使粗加工后有一定时间让残余应力重新分布,以减少对精加工的影响。在加工大型工件时,粗精加工往往在一个工序中完成,这时应在粗加工后松开工件,让工件有自由变形的可能,然后再用较小的夹紧力夹紧工件后进行精加工。对于精密零件(如精密丝杠),在加工过程中不允许进行冷校直(可采用热校直)。

(3)改善零件结构,提高零件的刚性,使壁厚均匀等均可减少残余应力的产生。

5.5 工艺系统热变形对加工精度的影响

5.5.1 概述

在机械加工过程中,工艺系统会受到各种热的影响而产生复杂的变形,一般把这种变形称为热变形,这种变形将破坏刀具与工件的正确几何关系和运动关系,造成工件的加工误差。

　　热变形对加工精度影响比较大，特别是在精密加工和大件加工中，热变形所引起的加工误差通常会占到工件加工总误差的 40%～70%。

　　工艺系统热变形不仅影响加工精度，还影响加工效率。为了减少受热变形对加工精度的影响，通常通过预热机床以获得热平衡，或降低切削用量以减少切削热和摩擦热，或粗加工后停机以待热量散发后再进行精加工，或增加工序(使粗、精加工分开)等。

　　高精、高效、自动化加工技术的发展，使工艺系统热变形问题变得更加突出，成为现代机械加工技术发展必须研究的重要问题。工艺系统是一个复杂系统，有许多因素影响其热变形，因而控制和减小热变形对加工精度的影响往往比较复杂。目前，无论在理论上还是在实践上都有许多尚待研究解决的问题。

1. 工艺系统的热源

　　热总是由高温处传递向低温处。热的传递方式有三种：导热传热、对流传热和辐射传热。

　　引起工艺系统变形的热源可分为内部热源和外部热源两大类。内部热源主要包括切削热和摩擦热以及派生热源，以切削热和摩擦热为主，其热量主要以热传导的形式传递。外部热源主要是指工艺系统外部的、以对流传热为主要形式的环境温度(它与气温变化、通风、空气对流和周围环境等有关)和各种辐射热(包括由阳光、照明、暖气设备等发出的辐射热)。

　　切削热是切削加工过程中最主要的热源，它对工件加工精度的影响最为直接。影响切削热传导的主要因素是工件、刀具、夹具、机床等材料的导热性能，以及周围介质的情况。通常，在切削加工中，切屑带走的热量最多，可达 50%～80%，传给工件的热量次之，约占 30%，而传给刀具的热量则很少，一般不超过 5%；对于铣削、刨削加工，传给工件的热量一般占总切削热的 30%以下；对于钻削和卧式镗孔，因为有大量的切屑滞留在孔中，传给工件的热量就比切削时要高，如在钻孔加工中传给工件的热量往往超过 50%；磨削时磨屑很小，带走的热量很少，约为 4%，大部分热量传入工件，达到 84%左右，致使磨削表面的温度高达 800～1000℃，因此磨削热既影响工件的加工精度，又影响工件的表面质量。

　　摩擦热是机床中的各种运动副(如齿轮副、导轨副、丝杠螺母副、蜗轮蜗杆副等)，在相对运动时摩擦生热。这些热源将导致机床零件、部件的温度升高。其温升程度由于距离热源位置的不同而有所不同。此外，机床的各种动力源如液压系统、电机等，工作时因能耗而发热。尽管摩擦热比切削热少，但摩擦热在工艺系统中是局部发热，会引起局部温升和变形，破坏了系统原有的几何精度，对加工精度也会带来严重影响。

　　外部热源，主要是环境温度变化和由阳光、灯光及取暖设备等直接作用于工艺系统的辐射热。

　　环境温度主要指室温的变化和室温的均匀性。室温变化指室温的高低，一般的恒温室温度保持在 20℃±1℃。室温均匀性指房间内各个区域的高低温差，主要和采暖通风的方式有关。工艺系统周围环境的温度随气温及昼夜温度的变化而变化，从而影响工件的加工精度。特别是在加工大型精密零件时影响更为明显，一个大型工件要经过几个昼夜的连续加工，由于昼夜温差的影响会使被加工表面产生形状误差及尺寸误差。

　　辐射热，阳光、灯光及取暖设备等都会发生辐射，对机床在辐射热因不同时间和不同位置而变化，引起机床各部分温升的变化，这在大型、精密加工时不能忽视。

2. 工艺系统的热平衡和温度场概念

工艺系统在工作状态下,一方面受各种热源的作用使温度逐渐升高,另一方面也通过各种传热方式向周围介质散发热量。当工件、刀具和机床的温度达到某一数值且单位时间内传出和传入的热量接近相等时,工艺系统就达到了热平衡状态。在热平衡状态下,工艺系统各部分的温度保持在某一相对固定的数值上,工艺系统的热变形将趋于相对稳定。

由于作用于工艺系统各组成部分的热源,其发热量、位置和作用时间各不相同,各部分的热容量、散热条件也不一样,因此各部分的温升是不相同的。即使是同一物体,处于不同空间位置上的各点在不同时间其温度也是不等的。物体中各点温度的分布称为温度场。当物体未达到热平衡时,各点温度不仅是坐标位置的函数,也是时间的函数,这种温度场称为不稳态温度场。物体达到热平衡后,各点温度将不再随时间而变化,而只是其坐标位置的函数,这种温度场称为稳态温度场。

5.5.2　工件热变形对加工精度的影响

在工艺系统热变形中,机床热变形最为复杂,工件、刀具的热变形相对来说要简单一些。这主要是因为在加工过程中,影响机床热变形的热源较多,也较复杂,而对工件和刀具来说,热源比较简单。因此,工件和刀具的热变形常可用解析法进行估算和分析。

使工件产生热变形的主要是切削热。对于精密零件,周围环境温度和局部受到日光等外部热源的辐射热也不容忽视。工件的热变形可以归纳为两种情况来分析。

1. 工件比较均匀地受热

一些形状较简单的轴类、套类、盘类零件的内、外圆加工时,切削热比较均匀地传入工件,如不考虑工件温升后的散热,其温度沿工件全长和圆周的分布都是比较均匀的,可近似地看成均匀受热,因此,其热变形可以按物理学计算热膨胀的公式求出。

长度上的热变形量为

$$\Delta L = \alpha_1 L \Delta t$$

直径上的热变形量为

$$\Delta D = \alpha_1 D \Delta t$$

式中,L、D 为工件原有长度、直径,mm；α_1 为工件材料的线膨胀系数,钢:$\alpha_1 \approx 1.17 \times 10^{-5} \mathrm{K}^{-1}$,铸铁:$\alpha_1 \approx 1.05 \times 10^{-5} \mathrm{K}^{-1}$,铜:$\alpha_1 \approx 1.7 \times 10^{-5} \mathrm{K}^{-1}$);$\Delta t$ 为温升,℃。

加工盘类和长度较短的销轴、套类零件时,由于走刀行程很短,可以忽略在沿工件轴向位置上切削时间(即加热时间)有先后的影响,因此引起的工件纵向方向上的误差可以忽略。车削较长工件时,由于在沿工件轴向位置上切削时间有先后,开始切削时工件温升近于零,随着切削的进行,温升逐渐增加,工件直径随之逐渐变大,至走刀终了时工件直径胀大最多,因而车刀的背吃刀量将随走刀而逐渐增大,工件冷却收缩后外圆表面就会产生圆柱度误差

$$\Delta R_{\max} = \alpha_1 \left(D/2 \right) \Delta t$$

通常杆件的长度尺寸精度要求不高,热变形引起的伸长可以不用考虑。但当工件以两顶尖定位,工件受热伸长时,如果顶尖不能轴向位移,则工件受顶尖的压力将产生弯曲变形,这对加工精度影响就变大了。因此,当加工精度较高的轴类零件时,如磨外圆、丝杠等,宜采用弹性或液压尾顶尖。

一般来说，工件热变形在精加工中影响比较严重，特别是长度长而精度要求很高的零件。磨削丝杠就是一个突出的例子。若丝杠长度为 2m，每磨一次其温度相对于机床母丝杠就升高约 3℃，则丝杠的伸长量：

$$\Delta L = 2000 \times 1.17 \times 10^{-5} \times 3 = 0.07 (\text{mm})$$

而 6 级丝杠的螺距累积误差在全长上不允许超过 0.02mm，由此可见热变形的严重性。

工件的热变形对粗加工的加工精度的影响通常可不必考虑，但是在工序集中的场合下，却会给精加工带来麻烦。

例如，在一台三工位的组合机床上，第一个工位是装卸工件，第二个工位是钻孔，第三个工位是铰孔。工件尺寸为 $\phi40\text{mm} \times 40\text{mm}$，欲加工孔的尺寸为 $\phi20\text{mm}$，材料为铸铁。钻孔时转速 $n=500\text{r/min}$，进给量 $f = 0.3\,\text{mm/r}$，温升达 100℃，则工件在直径上的膨胀量

$$\Delta D = \alpha_1 D \Delta t = 1.05 \times 10^{-5} \times 20 \times 100 = 0.021 (\text{mm})$$

钻孔完毕后接着铰孔，那么工件完全冷却后孔径收缩量已与 IT7 级精度的公差值相等了。所以说在这种场合下，粗加工的工件热变形就不能忽视了。

为了避免工件粗加工时热变形对精加工时加工精度的影响，在安排工艺过程时应尽可能把粗、精加工分开在两个工序中进行，以使工件粗加工后有足够的冷却时间。

2. 工件不均匀受热

铣、刨、磨平面时，除在沿进给方向有温度差外，更严重的是工件只是在单面受到切削热的作用，上下表面间的温度差将导致工件向上拱起，加工时中间凸起部分被切去，冷却后工件变成下凹，造成平面度误差。

5.5.3　刀具热变形对加工精度的影响

刀具热变形主要是由切削热引起的。通常传入刀具的热量并不太多，但由于热量集中在切削部分，以及刀体小，热容量小，故仍会有很高的温升。例如，车削时，高速钢车刀的工作表面温度可达 700~800℃，而硬质合金切削刃可达 1000℃以上。

连续切削时，刀具的热变形在切削初始阶段增加很快，随后变得较缓慢，经过不长的时间(10~20min)便趋于热平衡状态。此后，热变形变化量就非常小(图 5-45)。刀具总的热变形量可达 0.03~0.05mm。

间断切削时，由于刀具有短暂的冷却时间，故其热变形曲线具有热胀冷缩双重特性，且总的变形量比连续切削时要小一些，最后趋于稳定在 δ 范围内变动。

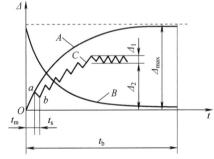

图 5-45　车刀热变形曲线

当切削停止后，刀具热变形往往造成几何形状误差。例如，车长轴时，可能由于刀具热伸长而产生锥度(尾座处的直径比主轴箱附近的直径大)。

为了减少刀具的热变形，应合理选择切削用量和刀具的几何参数，并给以充分冷却和润滑，以减少切削热，降低切削温度。

5.5.4　机床热变形对加工精度的影响

机床在工作过程中，受到内外热源的影响，各部分的温度将逐渐升高。由于各部件的热源不同，分布不均匀，以及机床结构的复杂性，不仅各部件的温升不同，而且同一部件不同位置的温升也不相同，形成不均匀的温度场，使机床各部件之间的相互位置关系发生变化，破坏机床原有的几何精度而造成加工误差。

机床空运转时，各运动部件产生的摩擦热基本不变。运转一段时间之后，各部件传入的热量和散失的热量基本相等，即达到热平衡状态，变形趋于稳定。机床达到热平衡状态时的几何精度称为热态几何精度。在机床达到热平衡状态之前，机床几何精度变化不定，对加工精度的影响也变化不定。因此，精密加工应在机床达到热平衡之后进行。

对于磨床和其他精密机床，除受室温变化等影响之外，引起其热变形的热量主要是机床空运转时的摩擦发热，而切削热影响较小。因此，机床空运转达到热平衡的时间及其所达到的热态几何精度是衡量精加工机床质量的重要指标。而在分析机床热变形对加工精度的影响时，亦应首先注意其温度场是否稳定。

机床各部件由于体积都比较大，热容量大，因此其温升一般不大。如车床主轴箱温升一般不大于 60℃，磨床温升一般不大于 15～25℃，车床床身与主轴箱接合处的温升一般不大于 20℃，磨床床身的温升一般在 10℃以下。其他精密机床部件的温升还要低得多。机床各部件结构与尺寸体积差异较大，各部分达到热平衡的时间也不相同。热容量大的部件达到热平衡的时间就长。

一般机床，如车床、磨床等，其空运转的热平衡时间为 4～6h，中小型精密机床为 1～2h，大型精密机床往往要超过 12h，甚至更长时间。

机床类型不同，其内部主要热源也各不相同，热变形对加工精度的影响也不相同。车、铣、钻、镗类机床，主轴箱中的齿轮、轴承摩擦发热，润滑油发热是其主要热源，使主轴箱及与之相联部分如床身或立柱的温度升高而产生较大变形。例如，车床主轴发热使主轴箱在垂直面内和水平面内发生偏移与倾斜，如图 5-46(a) 所示。在垂直平面内，主轴箱的温升将使主轴升高；又因主轴前轴承的发热量大于后轴承的发热量，主轴前端将比后端高。此外，由于主轴箱的热量传给床身，床身导轨将向上凸起，故而加剧了主轴的倾斜。对卧式车床热变形试验结果表明，影响主轴倾斜的主要因素是床身变形，约占总倾斜量的 75%，主轴前后轴承温度差所引起的倾斜量只占 25%。

车床主轴温升、位移随运转时间变化的测量结果表明(图 5-46(b))，主轴在水平方向不同测量点的位移 Δy 为10μm 左右，而垂直方向不同测量点的位移 Δz 为150~200μm。虽然 Δz 较大，但在非误差敏感方向，对加工精度影响较小，而 Δy 在误差敏感方向，因而对加工精度影响较大。

对于不仅在水平方向上装有刀具，在垂直方向和其他方向上也都可能装有刀具的自动车床、转塔车床，其主轴热位移，无论在垂直方向还是在水平方向，都会造成较大的加工误差。

因此在分析机床热变形对加工精度的影响时，还应注意分析热位移方向与误差敏感方向的相对角位置关系。对于处在误差敏感方向的热变形，需要特别注意控制。

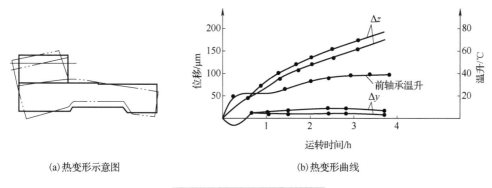

(a)热变形示意图　　　　　　　　　(b)热变形曲线

图 5-46　车床的热变形示意图

龙门刨床、导轨磨床等大型机床，它们的床身较长，如导轨面与底面间稍有温差，就会产生较大的弯曲变形，故床身热变形是影响加工精度的主要因素。

例如，一台长 12m、高 0.8m 的导轨磨床床身，导轨面与床身底面温差 1℃时，其弯曲变形量可达 0.22mm。床身上下表面产生温差的原因，不仅有工作台运动时导轨面摩擦发热，还有环境温度的影响。例如，在夏天，地面温度一般低于车间室温，因此床身中凸（图 5-47(a)）；冬天则地面温度高于车间室温，使床身中凹。此外，如机床局部受到阳光照射，而且照射部位还随时间而变化，就会引起床身各部位不同的热变形。

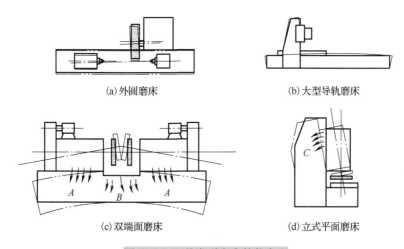

(a)外圆磨床　　　　　　　　　　　　　(b)大型导轨磨床

(c)双端面磨床　　　　　　　　　　　　(d)立式平面磨床

图 5-47　几种类型磨床的热变形

各种磨床通常都有液压传动系统和高速回转磨头，并且使用大量的切削液，它们都是磨床的主要热源。砂轮主轴轴承的发热，将使主轴轴线升高并使砂轮架向工件方向趋近。由于主轴前后轴承温升不同，主轴侧母线还会出现倾斜。液压系统的发热使床身各处温升不同，导致床身的弯曲和前倾。

在热变形的影响下，外圆磨床的砂轮轴线与工件轴线之间的距离会发生变化（图 5-47(a)），并可能产生平行度误差。

平面磨床床身的热变形则受油池安放位置及导轨摩擦发热的影响。有些磨床利用床身作油池，因此床身下部温度高于上部，结果导轨产生中凹变形。有些磨床把油箱移到机外，由于导轨面的摩擦热，使床身的上部温度高于下部，因此导轨就会产生中凸变形。

双端面磨床的切削液喷向床身中部的顶面，使其局部受热而产生中凸变形，从而使两砂轮的端面产生倾斜（图 5-47(c)）。

立式平面磨床主轴承和主电动机的发热传到立柱，使立柱里侧的温度高于外侧，因而引起立柱的弯曲变形，造成砂轮主轴与工作台间产生垂直度误差（图 5-47(d)）。

5.5.5　减少工艺系统热变形对加工精度影响措施

1. 减少热源的发热和隔离热源

工艺系统的热变形对粗加工加工精度的影响一般可不考虑，而精加工主要是为了保证零件加工精度，不能忽视工艺系统热变形的影响。为了减小切削热，宜采用较小的切削用量。如果粗精加工在一个工序内完成，粗加工的热变形将影响精加工的精度。一般可以在粗加工后停机一段时间使工艺系统冷却，同时还应将工件松开，待精加工时再夹紧。这样就可减少粗加工热变形对精加工精度的影响。当零件精度要求较高时，以粗精加工分开为宜。

为了减少机床的热变形，凡是可能从机床分离出去的热源，如电动机、变速箱、液压系统、冷却系统等均应移出，使之成为独立单元。对于不能分离的热源，如主轴轴承、丝杠螺母副、高速运动的导轨副等则可以从结构、润滑等方面改善其摩擦特性，减少发热，如采用静压轴承、静压导轨，改用低黏度润滑油、锂基润滑脂，或使用循环冷却润滑、油雾润滑等；也可用隔热材料将发热部件和机床大件（如床身、立柱等）隔离开来。

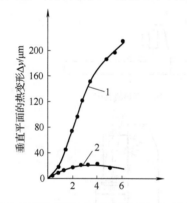

图 5-48　坐标镗床主轴箱强制冷却实验
1-未强制冷却；2-强制冷却

对发热量大的热源，如果既不能从机床内部移出，又不便隔热，则可采用强制式的风冷、水冷等散热措施。例如，图 5-48 所示为一台坐标镗床的主轴箱用恒温喷油循环强制冷却的试验结果。当不采用强制冷却时，机床运转 6h 后，主轴与工作台之间在垂直方向发生了 190μm 的热变形，而且机床尚未达到热平衡；当采用强制冷却后，上述热变形减少到 15μm，而且机床运转不到 2h 时就达到热平衡。

目前，大型数控机床、加工中心机床普遍采用冷冻机对润滑油、切削液进行强制冷却，以提高冷却效果。精密丝杠磨床的母丝杠中则通以冷却液，以减少热变形。

2. 均衡温度场

图 5-49 所示为 M7150A 型磨床所采用的均衡温度场措施的示意图。该机床床身较长，加工时工作台纵向运动速度较高，所以床身上部温升高于下部。为均衡温度场所采取的措施：将油池移出主机做成一单独油箱；在床身下部配置热补偿油沟，使一部分带有余热的回油经热补偿油沟后送回油池。采取这些措施后，床身上、下部温差降至 1～2℃，导轨的中凸量由原来的 0.0265mm 降为 0.0052mm。

图 5-50 所示的立式平面磨床采用热空气加热温升较低的立柱后壁，以均衡立柱前后壁的温升，减少立柱的向后倾斜。图中热空气从电动机风扇排出，通过特设的软管引向立柱的后壁空间。采取这种措施后，磨削平面的平面度误差可降到未采取措施前的 1/4～1/3。

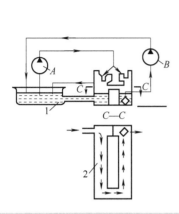

图 5-49　平面磨床床身底部用回油加温

1-油箱；2-油沟

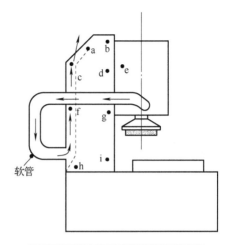

图 5-50　均衡立柱前后壁的温度场

3. 采用合理的机床部件结构及装配基准

(1)采用热对称结构。在变速箱中，将轴、轴承、传动齿轮等对称布置，可使箱壁温升均匀，箱体变形减小。

机床大件的结构和布局对机床的热态特性有很大影响。以加工中心机床为例，在热源影响下，单立柱结构会产生相当大的扭曲变形，而双立柱结构由于左右对称，仅产生垂直方向的热位移，很容易通过调整的方法予以补偿。因此，双立柱结构的机床主轴相对于工作台的热变形比单立柱结构小得多。

(2)合理选择机床零部件的装配基准。图 5-51 表示车床主轴箱在床身上的两种不同定位方式。由于主轴部件是车床主轴箱的主要热源，故在图 5-51(a)中，主轴轴心线相对于装配基准 H 而言，主要在 z 方向产生热位移，对加工精度影响较小。而在图 5-51(b)中，y 方向的受热变形直接影响刀具与工件的法向相对位置，故造成的加工误差较大。

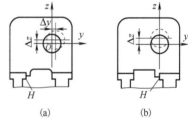

图 5-51　车床主轴箱定位面位置
对热变形方向的影响

4. 加速达到热平衡状态

对于精密机床特别是大型机床，达到热平衡的时间较长。为了缩短这个时间，可以在加工前，使机床作高速空运转，或在机床的适当部位设置控制热源，人为地给机床加热，使机床较快地达到热平衡状态，然后进行加工。

5. 控制环境温度

精密机床应安装在恒温车间，其恒温精度一般控制在±1℃以内，精密级为±0.5℃。室温平均温度一般为20℃，冬季可取 17℃，夏季取 23℃。

5.6　加工误差的统计分析

前面对影响加工精度的各种主要因素进行了分析，从分析方法上来讲，均属于单因素分析法。实际生产中，影响加工精度的因素往往是错综复杂的，有时很难用单因素分析法来分析计算某一工序的加工误差，则必须通过对生产现场中实际加工出的一批工件进行检查测量，运用数理统计的方法加以处理和分析，从中发现误差的规律，以找出提高加工精度的途径。这就是加工误差的统计分析法。

5.6.1　加工误差的性质

根据加工一批工件时误差出现的规律，加工误差可分为以下两种。

1. 系统误差

在顺序加工的一批工件中，其加工误差的大小和方向都保持不变，或者按一定规律变化，统称为系统误差。前者称常值系统误差，后者称变值系统误差。

机床、刀具、夹具的制造误差，工艺系统的受力变形等引起的加工误差均与加工时间无关，其大小和方向在一次调整中也基本不变，因此都属于常值系统误差。机床、夹具、量具等磨损引起的加工误差，在一次调整的加工中也均无明显的差异，故也属于常值系统误差。

机床、刀具和夹具等在热平衡前的热变形误差，刀具的磨损等，都是随加工时间而有规律地变化的，因此由它们引起的加工误差属于变值系统误差。

2. 随机误差

在顺序加工的一批工件中，其加工误差的大小和方向的变化是随机的，称为随机误差。如毛坯误差(余量大小不一、硬度不均匀等)的复映、定位误差(基准面精度不一、间隙影响)、夹紧误差、多次调整的误差、残余应力引起的变形误差等都属于随机误差。应该指出，在不同的场合下，误差的表现性质也有不同。

机床在一次调整中加工一批工件时，机床的调整误差是常值系统误差。但是，当多次调整机床时，每次调整时发生的调整误差就不可能是常值，变化也无一定规律，因此对于经多次调整所加工出来的大批工件，调整误差所引起的加工误差又成为随机误差。

5.6.2　分布图分析法

1. 实验分布图

成批加工某种零件，抽取其中一定数量进行测量，抽取的这批零件称为样本，其件数 n 称为样本容量。

由于存在各种误差的影响，加工尺寸或偏差总是在一定范围内变动(称为尺寸分散)，即随机变量，用 x 表示。样本尺寸或偏差的最大值 $x_{\max}$ 与最小值 $x_{\min}$ 之差，称为极差 R，即

$$R = x_{\max} - x_{\min} \tag{5-21}$$

将样本尺寸或偏差按大小顺序排列，并将它们分成 k 组，组距为 d。d 可按下式计算：

$$d = \frac{R}{k-1} \tag{5-22}$$

同一尺寸或同一误差组中的零件数量 m_i，称为频数。频数 m_i 与样本容量 n 之比称为频率 f_i，即

$$f_i = \frac{m_i}{n} \tag{5-23}$$

以工件尺寸(或误差)为横坐标，以频数或频率为纵坐标，就可作出该批工件加工尺寸(或误差)的实验分布图，即直方图。

选择组数 k 和组距 d，对实验分布图的显示有很大关系。组数过多，组距太小，分布图会被频数的随机波动所歪曲；组数太少，组距太大，分布特征将被掩盖。k 值一般应根据样本容量来选择(表 5-1)。

表 5-1　分组数 k 的选定

n	25~40	40~60	60~100	100	100~160	160~250
k	6	7	8	10	11	12

为了分析该工序的加工精度情况，可在直方图上标出该工序的加工公差带位置，并计算出该样本的统计数字特征：平均值 $\bar{x}$ 和标准差 S。

样本的平均值 $\bar{x}$ 表示该样本的尺寸分散中心。它主要取决于调整尺寸的大小和常值系统误差。样本的平均值：

$$\bar{x} = \frac{1}{n}\sum_{i=1}^{n}x_i \tag{5-24}$$

式中，x_i 为各工件尺寸。

样本的标准差 S 反映了该批工件的尺寸分散程度。它是由变值系统误差和随机误差决定的，误差大 S 也大，误差小 S 也小。

样本的标准差：

$$S = \sqrt{\frac{1}{n-1}\sum_{i=1}^{n}\left(x_i - \bar{x}\right)^2} \tag{5-25}$$

当样本的容量比较大时，为简化计算，可直接用 n 来代替式(5-25)中的 $n-1$。

为了使分布图能代表该工序的加工精度，不受组距和样本容量的影响，纵坐标应改成频率密度。

$$频率密度 = \frac{频率}{组距} = \frac{频数}{样本容量 \times 组距}$$

下面通过一实例来说明直方图的绘制步骤。

例 5-1　磨削一批轴径 $\phi 60^{+0.06}_{+0.01}\,\text{mm}$ 的工件，轴径尺寸实测值见表 5-2，试绘制工件加工尺寸的直方图。

表 5-2　轴径尺寸实测值　　　　　　　　　　(单位：μm)

44	20	46	32	20	40	52	33	40	25	43	38	40	41	30	36	49	51	38	34
22	46	38	30	42	38	27	49	45	45	38	32	45	48	28	36	52	32	42	38
40	42	38	52	38	36	37	43	28	45	36	50	46	33	30	40	44	34	42	47
22	28	34	30	36	32	35	22	40	35	36	42	46	42	50	40	36	20	16	53
32	46	20	28	46	28	54	18	32	33	26	45	47	36	38	30	49	18	38	38

注：表中数据为实测尺寸与基本尺寸之差。

解：(1)收集数据。在从总体中抽取样本时，确定样本的容量很重要。若样本容量太小，则样本不能准确反映总体的实际分布，就失去了抽样的本来目的；若样本容量太大，则又增加了分析计算的工作量。通常取样本容量 $n = 50 \sim 200$。

本例取 100 件，实测数据列于表 5-3 中。找出最大值 $x_{max} = 54\mu m$，最小值 $x_{min} = 16\mu m$。

(2)确定分组数 k、组距 d、各组组界和组中值。组数可按表 5-3 选取。本例取 $k=9$。

组距：

$$d = \frac{R}{k-1} = \frac{x_{max} - x_{min}}{k-1} = \left(\frac{54-16}{8}\right)\mu m = 4.75\mu m$$

取 $d = 5\mu m$。

各组组界为

$$x_{min} + (j-1)d \pm \frac{d}{2}, \quad j = 1,2,\cdots,k$$

例如，第一组下界值为

$$x_{min} - \frac{d}{2} = \left(16 - \frac{5}{2}\right)\mu m = 13.5\mu m$$

第一组上界值为

$$x_{min} + \frac{d}{2} = \left(16 + \frac{5}{2}\right)\mu m = 18.5\mu m$$

其余类推。

各组组中值为

$$x_{min} + (j-1)d$$

例如，第一组组中值为

$$x_{min} + (1-1)d = 16\mu m$$

(3)记录各组数据，整理成频数分布表(表 5-3)。

表 5-3　频数分布表

组号	组界/μm	中心值 x_i	频数	频率/%	频率密度/ [μm^{-1}(%)]
1	13.5~18.5	16	3	3	0.6
2	18.5~23.5	21	7	7	1.4
3	23.5~28.5	26	8	8	1.6
4	28.5~33.5	31	13	13	2.6
5	33.5~38.5	36	26	26	5.2
6	38.5~43.5	41	16	16	3.2
7	43.5~48.5	46	16	16	3.2
8	48.5~53.5	51	10	10	2
9	53.5~58.5	56	1	1	0.2

(4)根据表 5-3 所列数据画出直方图(图 5-52)。

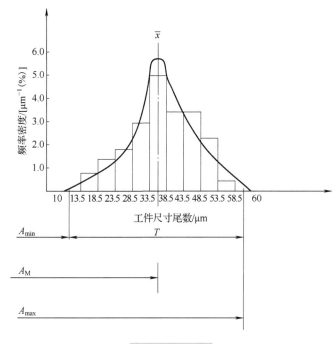

图 5-52　直方图

(5)在直方图上作出最大极限尺寸 $A_{max} = 60.06\text{mm}$ 及最小极限尺寸 $A_{min} = 60.01\text{mm}$ 的标志线，并计算 $\bar{x}$ 和 S。

由式(5-24)可得 $\bar{x} = 37.25\mu\text{m}$。由式(5-25)可得 $S = 9.06\mu\text{m}$。由直方图可以直观地看到工件尺寸或误差的分布情况：该批工件的尺寸有一分散范围，尺寸偏大、偏小者很少，大多数居中；尺寸分散范围($6S = 54.36\mu\text{m}$)略大于公差值($T=50\mu\text{m}$)，说明本工序的加工精度稍显不足；分散中心 $\bar{x}$ 与公差带中心 A_M 基本重合，表明机床调整误差(常值系统误差)很小。欲进一步研究该工序的加工精度问题，必须找出频率密度与加工尺寸间的关系，因此必须研究理论分布曲线。

2. 理论分布曲线

1)正态分布

概率论已经证明，相互独立的大量微小随机变量，其总和的分布是符合正态分布的。在机械加工中，用调整法加工一批零件，其尺寸误差是由很多相互独立的随机误差综合作用的结果，如果其中没有一个是起决定作用的随机误差，则加工后零件的尺寸将近似于正态分布。

正态分布曲线的形状如图 5-53 所示。其概率密度函数表达式为

$$y = \frac{1}{\sigma\sqrt{2\pi}} e^{-\frac{1}{2}\left(\frac{x-\mu}{\sigma}\right)^2}, \quad -\infty < x < +\infty, \sigma > 0 \tag{5-26}$$

式中，y 为分布的概率密度；x 为随机变量；μ 为正态分布随机变量总体的算术平均值；σ 为正态分布随机变量的标准差。

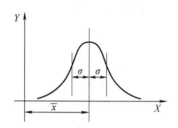

图 5-53　正态分布曲线

由公式和图可以看出，当 $x = \mu$ 时，

$$y_{\max} = \frac{1}{\sigma\sqrt{2\pi}} \tag{5-27}$$

这是曲线的最大值，在它左右的曲线是对称的。

如果改变 μ 值，分布曲线将沿横坐标移动而不改变其形状（图 5-54（a）），这说明 μ 是表征分布曲线位置的参数。

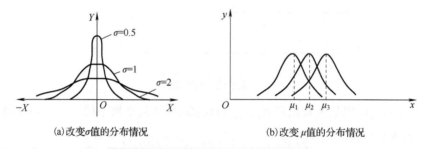

(a)改变 σ 值的分布情况　　　　　　　　(b)改变 μ 值的分布情况

图 5-54　σ、μ 值对正态分布曲线的影响

从式（5-27）可以看出，分布曲线的最大值 $y_{\max}$ 与 σ 成反比。所以当 σ 减小时，分布曲线将向上伸展。由于分布曲线所围成的面积总是保持等于 1，因此 σ 越小，分布曲线两侧越向中间收紧。反之，当 σ 增大时，$y_{\max}$ 减小，分布曲线越平坦地沿横轴伸展，如图 5-54（a）所示。可见 σ 是表征分布曲线形状的参数，即它刻划了随机变量 x 取值的分散程度。

总体平均值 $\sigma = 0$，总体标准差 $\sigma = 1$ 的正态分布称为标准正态分布，故可以利用标准正态分布的函数值，求得各种正态分布的函数值。

由分布函数的定义可知，正态分布函数是正态分布概率密度函数的积分：

$$F(x) = \frac{1}{\sigma\sqrt{2\pi}} \int_{-\infty}^{x} e^{-\frac{1}{2}\left(\frac{x-\mu}{\sigma}\right)^2} \mathrm{d}x \tag{5-28}$$

由式（5-28）可知，$F(x)$ 为正态分布曲线上下积分限间包含的面积，它表征了随机变量 x 落在区间 $(-\infty, x)$ 上的概率。令 $z = \dfrac{x-\mu}{\sigma}$，则有

$$F(x) = \frac{1}{\sqrt{2\pi}} \int_{0}^{z} e^{-\frac{z^2}{2}} \mathrm{d}z \tag{5-29}$$

$F(z)$ 为图 5-53 中阴影部分的面积。对于不同的 z 值得 $F(z)$，可由表 5-4 查出。

表 5-4　$F(z)$ 的值

z	$F(z)$	z	$F(z)$	z	$F(z)$	z	$F(z)$	z	$F(z)$
0.00	0.0000	0.20	0.0793	0.60	0.2257	1.00	0.3413	2.00	0.4772
0.01	0.0040	0.22	0.0871	0.62	0.2324	1.05	0.3531	2.10	0.4821
0.02	0.0080	0.24	0.0948	0.64	0.2389	1.10	0.3643	2.20	0.4861
0.03	0.0120	0.26	0.1023	0.66	0.2454	1.15	0.3749	2.30	0.4893
0.04	0.0160	0.28	0.1103	0.68	0.2517	1.20	0.3849	2.40	0.4918
0.05	0.0199	0.30	0.1179	0.70	0.2580	1.25	0.3944	2.50	0.4938
0.06	0.0239	0.32	0.1255	0.72	0.2642	1.30	0.4032	2.60	0.4953
0.07	0.0279	0.34	0.1331	0.74	0.2703	1.35	0.4115	2.70	0.4965
0.08	0.0319	0.36	0.1406	0.76	0.2764	1.40	0.4192	2.80	0.4974
0.09	0.0359	0.38	0.1480	0.78	0.2823	1.45	0.4265	2.90	0.4981
0.10	0.0398	0.40	0.1554	0.80	0.2881	1.50	0.4332	3.00	0.49865
0.11	0.0438	0.42	0.1628	0.82	0.2039	1.55	0.4394	3.20	0.49931
0.12	0.0478	0.44	0.1700	0.84	0.2995	1.60	0.4452	3.40	0.49966
0.13	0.0517	0.46	0.1772	0.86	0.3051	1.65	0.4505	3.60	0.499841
0.14	0.0557	0.48	0.1814	0.88	0.3106	1.70	0.4554	3.80	0.499928
0.15	0.0596	0.50	0.1915	0.90	0.3159	1.75	0.4599	4.00	0.499968
0.16	0.0636	0.52	0.1985	0.92	0.3212	1.80	0.4641	4.50	0.499997
0.17	0.0675	0.54	0.2004	0.94	0.3264	1.85	0.4678	5.00	0.49999997
0.18	0.0714	0.56	0.2123	0.96	0.3315	1.90	0.4713		
0.19	0.0753	0.58	0.2190	0.98	0.3365	1.95	0.4744		

　　当 $z = \pm 3$ 时，即 $x - \mu = \pm 3\sigma$，由表 5-4 查得 $2F(3) = 0.49865 \times 2 = 99.73\%$。这说明随机变量 x 落在 $\pm 3\sigma$ 范围内的概率为 99.73%，落在此范围以外的概率仅为 0.27%，此值很小。因此可以认为正态分布的随机变量的分散范围是 $\pm 3\sigma$，这就是所谓的 $\pm 3\sigma$ 原则。

　　$\pm 3\sigma$ 的概念，在研究加工误差时应用很广，是一个重要概念。6σ 的大小代表了某种加工方法在一定条件下（如毛坯余量、切削用量、正常的机床、夹具、刀具等）所能达到的加工精度。所以在一般情况下，应使所选择的加工方法的标准差 σ 与公差带宽度 T 之间具有下列关系：

$$6\sigma \leqslant T \tag{5-30}$$

　　正态分布总体的 μ 和 σ 通常是不知道的，但可以通过它的样本平均值 $\bar{x}$ 和样本标准差 S 来估算。这样，成批加工一批工件，抽检其中的一部分，即可判断整批工件的加工精度。

　　2）非正态分布

　　工件的实际分布，有时并不近似于正态分布。例如，将两次调整下加工的工件混在一起，由于每次调整时常值系统误差是不同的，如常值系统误差之值大于 2.2σ，就会得到双峰曲线，如图 5-55（a）所示；假如把两台机床加工的工件混在一起，不仅调整时常值系统误差不等，机床精度也不同（随机误差的影响也不同，即 σ 不同），那么曲线的两个高峰也不一样。

　　（1）双峰分布曲线。将两次调整机床下加工的零件混在一起，尽管每次调整下加工的零件按正态分布，但由于两次调整的零件平均尺寸及零件数不同，所以零件的尺寸分布为双峰分布曲线，如图 5-55(a)所示。

(2)平顶分布曲线。如当刀具或砂轮磨损显著时，虽然每瞬间加工的零件尺寸按正态分布，但随着刀具或砂轮的磨损，不同瞬间尺寸分布曲线的平均尺寸是移动的，因此加工出来的零件尺寸分布为平顶分布曲线，如图 5-55(b)所示。

(3)不对称分布曲线。当工艺系统存在显著热变形时，分布曲线往往不对称。例如，刀具热变形严重，加工轴时曲线凸峰偏向左，加工孔时曲线凸峰偏向右，如图 5-55(c)所示。

(4)偏态分布曲线。采用试切法车削外圆或镗内孔时，为避免产生不可修复的废品，操作者往往主观上有使轴加工得宁大勿小，孔加工得宁小勿大的意向，使得加工出来的零件呈偏态分布，如图 5-55(d)所示。

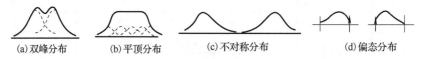

| (a)双峰分布 | (b)平顶分布 | (c)不对称分布 | (d)偏态分布 |

图 5-55　非正态分布

对于非正态分分布的分散范围，就不能认为是 6σ，而必须除以相对分布系数 k，即非正态分布的分散范围：

$$T = 6\sigma / k \tag{5-31}$$

k 值的大小与分布图形状有关，具体数值可见表 5-5。表中的 e 为相对不对称系数，它是总体算术平均值坐标点与总体分散范围中心的距离与一般分散范围$(T/2)$之比值。因此分布中心偏移量 Δ 为

$$\Delta = eT / 2 \tag{5-32}$$

表 5-5　不同分布曲线的 e、k 值

分布特征	正态分布	三角分布	均匀分布	瑞利分布	偏态分布	
					外尺寸	内尺寸
分布曲线						
α	0	0	0	-0.28	0.26	-0.26
k	1	1.22	1.73	1.14	1.17	1.17

3. 分布图分析法的应用

1)判别加工误差性质

如前所述，假如加工过程中没有变值系统误差，那么其尺寸分布应服从正态分布，这是判别加工误差性质的基本方法。

如果实际分布与正态分布基本相符，加工过程中没有变值系统误差(或影响很小)，则可进一步根据平均值 $\bar{x}$ 是否与公差带中心重合来判断是否存在常值系统误差，不重合就说明存在常值系统误差。常值系统误差仅影响 $\bar{x}$ 值，即只影响分布曲线的位置，对分布曲线的形状没有影响。

如果实际分布与正态分布有较大出入，可根据直方图初步判断变值系统误差的性质。

2) 确定工序能力及等级

工序能力是指工序处于稳定状态时，加工误差正常波动的幅度。当加工尺寸服从正态分布时，其尺寸分散范围是 6σ，所以工序能力就是 6σ。

工序能力等级是以工序能力系数来表示的，它代表了工序能满足加工精度要求的程度。当工序处于未定状态时，工序能力系数 C_p 按下式计算：

$$C_p = T/6\sigma \tag{5-33}$$

式中，T 为工件尺寸公差。

根据工序能力系数 C_p 的大小，可将工序能力分为 5 级，见表 5-6。

表 5-6　工序能力等级

工序能力系数	工序等级	说明
$C_p > 1.67$	特级	工艺能力过高，可以允许有异常波动，不一定经济
$1.67 \geqslant C_p > 1.33$	一级	工艺能力足够，可以允许有一定的异常波动
$1.33 \geqslant C_p > 1.0$	二级	工艺能力勉强，必须密切注意
$1.0 \geqslant C_p > 0.67$	三级	工艺能力不足，可能出现少量不合格品
$0.67 \geqslant C_p$	四级	工艺能力很差，必须加以改进

一般情况工序能力不应低于二级，即 $C_p > 1$。

必须指出，$C_p > 1$，只说明该工序的工序能力足够，加工中是否会出现废品，还要看调整得是否正确。如加工中有常值系统误差，μ 就与公差带中心位置 A_M 不重合，那么只有当 $C_p > 1$ 且 $T \geqslant 6\sigma + 2|\mu - A_M|$ 时才不会出不合格品。如果 $C_p < 1$，那么不论怎么调整，不合格品总是不可避免的。

3) 估算合格品率或不合格品率

不合格品率包括废品率和可返修的不合格品率，它可通过分布曲线进行估算。

例 5-2　在无心磨床上磨削销轴外圆，要求外径 $d = \phi 12^{-0.016}_{-0.043}$mm，抽取一批零件，经实测后计算得到 $\bar{x} = 11.974$mm，$\sigma = 0.005$mm，其尺寸分布符合正态分布，试分析工序的加工质量。

解：(1) 根据所计算的 $\bar{x}$ 和 6σ 作分布图，如图 5-56 所示。

(2) 计算工序能力系数 C_p

$$C_p = \frac{T}{6\sigma} = \frac{-0.016 - (-0.043)}{6 \times 0.005} = 0.9 < 1$$

工艺能力系数 $C_p < 1$ 表明该工序能力不足，产生不合格品是不可避免的。

(3) 计算不合格品率 Q。

工件要求最小尺寸 $d_{min} = 11.957$mm，最大尺寸 $d_{max} = 11.984$mm。工件可能出现的极限尺寸为

$$A_{min} = \bar{x} - 3\sigma = (11.974 - 0.015)\text{mm} = 11.959\text{mm} > d_{min}$$

故不会产生不可修复的废品。

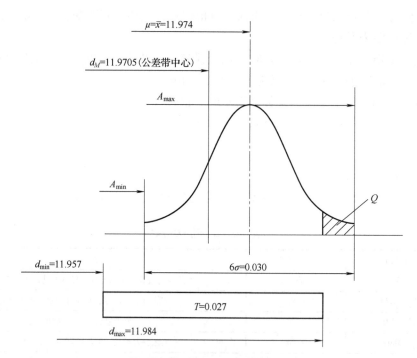

图 5-56　圆柱销直径尺寸分布图

$$A_{\max} = \overline{x} + 3\sigma = (11.974 + 0.015)\,\text{mm} = 11.989\,\text{mm} > d_{\max}$$

故将产生可修复的废品。

废品率 $Q = 0.5 - F(z)$

$$z = \frac{x - \overline{x}}{\sigma} = \frac{11.984 - 11.974}{0.005} = 2$$

查表 5-4，在 $z = 2$ 时，$F(z) = 0.4772$，则

$$Q = 0.5 - 0.4772 = 2.28\%$$

4. 改进措施

重新调整机床，使分散中心 $\overline{x}$ 与公差带中心 d_M 重合，则可减少不合格品率。调整量 $\Delta = (11.974 - 11.9705)\,\text{mm} = 0.0035\,\text{mm}$。实际操作时，使砂轮向前进刀 $\Delta/2$ 的磨削深度即可。

分布图分析法的缺点在于：没有考虑一批工件加工的先后顺序，故不能反映误差变化的趋势，难以区别变值系统误差与随机误差的影响，必须等到一批工件加工完毕后才能绘制分布图，因此不能在加工过程中及时提供控制精度的信息。

分布图分析法的特点如下。

(1)采用大样本，较接近实际地反映工艺过程总体。

(2)能将常值系统误差从误差中区分开。

(3)在全部样本加工后绘出曲线，不能反映先后顺序，不能将变值系统误差从误差中区分开。

(4)不能及时提供工艺过程精度的信息，事后分析。

(5)计算复杂，只适合工艺过程稳定的场合。

5.6.3　点图分析法

点图分析法计算简单，能及时提供信息进行主动控制，可用于稳定过程，也可用于不稳定过程。点图有多种形式，这里介绍单值点图和 $\bar{x}-R$ 图两种。

用点图来评价工艺过程稳定性采用的是顺序样本，即样本是由工艺系统在一次调整中，按顺序加工的工件组成的。这样的样本可以得到在时间上与工艺过程运行同步的有关信息，反映出加工误差随时间变化的趋势。而分布图分析法采用的是随机样本，不考虑加工顺序，而且是对加工好的一批工件有关数据处理后才能做出分布曲线。

1. 单值点图

按加工顺序依次测量一批工件的尺寸，以工件序号为横坐标，工件尺寸(或误差)为纵坐标，就可做出如图 5-57 所示点图。为了缩短点图的长度，可将顺次加工出的几个工件编为一组，以工件组序为横坐标，而纵坐标保持不变，同一组内各工件可根据尺寸分别点在同一组号的垂直线上，就可以得到如图 5-57 所示的点图。

上述点图反映了每个工件尺寸(或误差)与加工时间的关系，故称为单值点图。

如果把点图的上下极限点包络成两根平滑的曲线，并做出这两根曲线的平均值曲线，如图 5-57(c)所示，就比较清楚地揭示出加工过程中误差的性质及其变化趋势。平均值曲线 OO' 表示每一瞬时的分散中心，其变化情况反映了变值系统误差随时间变化的规律，其起始点 O 则可看成常值系统误差的影响；上下限曲线 AA' 和 BB' 间的宽度表示每一瞬时的尺寸分散范围，也就是反映了随机误差的影响。

单值点图上画有上下两条控制界限线(图 5-57 中用实线表示)和两极限尺寸线(用虚线表示)，作为控制不合格品的参考界限。

2. $\bar{x}-R$ 图

1)样组点图的基本形式及绘制

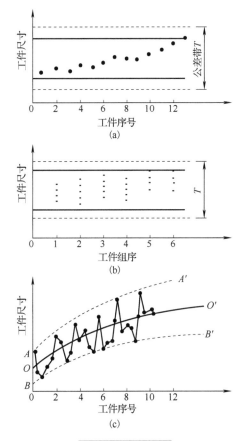

图 5-57　单值点图

实际生产中常用样组点图来代替单值点图，目的是直接反映出加工过程中系统误差和随机误差随加工时间的变化趋势。样组点图的种类较多，目前使用最为广泛的是 $\bar{x}-R$ 图。$\bar{x}-R$ 是平均值 $\bar{x}$ 控制图和极差 R 控制图联合使用时的统称。平均值 $\bar{x}$ 控制图控制工艺过程质量指标的分布中心，极差 R 控制图控制工艺过程质量指标的分散程度。

$\bar{x}-R$ 图的横坐标是按照时间先后顺序采集的小样本的组序号，纵坐标为各小样本的平均值 $\bar{x}$ 和极差 R。在 $\bar{x}-R$ 图上各有三根线，即中心线和上、下控制线。

绘制 $\bar{x}-R$ 图是以小样本顺序随机抽样为基础的。在工艺过程中，每隔一定时间抽取容量 $n=2\sim10$ 件的一个小样本，求出小样本的平均值 $\bar{x}$ 和极差 R。经过一段时间后，就可取得若干个（如 k 个，通常取 $k=25$）小样本，将各组小样本的 $\bar{x}$ 和极差 R 分别点在 $\bar{x}-R$ 图上，即制成了 $\bar{x}-R$ 图。

2）$\bar{x}-R$ 图上、下控制线的确定

任何一批工件的加工尺寸都有波动性，因此各小样本的平均值 $\bar{x}$ 和极差 R 也都有波动性。要判断波动是否属于正常，就需要分析 $\bar{x}$ 和 R 的分布规律，在此基础上也就可以确定 $\bar{x}-R$ 图上、下可控制线的位置。

由概率论可知，当总体是正态分布时，其样本的平均值 $\bar{x}$ 的分布也服从正态分布，且 $\bar{x}\sim N\left(\mu,\dfrac{\sigma^2}{n}\right)$（$\mu$、$\sigma$ 是总体的平均值和标准差），因此 $\bar{x}$ 的分散范围是 $\left(\mu\pm3\sigma\big/\sqrt{n}\right)$。

R 的分布虽然不是正态分布，但当 $n<10$ 时，其分布与正态分布也是比较接近的，因而 R 的分散范围也可取为 $\left(\bar{R}\pm3\sigma_R\right)$（$\bar{R}$、$\sigma_R$ 分别是 R 分布的均值和标准差），而且 $\sigma_R=d\sigma$。式中 d 为常数，其值可见表 5-7。

一般来说，总体的均值 μ 和标准差 σ 通常是不知道的。但由数理统计可知，总体的平均值 μ 可以用小样本平均值 $\bar{x}$ 的平均值 $\bar{\bar{x}}$ 来估计，而总体的标准差 σ 可以用 $a_n\bar{R}$ 来估计，即

$$\hat{\mu}=\bar{\bar{x}},\quad \bar{\bar{x}}=\frac{1}{k}\sum_{i=1}^{k}\bar{x}_i$$

$$\hat{\sigma}=a_n\bar{R},\quad \bar{R}=\frac{1}{k}\sum_{i=1}^{k}R_i$$

式中，$\hat{\mu}$、$\hat{\sigma}$ 分别为 μ、σ 的估计值；$\bar{x}_i$ 为各小样本的平均值；R_i 为各小样本的极差；a_n 为常数，其值见表 5-7。

表 5-7　d、a_n、A_2、D_1、D_2

n	d	a_n	A_2	D_1	D_2
4	0.880	0.486	0.73	2.28	0
5	0.864	0.430	0.58	2.11	0
6	0.848	0.395	0.48	2.00	0

用样本极差 R 来估计总体的 σ，其缺点是不如用样本的标准差 S 来得可靠，但由于其计算很简单，所以在生产中经常采用。

最后便可以确定 $\bar{x}-R$ 图上的各条控制线。

（1）$\bar{x}$ 点图的各条控制线。

中线：
$$\bar{\bar{x}}=\frac{1}{k}\sum_{i=1}^{k}\bar{x}_i$$

上控制线：
$$\bar{x}_s=\bar{\bar{x}}+A_2\bar{R}$$

下控制线：
$$\bar{x}_x=\bar{\bar{x}}-A_2\bar{R}$$

式中，A_2 为常数，$A_2=3a_n\big/\sqrt{n}$，见表 5-7。

（2）R 点图的各条控制线。

中线：
$$\bar{R}=\frac{1}{k}\sum_{i=1}^{k}R_i$$

上控制线：
$$R_s = \overline{R} + 3\sigma_R = (1 + 3da_n)\overline{R} = D_1\overline{R}$$

下控制线：
$$R_x = \overline{R} - 3\sigma_R = (1 - 3da_n)\overline{R} = D_2\overline{R}$$

式中，D_1、D_2 为常数，见表 5-7。

在点图上做出中线和上下控制线后，就可根据图中点的情况来判别工艺过程是否稳定（波动状态是否属于正常），判别的标志见表 5-8。

表 5-8　正常波动与异常波动标志

正常波动	异常波动
(1)没有点子超出控制线 (2)大部分点子在中线上下波动，小部分在控制线附近 (3)点子没有明显的规律性	(1)有点子超出控制线 (2)点子密集在中线上下附近 (3)点子密集在控制线附近 (4)连续 7 点以上出现在中线一侧 (5)连续 11 点中有 10 点出现在中线一侧 (6)连续 14 点中有 12 点以上出现在中线一侧 (7)连续 17 点中有 14 点以上出现在中线一侧 (8)连续 20 点中有 16 点以上出现在中线一侧 (9)点子有上升或下降倾向 (10)点子有周期性波动

由上述可知，$\overline{x}$ 在一定程度上代表了瞬时的分散中心，故 $\overline{x}$ 点图主要反映系统误差及其变化趋势；R 在一定程度上代表了瞬时的尺寸分散范围，故 R 点图可反映出随机误差及其变化趋势。单独的 $\overline{x}$ 点图和 R 点图不能全面地反映加工误差的情况，因此这两种点图必须结合起来应用。

根据点子分布情况及时查找原因采取措施。

(1)若极差 R 未超控制线，说明加工中瞬时尺寸分布较稳定。

(2)若均值有点超出控制线，甚至超出公差界限，说明存在某种占优势的系统误差，过程不稳定。若点图缓慢上升，可能是系统热变形；若点图缓慢下降，可能是刀具磨损。

(3)采取措施消除系统误差后，随机误差成主要因素，分析其原因，控制尺寸分散范围。

必须指出，工艺过程稳定性与是否出废品是两个不同的概念。工艺过程的稳定性用 $\overline{x} - R$ 图判断，而工件是否合格则用公差衡量。两者之间没有必然联系。例如，某一工艺过程是稳定的，但误差较大，若用这样的工艺过程来制造精密零件，则肯定都是废品。客观存在的工艺过程与人为规定的零件公差之间如何正确匹配，是前面所介绍的工序能力系数的选择问题。

5.7　保证和提高加工精度的主要途径

为了保证和提高加工精度，找出造成加工误差的主要因素（原始误差）是必需的，然后采取相应的工艺措施来控制或减少这些因素的影响。

实际生产中尽管有许多减少误差的方法和措施，但从误差减少的技术上看，可将它们分为两类。

(1)误差预防。指减少原始误差或减少原始误差的影响，即减少误差源至加工误差之间的数量转换关系。实践与分析表明，当加工精度要求高于某一程度时，利用误差预防技术来提高加工精度所花费的成本将按指数规律增长。

(2)误差补偿。在现存的表现误差条件下，通过分析、测量，进而建立数学模型，并以这些信息为依据，人为地在系统中引入一个附加的误差源，使之与系统中现存的表现误差相抵消，以减少或消除零件的加工误差。在现有工艺系统条件下，误差补偿技术是一种有效而经济的方法，特别是借助微型计算机辅助技术，可达到很好的效果。

5.7.1 误差预防技术

1. 合理采用先进工艺与设备

这是保证加工精度的最基本方法。因此，在制定零件加工工艺规程时，应对零件每道加工工序的能力进行精确评价，并尽可能合理地采用先进的工艺和设备，使每道工序都具备足够的工序能力。随着产品质量要求的不断提高，产品生产数量的增大和不合格率的降低证明采用先进的加工工艺和设备，其经济效益是十分显著的。

2. 直接减少原始误差法

该方法也是生产中应用较广的一种基本方法。它是在查明影响加工精度的主要原始误差因素之后，设法对其直接进行消除或减少。

加工细长轴时易产生弯曲和振动(图 5-58)，增大主偏角减小背向力，使用跟刀架或中心架增加工件刚度。但在进给力作用下，会因"压杆失稳"而被压弯；在切削热的作用下，工件会变长，也将产生变形。

采取措施：采取反向进给的切削方法，使用弹性的尾座顶尖。如图 5-58(b)所示，进给方向由卡盘一端指向尾座，使 F_f 力对工件起拉伸作用，同时尾座改用可伸缩的弹性顶尖，就不会因 F_f 和热应力而压弯工件；采用大进给量和较大主偏角的车刀，增大 F_f 力，工件在强有力的拉伸作用下，具有抑制振动的作用，使切削平稳。

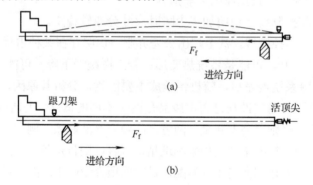

图 5-58　不同进给方向加工细长轴的比较

3. 转移原始误差

误差转移法是把影响加工精度的原始误差转移到不影响(或少影响)加工精度的方向或其他零部件上。

如图 5-59 所示就是利用转移误差的方法转移转塔车床刀架转角误差的例子。转塔车床的转塔刀架在工作时需经常旋转，因此要长期保持它的转位精度是比较困难的。假如转塔刀架上外圆车刀的切削基面也像卧式车床那样在水平面内，如图 5-59(a)所示，那么转塔刀架的转位误差处在误差敏感方向，将严重影响加工精度。因此，生产中都采用"立刀"安装法，把刀刃的切削基面放在垂直平面内(图 5-59(b))，这样就把刀架的转位误差转移到了误差的不敏感方向，由刀架转位误差引起的加工误差也就减少到可以忽略不计的程度。

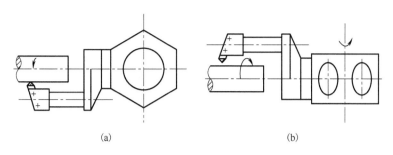

(a)   (b)

图 5-59　转塔车床刀架转位误差的转移

4. 均分原始误差

有时在生产中会遇到这样的情况：本工序的加工精度是稳定的，但是由于毛坯或上道工序加工的半成品精度发生变化，引起定位误差或复映误差太大，因而造成本工序的加工超差。解决这类问题最好采用分组调整（即均分误差）的方法：把毛坯按误差大小分为 n 组，每组毛坯的误差就缩小为原来的 $1/n$；然后按各组分别调整刀具与工件的相对位置或选用合适的定位元件，就可大大缩小整批工件的尺寸分散范围。这个办法比提高毛坯精度或上道工序加工精度要简便易行。

5. 均化原始误差

在加工过程中，机床、刀具（磨具）等的误差总是要传递给工件的。机床、刀具的某些误差（如导轨的直线度、机床传动链的传动误差等）只是根据局部地方的最大误差值来判定的。利用有密切联系的表面之间的相互比较、相互修正，或利用互为基准进行加工，就能让这些局部较大的误差比较均匀地影响到整个加工表面，使传递到工件表面的加工误差较为均匀，因而工件的加工精度相应也就大大提高。

研磨时，研具的精度并不很高，分布在研具上的磨料粒度大小也可能不一样，但由于研磨时工件和研具间有复杂的相对运动轨迹，工件上各点均有机会与研具的各点相互接触并受到均匀的微量切削，同时工件和研具相互修整，精度也逐步提高，进一步使误差均化，因此就可获得精度高于研具原始精度的加工表面。

用易位法加工精密分度涡轮是均化原始误差法的又一典型实例。我们知道，影响被加工涡轮精度中很关键的一个因素是机床母涡轮的累积误差，它直接反映为工件的累积误差。易位法是在工件切削一次后，将工件相对于机床母涡轮转动一个角度，再切削一次，使加工中所产生的累积误差重新分布一次，如图 5-60 所示。

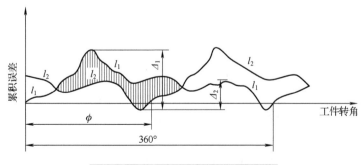

图 5-60　易位法加工时误差均化过程

图中曲线 l_1 为第一次切削后工件上累积误差曲线。经过易位，工件相对机床母涡轮转动

一个角度 ϕ 后再被切削一次，工件上应产生的误差就变成另一条曲线 l_2。l_1 和 l_2 的形状应该是一样的(近似于正弦曲线)，只是在位置上相差一个相位角 ϕ。由于 l_2 曲线中误差最大部分落在没有余量可切的地方，而 l_1 曲线中误差最大的一部分却在第二次切削时被切掉了(切去的部分用阴影表示)，所以第二次切削后工件的误差曲线就如图中粗线所示，因而误差得到均化。易位法的关键在于转动工件时必须保证 ϕ 角内包含着整数的齿，因为在第二次切削中只许修切去由误差本身造成的很小余量，不允许由于易位不准确而带来新的切削余量。理论上，易位角越小，即易位次数越多，则被加工涡轮的误差也可越小。但由于受易位时转位精度和滚刀刃最小切削厚度的限制，易位角太小也不一定好，一般可易位三次，第一次180°，第二次再易位90°(相对于原始状态易位了270°)，第三次再易位180°(相对于原始状态易位90°)。

6. 就地加工法

在机械加工和装配中，有些精度问题牵涉到很多零部件的相互关系，如果单纯依靠提高零部件的精度来满足设计要求，有时不仅困难，甚至不可能。而采用就地加工法可解决这种难题。

在转塔车床制造中，转塔上6个安装刀架的大孔轴线必须保证与机床主轴回转轴线重合，各大孔的轴线又必须与主轴回转轴线垂直。如果把转塔作为单独零件加工出这些表面，那么在装配后要达到上述两项要求是很困难的。采用就地加工方法，把转塔装配到转塔车床上后，在车床主轴上装镗杆和径向进给小刀架来进行最终精加工，就很容易保证上述两项精度要求。

就地加工法的要点是：要保证部件间什么样的位置关系，就在这样的位置关系上利用一个部件装上刀具去加工另一个部件。这种"自干自"的加工方法，生产中应用很多。

牛头刨床为了使它们的工作台面分别对滑枕和横梁保持平行的位置关系，就都是在装配后在自身机床上进行"自刨自"的精加工。平面磨床的工作台也是在装配后作"自磨自"的最终加工。

5.7.2　误差补偿技术

误差补偿就是人为地制造出一种新的原始误差去抵消当前成为问题的缘由的原始误差，并尽量使两者大小相等，方向相反，从而达到减少加工误差，提高加工精度的目的。

常值系统误差用误差补偿的方法来消除或减小一般说来是比较容易的，因为用于抵消常值系统误差的补偿量是固定不变的。对于变值系统误差的补偿就不是用一种固定的补偿量所能解决的。于是生产中发展了所谓积极控制的误差补偿法，积极控制有三种形式。

1. 在线检测

这种方法是在加工中随时测量出工件的实际尺寸(形状、位置精度)，随时给刀具以附加的补偿量以控制刀具和工件间的相对位置。这样，工件尺寸的变动范围始终在自动控制之中。现代机械加工中的在线测量和在线补偿就属于这种形式。

2. 偶件自动配磨

将互配件中的一个零件作为基准，去控制另一个零件的加工精度。在加工过程中自动测量工件的实际尺寸，并和基准件的尺寸比较，直至达到规定的差值时机床就自动停止加工，从而保证精密偶件间要求很高的配合间隙。

　　高压燃油泵柱塞副(图 5-61)是一对配合很精密的偶件。柱塞和柱塞套本身的几何精度在 0.0005mm 以内，而轴与孔的配合间隙为 0.0015～0.003mm。以往在生产中一直采用放大尺寸公差，然后再分级选配和互研的方法来达到配对要求。

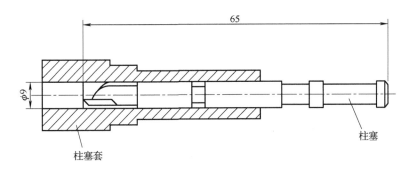

图 5-61　油泵柱塞副

　　现在研究制造成功了一种自动配磨装置。它以自动测量出柱塞套的孔径为基准去控制柱塞外径的磨削。该装置除了能够连续测量工件尺寸和自动操纵机床动作，还能够按照偶件预先规定的间隙，自动决定磨削的进给量，在粗磨到一定尺寸后自动变换为精磨，再自动停车。自动配磨装置的原理框图如图 5-62 所示。

　　当测孔仪和测轴仪进行测量时，测头的机械位移就改变了电容发送器的电容量。孔与轴的尺寸之差转化成电容量变化之差，使电桥 2 的输入桥臂的电参数发生变化，在电桥的输出端形成了一个输出电压。该电压经过放大器和交直流转换以后，控制磨床的动作和指示灯的明灭。

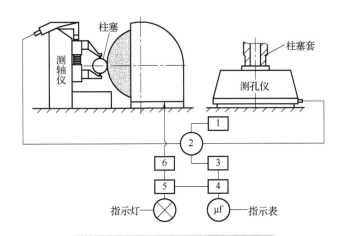

图 5-62　高压油泵偶件自动配磨原理图

1-高频振荡发生器；2-电桥；3-三级放大器；4-相敏检波；5-直流放大器；6-执行机构

　　在工件配磨前，先用标准偶件调整仪器，使控制部分起作用的范围为 $C=D(孔)-d(轴)$，于是在配磨时，仪器就能在 C 值的范围内自动控制磨削循环。不经过重新调整，C 值不会改变。所以，无论孔径 D 尺寸如何，磨出的轴径 d 都会随着孔径 D 相应改变，始终保持偶件轴孔间的间隙量。这样测一个磨一个，避免了以往那样分级选配和互研等繁杂手续，提高了生产率，减小了在制品的积压。

3. 积极控制起决定作用的误差因素

在某些复杂精密零件的加工中，当无法对主要精度参数直接进行在线测量和控制时，就应该设法控制起决定作用的误差因素，并把它掌握在很小的变动范围以内。

习题与思考题

5-1　什么是机械加工精度，它和机械加工误差有什么关系？

5-2　零件的加工精度包括哪三个方面？它们分别怎样获得？

5-3　什么是原始误差？试举例说明。

5-4　研究机械加工的目的是什么？研究机械加工精度的方法有哪些？

5-5　什么是原理误差？它对零件的加工精度有什么影响？

5-6　车床床身导轨在垂直平面内及水平面内的直线度对车削圆轴类零件的加工误差有什么影响，影响程度有何不同？

5-7　工艺系统的几何误差主要包括哪些方面？它们分别对机械加工精度有哪些影响？

5-8　什么是工艺系统刚度？它对机械加工精度有何影响？

5-9　试列举两种机床部件局部刚度的测定方法。

5-10　减少工艺系统受力变形对加工精度影响的措施有哪些？

5-11　减小残余应力的常用措施有哪些？

5-12　工件热变形、刀具热变形、机床热变形对加工精度各有哪些影响？

5-13　减小工艺系统热变形对加工精度影响的措施有哪些？

5-14　分布图分析法与点图分析法各有何特点？

5-15　常用的误差预防方法有哪些？

5-16　常用的误差补偿方法有哪些？

5-17　试分析在车床上加工时，产生下述误差的原因。

(1)在车床上镗孔时，引起被加工孔圆度误差和圆柱度误差。

(2)在车床三爪自定心卡盘上镗孔时，引起内径与外圆不同轴度，端面与外圆的不垂直度。

5-18　在车床上用两顶尖装夹工件车削长轴时，出现图 5-63 所示三种误差是什么原因，分别采用什么办法来减少或消除？

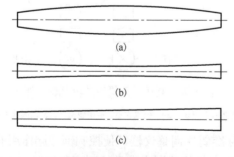

(a)

(b)

(c)

图 5-63　习题 5-18 图

5-19　车床床身铸件的导轨和床腿处存在着残余压应力，床身中间存在着残余拉应力，此时如果粗刨床身导轨，试用简图表示粗刨后床身将会产生怎样的变形形状？并简述其原因。

5-20　图 5-64 所示为 Y38 滚齿机的传动系统图，欲在此机床上加工 $m=2$，$z=48$ 的圆柱直齿齿轮。已知：$i_{差}=1$，$i_{分}\dfrac{e}{f}\cdot\dfrac{a}{b}\cdot\dfrac{c}{d}=\dfrac{24k_{刀}}{z_1}=\dfrac{1}{2}$，若传动链中齿轮 $z_1(m=5)$ 的周节误差为 0.08mm，齿轮 $z_d(m=3)$ 的周节误差为 0.1mm，涡轮 $(m=5)$ 的周节误差为 0.13mm。试分别计算由于它们各自的周节误差所造成的被加工齿轮的周节误差。

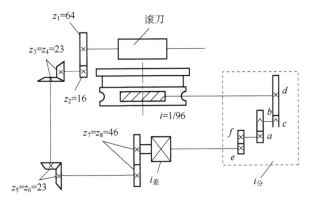

图 5-64　习题 5-20 图

5-21　磨削薄壁零件时，由于工件单面受热，上下表面温差为 T，导致工件凸起，中间磨去较多，加工完冷却后表面产生中凹的形状误差。如工件为钢材，工件长度 $L=1.5\text{m}$，厚度 $s=300\text{mm}$，温差 $T=1℃$，求其形状误差值。

5-22　车削一批轴的外圆，其尺寸为 $\phi25\text{mm}\pm0.05\text{mm}$，已知此工序的加工误差分布曲线是正态分布，其标准差 $\sigma=0.025\text{mm}$，曲线的顶峰位置位于公差带中值的左侧。试求零件的合格率和废品率。工艺系统经过怎样的调整可使废品率降低？

5-23　在自动机上加工一批尺寸为 $\phi8\text{mm}\pm0.09\text{mm}$ 的工件，机床调整完后试车 50 件，测得尺寸如表 5-9 所示。

画出分布直方图，并计算加工后的合格品率和不合格品率。

表 5-9　试件测得尺寸 （单位：mm）

试件号	尺寸	试件号	尺寸	试件号	尺寸	试件号	尺寸	试件号	尺寸
1	7.920	11	7.970	21	7.895	31	8.000	41	8.024
2	7.970	12	7.982	22	7.992	32	8.012	42	7.028
3	7.980	13	7.991	23	8.000	33	8.024	43	7.965
4	7.990	14	7.998	24	8.010	34	8.045	44	7.980
5	7.995	15	8.007	25	8.022	35	7.960	45	7.988
6	8.005	16	8.022	26	8.040	36	7.975	46	7.995
7	8.018	17	8.040	27	7.957	37	7.988	47	8.004
8	8.030	18	8.080	28	7.975	38	7.994	48	8.027
9	8.060	19	7.940	29	7.985	39	8.002	49	8.065
10	7.935	20	7.972	30	7.992	40	8.015	50	8.017

第6章 机械加工表面质量及其控制

本章知识要点

(1)加工表面质量及其对零件使用性能的影响。

(2)影响加工表面的表面粗糙度的工艺因素及其改进措施。

(3)影响表层金属物理力学性能的工艺因素及其改进措施。

(4)机械加工过程中的振动。

探 索 思 考

(1)影响加工表面的表面粗糙度、表层金属物理力学性能的工艺因素及其新工艺。

(2)机械加工中的强迫振动、自激振动、机械加工振动的诊断新技术。

预 习 准 备

请先预习加工表面质量对零件使用性能的影响等方面的知识。

6.1 表面质量对零件使用性能的影响

零件机械加工的质量除取决于加工精度外,还取决于表面层的质量。产品的工作性能,尤其是它的可靠性、精度保持性,在很大程度上取决于其主要零件的表面质量。

1. 机械加工表面质量的概念

任何机械加工所得的零件表面,都不可能是绝对理想的表面,总会存在一定程度的微观几何形状误差、划痕、裂纹、表面层的金相组织变化和表面层的残余应力等缺陷,这些均会影响零件的使用和产品的质量。加工表面质量主要包括两个方面的内容:表面的几何形状特性;表面层的物理力学性能。

1)表面的几何形状特性

加工表面的几何形状特性如图 6-1 所示,按表面纹理相邻两波峰或波谷之间的距离的大小分为三种情况。

(1)表面粗糙度。指已加工表面波距在 1mm 以下的微观几何形状误差。其大小以表面轮廓算术平均偏差 Ra 或轮廓最大高度 Rz 表示,它是由于加工过程中的残留面积、塑性变形、积屑瘤、鳞刺以及工艺系统的高频振动等造成的。

(2)表面波度。指已加工表面波距为 1~10mm 的几何形状误差,是介于宏观形状误差与表面粗糙度之间的周期性几何形状误差,其大小以波长 λ 和波高 H_2 表示,它是由于加工过程中工艺系统的低频振动引起的。

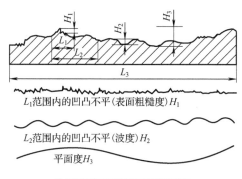

图 6-1　表面粗糙度和波度

（3）表面形状误差。指已加工表面波距大于 10mm 的宏观几何形状误差，不属于表面质量范畴。

2）表面层的物理力学性能

（1）表面层加工硬化。加工后表面层强度、硬度提高的现象。

（2）表面层金相组织变化。加工后表面层的金相组织发生改变，不同于基体组织。

（3）表面层残余应力。经加工后表面层与基体间存在内应力。

2. 表面质量对耐磨性的影响

零件的磨损，一般分为初期磨损、正常磨损和急剧磨损三个阶段，如图 6-2 所示。工作表面在初期磨损阶段磨损的很快，这是因为两个零件的表面互相接触时，实际上只是一些凸峰顶部接触，当零件上有了载荷作用时，凸峰处的单位面积压力也就很大。当两个零件发生相对运动时，在接触的凸峰处就产生弹性变形、塑性变形及剪切等，造成零件表面的磨损，且磨损很快；随着磨损的发展，接触面积逐渐加大，单位面积的压力逐渐降低，磨损变慢，进入正常磨损；磨损到一定程度后，零件表面质量明显恶化，将产生急剧磨损。

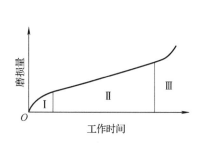

图 6-2　磨损过程的基本规律

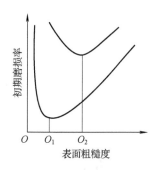

图 6-3　表面粗糙度与初期磨损关系

（1）表面粗糙度的影响。由试验得知（图 6-3），适当的表面粗糙度可以有效减轻零件的磨损，但表面粗糙度值过低，也会导致磨损加剧。因为表面越光滑，存储润滑油的能力越差，金属分子的吸附力增大，难以获得良好的润滑条件，紧密接触的两表面便会发生分子黏合现象而咬合起来，金属表面发热而产生胶合，导致磨损加剧。

（2）表面加工硬化的影响。机械加工后的表面，由于冷作硬化使表面层金属的硬度显著提高，可降低磨损。加工表面的冷作硬化，一般能提高耐磨性，但过度的冷作硬化将使加工表面金属组织变得"疏松"，严重时甚至出现裂纹，使磨损加剧。

（3）金相组织变化的影响。金相组织的变化也会改变表面层的原有硬度，影响表面的耐磨性。例如，淬火钢工件在磨削时产生回火软化，将降低其表面的硬度，使耐磨性明显下降。

3. 表面质量对疲劳强度的影响

在交变载荷的作用下，零件表面的微观不平、划痕和裂纹等缺陷会引起应力集中现象，零件表面的微观低凹处的应力容易超过材料的疲劳极限而出现疲劳裂纹，造成疲劳损坏。减小零件的表面粗糙度，可以提高零件的疲劳强度。加工纹理的方向对疲劳强度的影响更大，如果刀痕与受力的方向垂直，则疲劳强度显著降低。

表面层的残余应力对疲劳强度的影响极大。若表面层的残余应力为压应力，则可部分抵消交变载荷引起的拉应力，延缓疲劳裂纹的产生和扩散，从而提高零件的疲劳强度。若表面层的残余应力为拉应力，则易使零件在交变载荷作用下产生裂纹而降低零件的疲劳强度。带有不同残余应力表面的零件其疲劳寿命可相差数倍至数十倍。

表面的加工硬化层能够阻碍已有裂纹的扩大和新的疲劳裂纹产生，提高零件的疲劳强度，但加工硬化程度过高时，常产生大量显微裂纹而降低疲劳强度。

4. 表面质量对配合性质的影响

对于相互配合的零件，无论是间隙配合还是过盈配合，若配合表面的粗糙度值过大，必然影响它们的实际配合性质。对于间隙配合的表面，如果粗糙度值过大，相对运动时摩擦磨损就大，经初期磨损后配合间隙就会增大很多，从而改变了应有的配合性质，甚至使机器出现漏气、漏油或晃动而不能正常工作。对于过盈配合的表面，在将轴压入孔内时，配合表面的部分凸峰会被挤平，使实际过盈量减小，影响配合的可靠性。所以，有配合要求的表面一般都要求有适当小的表面粗糙度值，配合精度越高，要求配合表面的粗糙度值越小。

5. 表面质量对耐腐蚀性的影响

当零件在潮湿的环境或有腐蚀性介质的环境中工作时，常会发生化学腐蚀或电化学腐蚀。无论是哪一种腐蚀，其腐蚀程度均与表面粗糙度有关。腐蚀性介质一般在表面凹谷处，特别在表面裂纹中作用最严重。腐蚀过程通过凹谷处的微小裂纹向金属层的内部进行，直至侵蚀的裂纹扩展相交时，表面的凸峰从表面上脱落而又形成新的凸凹面，侵蚀的作用再重新进行。零件的表面粗糙度值越大，加工表面与气体、液体接触面积越大，腐蚀作用就越强烈。加工表面的冷作硬化和残余拉应力，使表层材料处于高能位状态，有促进腐蚀的作用。减小表面粗糙度，控制表面的加工硬化和残余应力，可以提高零件的抗腐蚀性能。

6.2　表面粗糙度的影响因素及其控制

6.2.1　影响切削加工表面粗糙度的主要因素及其控制

影响切削加工表面粗糙度的主要因素有几何因素、物理因素及工艺系统振动等。

1. 刀具切削刃几何形状的影响

由于刀具切削刃的几何形状、几何参数、进给运动及切削刃本身粗糙等，未能将被加工表面上的材料层完全干净地除去，在已加工表面上遗留下残留面积的形状与刀具形状完全一致，其高度 H 为理论表面粗糙度。

若背吃刀量较大，如图 6-4(a)所示，刀尖圆弧半径 γ_ε 为零，则其波峰的高度 H 为

$$H = \frac{f}{\cot\kappa_r + \cot\kappa_r'} \tag{6-1}$$

式中，f 为进给量，mm/r；κ_r 为主偏角，(°)；κ_r' 为副偏角，(°)。

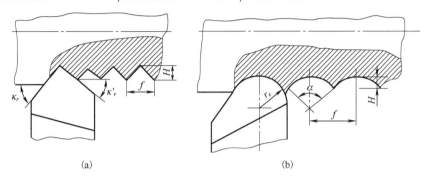

(a)　　　　　　　　　　　　(b)

图 6-4　车削加工时影响表面粗糙度的几何因素

若背吃刀量及中心角 α 很小，如图 6-4(b)所示，刀尖圆弧半径为 γ_ε，则其波峰的高度为

$$H = \frac{f^2}{8\gamma_\varepsilon} \tag{6-2}$$

由式(6-1)和式(6-2)可知，减小进给量，减小刀具的主、副偏角以及增大刀尖圆弧半径都可减小表面粗糙度。对于宽刃刀具，刃口的表面粗糙度对工件表面的表面粗糙度影响很大。

2. 工件材料的影响

上述计算只考虑了影响表面粗糙度的几何因素，是理论值。实际切削时，由于刀刃及后刀面与工件的挤压和摩擦，使工件材料发生塑性变形，致使已加工表面的实际轮廓与理论残留面积的轮廓有很大的差异。一般来说，韧性较大的塑性材料，加工后表面粗糙度也大，对于同样的材料，晶粒组织越粗大，加工后的粗糙度越大。为了减小加工后的粗糙度，常在切削加工前进行正火、调质处理等热处理，以得到均匀细密的晶粒组织。

3. 切削用量的影响

(1)切削速度 v 的影响。切削速度高，切削过程中的切屑和加工表面的塑性变形小，加工表面的粗糙度也小；以较低的切削速度切削时，有可能产生积屑瘤和鳞刺，使加工表面上出现深浅和宽窄都不断变化的刀痕，严重恶化了加工表面质量。

(2)进给量 f 的影响。减小进给量可减小粗糙度，并且还可减小切削时的塑性变形，但当 f 过小时，增加刀具与工件表面的挤压次数，使塑性变形增大，反而增大了表面粗糙度。

(3)背吃刀量 a_p 的影响。一般背吃刀量对表面粗糙度影响不大，但在精加工中却对表面粗糙度有影响。过小的 a_p 将使切削刃圆弧对加工表面产生强烈的挤压和摩擦，引起附加的塑性变形，增大了表面粗糙度。

6.2.2　影响磨削加工表面粗糙度的主要因素及其控制

磨削时，砂轮速度很高，其表面的磨粒分布高低不均，形状不一。作为切削刃的磨粒，大多数为负前角，切削层单位面积切削力较大，磨削温度很高。磨削加工时，如果单位面积上的磨粒越多，则刻痕就越多且深度越均匀，表面粗糙度就越小。所以影响磨削表面粗糙度的主要因素如下。

1. 砂轮的影响

(1)砂轮的粒度。砂轮的粒度号数越大，单位面积上的磨粒就越多，在工件表面上留下的刻痕就越多越细，表面粗糙度就越小。但磨粒过细，砂轮容易堵塞，使砂轮失去切削能力，增加了摩擦热，反而造成工件表面塑性变形增大，使表面粗糙度增大。

(2)砂轮的硬度。砂轮太硬，钝化的磨粒不能脱落，工件表面受到强烈的摩擦和挤压，塑性变形加剧，使工件表面粗糙度值增大；砂轮太软，磨粒脱落过快，磨粒不能充分发挥切削作用，且刚修整好的砂轮表面会因磨粒的脱落而过早被破坏，工件表面粗糙度值也会增大。

(3)砂轮的组织。紧密组织砂轮的磨粒比例大，气孔小，在成型磨削和精密磨削时，能获得较小的表面粗糙度。疏松组织砂轮不易堵塞，适用于磨削韧性大而硬度不高的材料或热敏性材料。一般情况下，选用中等组织的砂轮。

(4)砂轮的修整。砂轮修整质量对表面粗糙度影响很大，修整砂轮时，金刚石笔越锋利，在磨粒上修整出的微刃就越多；金刚石笔的纵向进给量越小，砂轮表面磨粒的等高性也越好，被磨工件的表面粗糙度值也就越小。

2. 磨削用量的影响

磨削用量包括砂轮速度、工件速度、进给量和磨削深度等。

(1)砂轮速度。砂轮的速度越高，单位时间内通过被磨表面的磨粒就越多，因而工件表面的粗糙度值就越小。同时，砂轮速度越高，使工件表面金属塑性变形传播的速度小于切削速度，工件材料来不及变形，致使表层金属的塑性变形减小，磨削表面粗糙度值也将减小。

(2)工件速度和纵向进给量。工件速度低，在砂轮上每一磨粒刃口的平均切削厚度小，塑性变形小，同时单位时间内通过被磨表面的磨粒数增加，有利于降低表面粗糙度；纵向进给量小，则工件表面上每个部位被砂轮重复磨削的次数增加，被磨表面的粗糙度值将减小。

(3)磨削深度。磨削深度小，工件塑性变形就小，工件表面粗糙度值也小，通常在磨削过程中开始采用较大磨削深度以提高生产率，而后采用小的磨削深度以减小粗糙度值。

图 6-5 示出的是采用 **GD60ZR2A** 砂轮磨削 **30CrMnSiA** 材料时磨削用量对表面粗糙度的影响曲线。

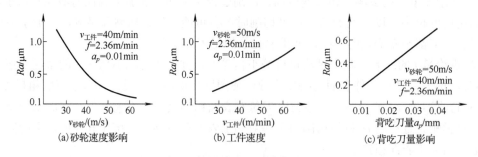

图 6-5　磨削用量对表面粗糙度的影响

3. 工件材料和切削液的影响

一般工件材料硬度高有利于减小工件表面粗糙度值，但硬度过高使磨粒刃口容易变钝，致使工件表面粗糙度值增大。切削液减少了磨削热，减小了塑性变形，同时可及时冲掉碎落的磨粒，减轻砂轮与工件的摩擦，并能防止磨削烧伤，使工件表面粗糙度值减小。

6.2.3 减小表面粗糙度值的加工方法

减小表面粗糙度值的加工方法有很多，主要有精密加工和光整加工。

1. 精密加工

精密加工需要机床有高的运动精度、良好的刚度和精确的微量进给装置，机床低速稳定性好、能有效消除各种振动对工艺系统的干扰，同时还要求稳定的环境温度等。

(1)精密车削。精密车削一般采用细颗粒硬质合金刀具材料，若加工有色金属则采用金刚石车刀，若为黑色金属则可采用 CBN 刀具或陶瓷刀具。切削速度 v 在 160m/min 以上，背吃刀量 $a_p = 0.02 \sim 0.2$mm，进给量 $f = 0.03 \sim 0.05$mm/r。由于切削速度高，切削层截面小，所以切削力和热变形很小。加工精度可达 IT5～IT6，表面粗糙度 Ra 为 $0.2 \sim 0.8$μm。

(2)高速精镗。高速精镗一般采用硬质合金刀具，主偏角较大(45°～90°)，刀尖圆弧半径较小，径向切削力小，对于有色金属则采用金刚石刀具。切削速度 $v = 150 \sim 500$m/min，为保证质量，一般分粗镗和精镗两步进行：粗镗 a_p=0.12～0.3mm，f=0.04～0.12mm/r；精镗 a_p<0.075mm，f=0.02～0.08mm/r。由于切削力小，切削温度低，加工质量好，加工精度可达到 IT6～IT7，表面粗糙度 Ra 为 0.1～0.8μm。高速精镗广泛用于不适宜用内圆磨削加工的各种结构零件的精密孔。

(3)宽刃精刨。宽刃精刨的刃宽为 60～200mm，刀具材料常用 YG8、YG5 或 W18Cr4V，加工铸铁时前角 $\gamma_0 = -15° \sim -10°$，加工钢件时 $\gamma_0 = 25° \sim 30°$，一般采用斜角切削，刀具切入平稳。切削速度 v=5～10m/min，背吃刀量 a_p=0.005～0.1mm。宽刃精刨适用于在龙门刨床上加工铸铁和钢件。加工直线度可达 1000∶0.005，平面度不大于 1000∶0.02，表面粗糙度 Ra 在 0.8μm 以下。

(4)高精度磨削。高精度磨削可使加工表面获得很高的尺寸精度、位置精度、形状精度和较小的表面粗糙度。通常，表面粗糙度 Ra 为 0.1～0.5μm 称为精密磨削，Ra 为 0.012～0.025μm 称为超精密磨削，Ra 小于 0.008μm 为镜面磨削。

2. 光整加工

光整加工是用粒度很细的磨粒(自由磨粒或烧结成的磨条)对工件表面进行微量切削、挤压和刮擦的一种加工方法。其目的主要是减小表面粗糙度值并切除表面变质层。加工余量极小，不能修正表面的位置误差，其位置精度只能靠前道工序来保证。

1) 研磨

研磨是在研具与工件加工表面之间加入研磨剂，在一定压力下两表面作复杂的相对运动，通过研磨剂的微切削及化学作用，从工件表面上去除极薄的金属层。

研具是涂敷或嵌入磨粒的载体。研具材料硬度一般比工件材料低，硬度一致性好，组织均匀致密。研具可用铸铁、低碳钢、紫铜、黄铜等软金属或硬木、塑料等非金属材料制成，研具表面具有较高的几何精度。

研磨剂是由磨粒、研磨液和辅助填料等混合而成的，磨粒主要起机械切削作用。研磨液主要起冷却和润滑作用并使磨粒均布在研具表面。辅助填料是由硬脂酸、石蜡、工业用猪油、蜂蜡按一定比例混合成的混合脂，在研磨过程中起吸附磨粒、防止磨粒沉淀和润滑作用，还通过化学作用在工件表面形成一层极薄的氧化膜，这层氧化膜很容易被磨掉而不损伤基体。

研磨按研磨方式分为手工研磨和机械研磨，根据磨粒是否嵌入研具又分为嵌砂研磨和无嵌砂研磨。

研磨因在低速低压下进行，故工件表面的形状精度和尺寸精度高，可以达到 IT6 以上，表面粗糙度 Ra 可以达到 $0.01\sim0.04\mu m$。金属材料和非金属材料都可加工，如半导体、陶瓷、光学玻璃等。

2）珩磨

珩磨是利用带有磨条的珩磨头，以一定压力压在被加工表面上，机床主轴带动珩磨头旋转并作直线往复运动，工件固定不动，在珩磨头的运动过程中，磨条从工件上切除薄层金属，如图 6-6 所示。由于磨条在工件表面上的运动轨迹是均匀而不重复的交叉网纹，有利于获得小表面粗糙度值的加工表面和存储润滑油。尺寸精度可达 IT6～IT7，表面粗糙度 Ra 可达 $0.025\sim0.20\mu m$，表面层的变质层极薄。珩磨头与机床主轴浮动连接，故不能纠正位置误差。适于大批大量生产精密孔的终加工，不适宜加工较大韧性的有色合金以及断续表面如带槽的孔等。

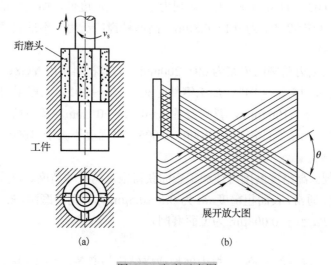

图 6-6　珩磨示意图

3）抛光

抛光加工是用涂敷有抛光膏的布轮、皮轮等软性器具，利用机械、化学或电化学的作用，去除工件表面微观凸凹不平处的峰顶，以获得光亮、平整表面的加工方法。抛光加工去除的余量通常小到可以忽略不计，因此，抛光加工一般不能提高工件的形状精度和尺寸精度，多用于要求很低的表面粗糙度值，而对尺寸精度没有严格要求的场合。

6.3　影响表面物理力学性能的因素及其控制

切削加工过程中，由于工件表面层受到切削力、切削热的作用，工件表面一定深度内的表面层的物理力学性能不同于基体材料，其主要表现为：表面层的加工硬化；金相组织变化；表面层的残余应力。

6.3.1 表面层的加工硬化

1. 加工硬化及衡量指标

机械加工时，工件表层金属产生严重的塑性变形，金属晶体产生剪切滑移，晶格扭曲，晶粒的拉长、破碎，使金属表层的强度、硬度提高，塑性下降，这就是加工硬化。衡量加工硬化的指标是：硬化层的深度 h，表层金属的显微硬度 HV 和硬化程度 N。其中，N 和 HV 的关系为

$$N = \frac{HV - HV_0}{HV_0} \times 100\% \tag{6-3}$$

式中，HV_0 为基体材料的硬度。

表面层的硬化程度取决于产生塑性变形的力、变形速度及变形时的温度。力越大，塑性变形越大，硬化程度越严重；变形速度快，则变形不充分，硬化程度也相应减小；变形时的温度影响塑性变形程度，还影响变化后的金相组织的恢复程度，当温度高达一定值时，金相组织产生恢复现象，将部分甚至全部消除加工硬化现象。

2. 影响加工硬化的主要因素

1) 刀具的影响

刀具的切削刃钝圆半径的大小和后刀面的磨损对加工硬化有显著的影响。实验证明，已加工表面的显微硬化随着切削刃钝圆半径的加大而明显增大。这是因为切削刃钝圆半径增大，径向切削分力也将随之加大，表层金属的塑性变形程度加剧，导致冷硬加剧。

刀具磨损对表层金属的影响如图 6-7 所示，刀具后刀面磨损宽度 VB 从 0 到 0.2μm，表层金属的显微硬度由 220HV 增大到 340HV，这是由于刀面磨损宽度加大后，刀具后刀面与被加工工件的摩擦加剧，塑性变形增大，导致表面冷硬增大。但磨损宽度继续加大，摩擦热急剧增大，弱化趋势变得明显，表层金属显微硬度逐渐下降，直至稳定在某一水平上。

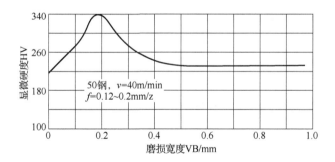

图 6-7　后刀面磨损对冷硬的影响

2) 切削用量的影响

切削用量中以进给量和切削速度的影响最大。图 6-8 给出了在切削 45 号钢时，进给量和切削速度对加工硬化的影响。由图可知，加大进给量时，表层金属的显微硬度将随着增大，这是因为随着进给量的增大，切削力也增大，表层金属的塑性变形加剧，冷硬程度增大，这种情况只是在进给量比较大时出现；如果进给量很小，如切削厚度小于 0.05～0.06mm 时，若继续减小进给量，则表层金属的冷硬程度反而增大。

如图 6-9 所示切削速度对加工硬化的影响，切削速度对加工硬化的影响是力因素和热因

素综合作用的结果。当切削速度增大时，刀具与工件的作用时间减少，使塑性变形的扩展深度减小，因而冷硬程度有减小的趋势。但切削速度增大时，切削热在工件表面层的作用时间也缩短了，所以冷硬程度有增大的趋势。切削深度对表层金属加工硬化的影响不大。

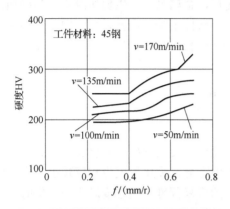 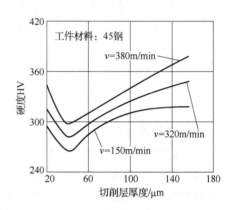

图 6-8　进给量和切削速度对冷硬的影响　　　　图 6-9　切削速度对冷硬的影响

3) 工件材料

工件材料的硬度越低，塑性越大，则切削加工后的加工硬化现象越严重。

6.3.2　加工表面金相组织变化和磨削烧伤

1. 金相组织变化的产生

机械加工过程中，在加工区由于加工时所消耗的能量绝大部分转化为热能而使加工表面温度升高，当温度升高到金相组织变化的临界点时，就会产生金相组织的变化。

金相组织的变化主要发生在磨削过程中。磨削时，磨粒在很高速度下以较大的负前角进行切削，切除单位体积金属所消耗的能量为车削的几十倍，这些消耗的能量大部分转化为热能。由于切屑非常少，砂轮的导热能力差，因此磨削热大部分(80%以上)传递给工件，造成工件表面局部高温，超过了钢铁材料的相变温度，引起表面层金相组织的变化，同时表面层呈现黄、褐、紫、青等不同颜色的氧化膜(因氧化膜厚度不同而呈现不同的颜色)，这种现象称为磨削烧伤。

磨削淬火钢时，磨削烧伤主要有三种形式。

(1)回火烧伤。磨削区温度超过马氏体转变温度(一般中碳钢为720℃)，表层中的淬火马氏体发生回火而转变成硬度较低的回火索氏体或托氏体组织。

(2)退火烧伤。磨削区温度超过相变温度，马氏体转变为奥氏体，当不用切削液进行磨削时，冷却较缓慢，使工件表层退火，硬度急剧下降。

(3)淬火烧伤。与退火烧伤情况相同，但充分使用切削液时，工件最外层刚形成的奥氏体因急冷形成二次淬火马氏体组织，硬度比回火马氏体高，但很薄(仅几微米)，其下层为硬度较低的回火组织，使工件表层总的硬度仍是降低的。

2. 影响磨削烧伤的因素

磨削烧伤是由于磨削时工件表面层的高温引起的，而磨削温度取决于磨削热源强度和热作用时间，因此影响磨削温度的因素对磨削烧伤均有一定程度的影响。

1）磨削用量

实践表明，增大磨削深度，磨削力和磨削热也急剧增加，表面层温度将显著增加，容易造成烧伤，故磨削深度不能太大。

当工件速度增大时，工件磨削区表面温度将升高，但上升的速度没有增大磨削深度时那么大，这是因为当工件速度增大时，单颗磨粒与工件表面的接触时间少，这些因素又降低了表面层温度，因而可减轻烧伤。但提高工件速度会导致表面粗糙度值的增大，可考虑用提高砂轮速度来解决。实践表明，同时提高工件速度和砂轮速度可减轻工件表面烧伤。

当工件纵向进给量增加时，磨削区温度下降，可减轻磨削烧伤。这是因为增加进给量使砂轮与工件表面接触时间相对减少，故热作用时间减少而使整个磨削区温度下降。但增加进给量会增大表面粗糙度，可通过采用宽砂轮等方法来解决。

2）砂轮的选择

砂轮磨料的种类、砂轮的粒度、结合剂种类、硬度以及组织等均对磨削烧伤有影响。硬度太高的砂轮，磨削自锐性差，使磨削力增大温度升高容易产生烧伤，因此应选较软的砂轮为好；选择弹性好的结合剂（如橡胶、树脂结合剂等），磨削时磨粒受到较大磨削力可以弹让，减小了磨削深度，从而降低了磨削力，有助于避免烧伤；砂轮中的气孔对消减磨削烧伤起着重要作用，因为气孔既可以容纳切屑使砂轮不易堵塞，又可以把冷却液或空气带入磨削区使温度下降，因此磨削热敏感性强的材料，应选组织疏松的砂轮，但应注意，组织过于疏松，气孔过多的砂轮，易于磨损而失去正确的形状。另外，在砂轮上开槽，变连续磨削为间断磨削时，工件和砂轮间断接触，改善了散热条件，工件受热时间短，可以减轻烧伤。

3）冷却条件

采用适当的冷却润滑液和冷却方法，可有效避免或减小烧伤，降低表面粗糙度。常用的冷却润滑液有切削油、乳化液和苏打水，切削油润滑效果好，可使表面粗糙度减小，苏打水冷却效果好，乳化液既能冷却冲洗，又有一定的润滑作用，故用得较多。由于砂轮的高速回转，表面产生强大的气流，使冷却润滑液很难进入磨削区，如何将冷却润滑液送入磨削区内，是提高磨削冷却润滑的关键。因此，常采用内冷却的砂轮。如图 6-10 所示，经过过滤的冷却液通过中空主轴法兰套引入砂轮中心腔 3 内，由于离心力的作用，冷却液通过砂轮内部的孔隙甩出，直接进入磨削区进行冷却，解决了外部浇注冷却液时冷却液进不到磨削区的难题。

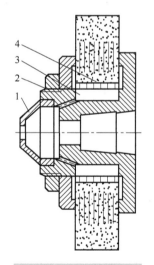

图 6-10　内冷却砂轮结构

1-锥形盖；2-主轴法兰套；3-砂轮中心腔；4-薄壁套

4）工件材料

工件材料对磨削区的影响主要取决于它的硬度、强度、韧性等力学性能和导热系数。力学性能越好，磨削力越大，发热就越多。工件硬度若过低，切屑易堵塞砂轮，也容易产生烧伤；导热性较差的材料，磨削区温度高，易产生烧伤。

6.3.3 表面层的残余应力

1. 表面层残余应力的产生

在切削和磨削过程中，工件表面层发生形状变化或组织改变时，将在表层金属与基体金属间产生相互平衡的残余应力，其产生的主要原因有以下三个方面。

(1)冷态塑性变形引起的残余应力。在切削或磨削过程中，工件加工表面受到刀具或砂轮磨粒的挤压和摩擦后，产生拉伸塑性变形，表面积趋于增大，但里层金属处于弹性变形状态。当切削或磨削之后，里层金属趋于弹性恢复，但受到已产生塑性变形的表面层的牵制，恢复不到原态，于是在表面层产生残余压应力，而里层则为拉应力与之相平衡。

(2)热态塑性变形引起的残余应力。切削或磨削过程中，产生的大量切削热使工件表面层的温度比里层高，表层的热膨胀较大，但受到里层金属的阻碍，使得表层金属产生压缩塑性变形。加工结束后温度下降，表层金属体积的收缩又受到里层金属的牵制，因而表层金属产生残余拉应力，里层金属产生残余压应力。工件表层温度越高，热塑性变形就越大，所造成的残余应力就越大。

(3)金相组织变化引起的残余压力。加工过程中产生的高温若引起表层金属金相组织的变化，由于不同的金相组织具有不同的密度，例如，马氏体密度 $\rho_{马} = 7.75g/cm^3$，奥氏体密度 $\rho_{奥} = 7.96g/cm^3$，珠光体密度 $\rho_{珠} = 7.78g/cm^3$，铁素体密度 $\rho_{铁} = 7.88g/cm^3$。因为机械加工产生的高温会引起表层金属金相组织的变化，导致其体积的变化，这种变化受到基体金属的限制，从而在工件表层产生残余应力。当金相组织的变化使表层金属的体积膨胀时，表层产生残余压应力，反之则产生残余拉应力。

影响零件表层残余应力的因素比较复杂，不同的加工条件下，残余应力的大小及分布规律可能有明显的差别。一般情况下，用刀具进行切削加工以冷态塑性变形为主，表层常产生残余压应力，残余应力的大小取决于塑性变形和加工硬化程度；磨削时，以热塑性变形或金相组织的变化为主，表层常存有残余拉应力。

表 6-1 列出了各种加工方法在工件表面上产生残余应力的情况。

表 6-1 各种加工方法在工件表面上产生的残余应力

加工方法	残余应力的特征	残余应力值 σ/MPa	残余应力层的深度 h/mm
车削	一般情况下，表面受拉，里层受压；$v>500m/min$ 时，表面受压，里层受拉	一般情况下，σ 为 200～800，刀具磨损后可到 1000	一般情况下，0.05～0.1，当用大负荷角（$\gamma=-30°$）车刀，γ 很大时，h 可达 0.65
磨削	一般情况下，表面受压，里层受拉	200～1000	0.05～0.30
钻削	同车削	600～1500	
碳钢淬硬	表面受压，里层受拉	400～750	
钢珠滚压钢件	表面受压，里层受拉	700～800	
喷丸强化钢件	表面受压，里层受拉	1000～1200	
渗碳淬火	表面受压，里层受拉	1000～1100	
镀铬	表面受压，里层受拉	400	
镀铜	表面受压，里层受拉	200	

2．零件主要工作表面最终加工工序加工方法的选择

表层存在残余压应力而受拉时，零件的使用从力学性能而言是有利的，残余拉应力则有很大的害处，工件表层残余应力将直接影响机器零件的使用性能，所以加工零件时选择好工件最终工序的加工方法是至关重要的。工件最终加工工序加工方法的选择与机器零件的失效形式密切相关，机器零件的失效主要有以下三种形式。

(1)疲劳破坏。在交变载荷作用下，机器零件使用到一定程度后表面开始出现微小的裂纹，之后在拉应力的作用下使裂纹逐渐扩大，最终导致零件断裂。如果零件的最终工序是选择能在加工表面产生压缩残余应力的加工方法，则可以提高零件抵抗疲劳破坏的能力。

(2)滑动磨损。两个零件相对滑动时，滑动面将逐渐磨损。滑动磨损的机理十分复杂，它既有滑动摩擦的机械作用，又有物理化学方面的综合作用。滑动摩擦工作面应力分布如图 6-11(a)所示，当表面层的压缩工作应力超过材料的许用应力时，将使表层金属磨损。如果零件的最终工序是选择能在加工表面产生拉伸残余应力的加工方法，则可以提高零件抵抗滑动磨损的能力。

(3)滚动磨损。两个零件作相对滚动时，滚动面会逐渐磨损。滚动磨损主要来自滚动摩擦的机械作用，也有来自粘接、扩散等物理化学方面的综合作用。滚动摩擦工作面应力分布如图 6-11(b)所示，滚动磨损的决定因素是表面层下 h 深度的最大拉应力。如果零件的最终工序是选择能在加工表面下 h 深处产生残余压应力的加工方法，则可以提高零件抵抗滚动磨损的能力。

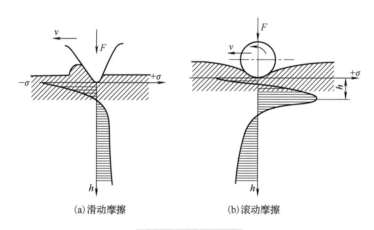

(a)滑动摩擦　　　　(b)滚动摩擦

图 6-11　应力分布图

6.3.4　提高和改善零件表面层物理力学性能的措施

为了获得良好的表面质量，改善表面层的物理力学性能，如进一步提高表层强度、硬度，使表层产生残余压应力，同时进一步降低表面粗糙度，常采用表面强化工艺。如挤压齿轮，滚压内外圆柱面、冷轧丝杆等，通过对表面的冷挤压，使之产生冷态塑性变形。经变形强化的零件表面同时具有残余压应力，耐磨性和耐疲劳强度均较高。此外，还可以对零件表面进行喷丸强化，用直径为 $\phi0.4 \sim \phi2\mathrm{mm}$ 的珠丸以 $35 \sim 50\ \mathrm{m/s}$ 的速度打击已加工完毕的工件表面，使表面产生加工硬化和残余压应力。

6.4　机械加工中的振动

6.4.1　工艺系统的振动简介

机械加工过程中，工艺系统经常会发生振动，即刀具相对于工件周期性的往复移动，使两者间的运动关系和正确位置受到干扰与破坏。振动使加工表面产生振纹，降低了零件的加工精度和表面质量，低频振动增大波度，高频振动增加表面粗糙度。此外，振动还会损坏机床的几何精度，产生噪声，恶化劳动条件，危害操作者的身心健康。生产中为了减少振动，往往被迫降低切削用量，使生产率降低。所以加工中的振动是提高加工质量和生产率、改善劳动条件的障碍。因此研究机械加工过程中的振动，探索抑制、消除振动的措施是十分必要的。

机械加工过程中的振动有自由振动、强迫振动和自激振动三种。其中，自由振动是切削力突变或外部冲击力引起的，是一种迅速衰减的振动，对加工的影响较小，通常可忽略。

6.4.2　强迫振动及其控制

强迫振动是工艺系统在外界周期性干扰力的作用下被迫产生的振动。由于有外界周期干扰力作能量补充，所以振动能够持续进行。只要外界周期干扰力存在，振动就不会被阻尼衰减掉。

1. 强迫振动的产生

强迫振动是由振动系统之外的持续激振力引起持续的振动，这种干扰力可能来自于周围环境，如其他机床、设备的振动，通过地基传入正在加工的机床，也可能来源于工艺系统自身，如机床电机的振动，包括电机转子旋转不平衡，电磁力不平衡引起的振动；机床回转零件的不平衡，如砂轮、皮带轮和传动轴的不平衡；运动传递过程中引起的周期性干扰力，齿轮啮合的冲击，皮带张紧力的变化，滚动轴承及尺寸误差引起的力变化，机床往复运动部件的工作冲击；液压系统的压力脉动；切削负荷不均匀所引起切削力的变化，如断续切削、周期性余量不均匀等。这些因素都可能导致工艺系统作强迫振动。

2. 强迫振动的特性

一般的机械加工工艺系统，其结构都是一些具有分布质量、分布弹性和阻尼的振动系统，严格来说，这些振动具有无穷多个自由度。要精确地描述和求解无穷多个自由度的振动系统是十分困难的，因此通常把工艺系统的强迫振动简化为单自由度振动系统，且经历过渡过程而进入稳态后的振动方程为

$$x = A\sin(\omega t - \varphi) \tag{6-4}$$

式中，x 为振动位移，mm；A 为振幅，mm；ω 为激振力圆频率，rad/s；t 为时间，s；φ 为振动振幅相对激振力的相位角，rad。

研究式(6-4)，强迫振动具有以下特性。

(1)不管加工系统本身的固有频率多大，强迫振动的频率总与外界干扰力的频率相同或呈倍数关系。

(2)强迫振动的振幅除了与工艺系统的刚度、振动的阻尼以及激振力的大小有关，还与频率特性有关，即激振力的频率与工艺系统固有频率之间的关系，当激励力的频率与工艺系统的固有频率的比值等于或接近于 1 时，发生共振，振幅急剧增加，并达到最大值。

(3)强迫振动的位移总是滞后于激振力一定的相位角。

(4)强迫振动是在外界周期性干扰力的作用下产生的，但振动本身并不能引起干扰力的变化。

3. 减小或消余强迫振动的途径

1)减小或消除振源的激振力

在工艺系统中高速回转的零件、机床主轴部件、电机及砂轮等由于质量不平衡都会产生周期性干扰力，为了减少这种干扰力，对一般的回转件应作静平衡，对高速回转件应作动平衡，这样就能减小回转件所引起的离心惯性力。像砂轮，除了作静平衡，由于在磨削过程中砂轮磨损不均匀或吸附在砂轮表面上磨削液分布不均匀，仍会引起新的不平衡，因此精磨时，最好能安装自动或半自动平衡器。

尽量减小机床传动机构的缺陷，设法提高齿轮传动、带传动、链传动及其他传动装置的稳定性。例如，对齿轮传动，应提高齿轮制造及安装精度，以减小传动过程中的冲击；对带传动，应采用较完善的带接头，使其连接后的刚度和厚度变化最小。

对于往复运动部件，应采用较平稳的换向机构，在条件允许的情况下，适当降低换向速度及减小往复运动部件的质量，以减小惯性力。

2)调整振源的频率

机床上的转动件转速选择尽可能远离系统的固有频率，以避开共振区。

3)提高工艺系统的抗振性

增加工艺系统刚度，主要是提高在振动中起主振作用的机床主轴、刀架、尾座、床身、立柱、横梁等部件的动刚度。增大阻尼以减小系统的振动，如适当调节零件间某些间隙，采用内阻尼较大的材料等。此外，夹具及安装工件的方式也应保证有足够的静刚度。

4)隔振

当振源来自机床外部，干扰力是经地基传到机床的，可采用把机床用橡胶、软木、泡沫塑料等与地基隔开的方法来隔振。

当振源来自机床内部，可在振动的传动路线中安放具有弹性性能的隔振装置，吸收振源产生的大部分振动，以减少振源对加工过程的干扰，如将刀具和工件之间设置弹簧或橡皮垫片等，如图 6-12 所示。

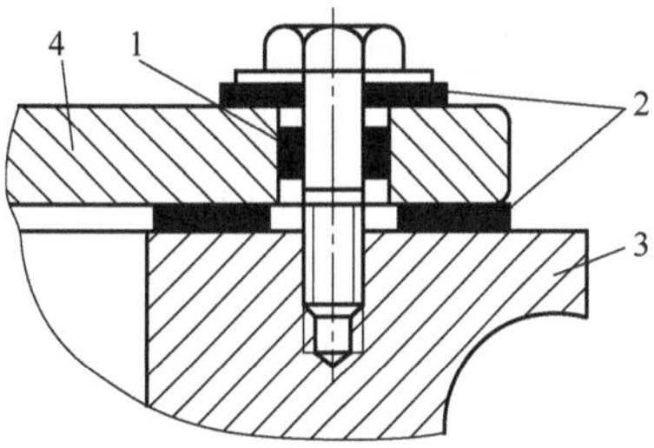

图 6-12　隔振装置

1-橡皮圈；2-橡皮垫；3-机床；4-附加质量

6.4.3　自激振动及其控制

1. 自激振动的概念

自激振动就是在机械加工过程中，在没有周期性外力作用下，由系统内部激发反馈产生的周期性振动，简称颤振。

实际切削过程中，由于工艺系统由若干个弹性环节组成，在某些瞬时的偶然性扰动力的作用下便会产生振动。工艺系统的振动必然引起刀具和工件相对位置的变化，这一变化又会引起切削力的波动，并由此再次引起工艺系统的振动，在一定条件下便会激发成自激振动。这个过程可用传递函数的概念来分析。机床加工系统是一个由振动系统和调节系统组成的闭环反馈控制系统，如图 6-13 所示。在加工过程中，由于偶然性的外界干扰(如加工材料硬度不均、加工余量有变化等)引起切削力的变化而作用在机床系统上，会使系统产生振动。系统

的振动将引起工件、刀具间的相对位置发生周期性变化，使切削过程产生交变切削力，并因
此再次引起工艺系统振动。如果工艺系统不存在自激振动的条件，这种偶然性的外界干扰，
将因工艺系统存在阻尼而使振动逐渐衰减。维持自激振动的能量来自于电动机，电动机通过
动态切削过程把能量传给振动系统，以维持振动运动。

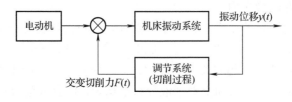

图 6-13　机床自激振动闭环系统

2. 自激振动的特点

（1）自激振动的频率接近或等于工艺系统的固有频率，完全由工艺系统本身的参数所决定。

（2）自激振动是一种不衰减的振动。自激振动能从振动过程获得能量来补偿阻尼的消耗。
当获得的能量大于消耗的能量时，振动加剧，振幅加大，能耗也增加；反之则衰减，直至获
得的能量与消耗的能量相等，形成稳定振幅的不衰减振动。

（3）自激振动的形成和持续是由切削过程而产生的，若停止切削过程，即机床空运转，自
激振动也就停止了。

3. 机械加工中自激振动产生的机理

关于产生自激振动的机理，虽然人们进行了大量的研究，提出了很多学说，但至今尚没
有一套成熟的理论来解释各种状态下产生自激振动的原因。比较公认的理论有负摩擦原理、
再生原理和振型耦合理论。

1）负摩擦原理

这是早期解释自激振动机理的一种理论。把车削系统简化为单自由度系统，刀具只作 y
方向的运动，如图 6-14（a）所示。在车削塑性材料时，切削力 F_y 与切屑和前刀面相对滑动速
度 v 的关系如图 6-14（b）所示。分析刀具切入、切出的运动，设稳定切削时切削速度为 v_0，则
刀具和切削之间的相对滑动速度为 $v_1 = v_0/\xi$（ξ 为切屑的收缩系数）。当刀具产生振动时，刀
具前刀面与切屑间的相对滑动速度要附加一个振动速度 y'。刀具切入工件时，相对滑动速度
为 $v_1 + y$，此时的切削力为 F_{y1}，刀具退离工件时，相对滑动速度为 $v_1 - y'$，对应的切削力为 F_{y2}。
所以在刀具切入工件的半个周期中，切削力小，负功小；在刀具退离工件的半个周期中，切
削力大，所做的正功大，故有多余能量输入振动系统，使自激振动得以维持。

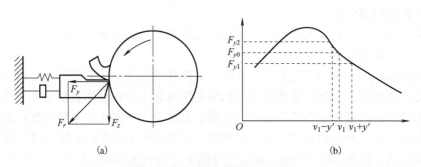

（a）　　　　　　　　　　　　　　　　　（b）

图 6-14　负摩擦颤振原理示意图

2) 再生颤振原理

在切削、磨削外圆表面时，为了减小加工表面的粗糙度，车刀平刃宽度或砂轮的宽度 B 都是大于工件每转进给量 f，因此，工件转动一周后切削第二周时还会切削到前一周的表面，这种现象称为重叠。重叠部分的大小用重叠系数 μ 表示，则有

$$\mu = \frac{B-f}{B} \qquad\qquad (6\text{-}5)$$

对于切断及横向进给磨削时，$\mu = 1$；车螺纹时 $\mu = 0$，一般情况下，$0 < \mu < 1$。如果 $\mu < 1$，即说明有重叠部分存在，当切削第一周时，由于某种偶然原因(如材料不均匀有硬质点、加工余量不均匀等)，使刀具与工件产生相对振动，振动本来是一个自由振动，振动的振幅将因阻尼存在而逐渐衰减，这种振动会在加工面上形成振纹。但在切削第二周时，由于有重叠，当切到第一周的振纹时，切削厚度将发生波动，造成动态切削力的变化，使工艺系统产生振动，这个振动又会影响下一周的切削，从而引起持续的振动，即产生自激振动，又称再生颤振。

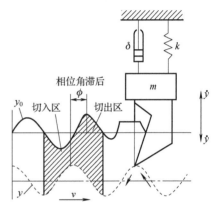

维持再生自激振动的能量是如何输入振动系统的，可用如图 6-15 所示的切削过程示意图进行说明。前后两次切削，后一转切削振纹 y 相对前一转振动 y_0 滞后一相位角 ϕ。在后次振纹曲线上的一个振动周期内，后半个周期的平均切削厚度大于前半个周期的平均切削厚度，于是振出时切削力所做的正功大于振入时切削力所做的负功，就会有多余的能量输入振动系统中，以维持系统的振动。如改变加工中某项工艺参数，使 y 与 y_0 同相或超前一个相位角，则可消除再生颤振。

图 6-15　再生颤振示意图

3) 振型耦合原理

上面讨论的再生颤振是刀具在有振纹的表面上重叠切削引起的。可是在车削螺纹时，后一转的切削表面与前一转的切削表面完全没有重叠，不存在再生颤振的条件。但当切削深度加大到一定程度时，切削过程中仍有自激振动产生，其原因可用振型耦合理论来解释。

为简化分析，设工艺系统的振动只作平面运动，仅 y、z 两个自由度。如图 6-16 所示，设刀具系统等效为由一个质量为 m，两个刚度为 k_1、k_2 的弹簧组成。弹簧轴线 x_1、x_2 称刚度主轴，分别表示系统的两个自由度方向。x_1 与切削点的法向 X 成 a_1 角，x_2 与 X 成 a_2 角，切削力 F 与 X 成 β 角。如果系统在偶然因素的干扰下刀具 m 产生了振动，它将同时在两个方向 x_1、x_2 以不同的振幅和相位进行振动，刀尖实际运动轨迹为一椭圆，且沿着椭圆曲线的顺时针方向行进，则刀具从 a 经 b 到 c 作振入运动时，切削厚度较薄，切削力较小，而在刀具从 c 经 d 到 a 作振出运动时，切削厚度较大，切削力较大。于是振出时切削力所做的正功大于振入时切削力所做的负功，系统就会有能量输入，振动得以维持。这种由于振动系统在各主模态间

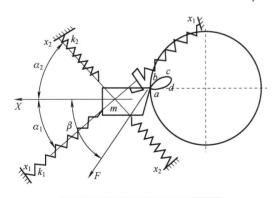

图 6-16　车床刀架振型耦合模型

相互耦合、相互关联而产生的自激振动，称为振型耦合颤振。若刀尖沿 *dcba* 作逆时针方向运动或作直线运动时，系统不能获得能量，因此不可能产生自激振动。

4. 自激振动的控制

由以上分析可知，系统发生自激振动，既与切削过程有关，又与工艺系统的结构有关，所以要控制自激振动应从以下几方面注意。

1) 合理选择切削用量

(1) 切削速度 v。由图 6-17(a) 可知，在车削加工中切削速度 $v = 20 \sim 70 \, \text{m/min}$ 范围内易产生自激振动，高于或低于这个范围，振动呈现减弱趋势，故可选择低于或高于此范围的速度进行切削，以避免产生自激振动。

(2) 进给量 f。由图 6-17(b) 可知，进给量 f 较小时，振幅较大，随着 f 的增加，振幅变小，所以应在粗糙度允许的情况下适当加大进给量以减小自激振动。

(3) 背吃刀量 a_p。由图 6-17(c) 可知，随着切削深度 a_p 的增加，振幅也增大，因此，减小 a_p 可减小自激振动，但 a_p 减小会降低生产率，因此，通常采用调整切削速度和进给量来抑制切削自激振动。

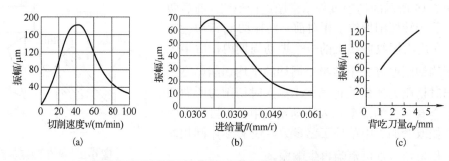

图 6-17　切削速度、进给量、背吃刀量与振幅的关系

2) 合理选择刀具几何参数

加大前角，有利于减小切削力，振动也小，增大主偏角，可以减小切削重叠系数，减小轴向切削力和切削宽度，也利于避免振动。适当加大副偏角，有利于减轻副切削刃与已加工表面的摩擦，减小振动；适当减小刀具后角 a_0，保证后刀面与工件间有一定的摩擦阻尼，有利于系统的稳定，但后角太小(如 $a_0 \leqslant 2° \sim 3°$)反而会引起摩擦自振。此外，刀尖半径 r_ε、前刀面倒棱 b_r 都应尽量小，以减小振动。

3) 提高工艺系统的抗振性

(1) 提高工艺系统的刚度。如减小主轴系统、进给系统的间隙，减小接触面的粗糙度，施加一定的预紧力；合理安排刀杆截面尺寸以及在刀杆中间增加支持套和导向套；加工细长轴时，用跟刀架、中心架等提高工艺系统的刚度。

(2) 增大振动系统的阻尼。工艺系统的阻尼主要来自零部件材料的内阻尼、结合面上的摩擦阻尼和其他附加阻尼等。不同材料的内阻尼是不同的，如由于铸铁的内阻尼比较大，一般机床的床身、立柱等大型支承件常用铸铁制造。此外还可以把高阻尼材料附加到零件上，如图 6-18 所示。对于机床的活动结合面，注意调整其间隙，增大结合面的摩擦；对于机床的固定结合面，要适当选择加工方法、表面粗糙度等级及结合面上的比压、固定方式等。

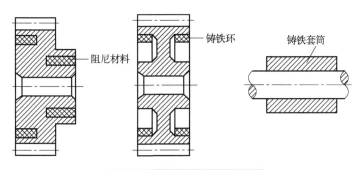

图 6-18　在零件上加入阻尼材料

4) 采用减振器、消振装置

常用的减振、消振装置有动力减振器、摩擦减振器和冲击减振器三种类型。

(1) 动力减振器。动力减振器是用弹性元件把一个附加质量块连接到振动系统中，利用附加质量的动力作用，使附加质量作用在系统上的力与系统的激振力大小相等，方向相反，从而达到消振、减振的作用。如图 6-19 所示为用于镗刀杆的动力减振器。

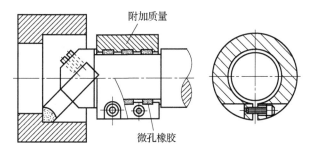

图 6-19　用于镗刀杆的动力减振器

(2) 摩擦减振器。摩擦减振器是利用摩擦阻尼来消耗振动的能量，从而达到减振的目的。如图 6-20 所示是车床用固体摩擦减振器，触杆是用耐磨耐振的改良铸铁做的，弹簧刚度为 200N/mm，使触杆滚轮与工件总是接触。当产生振动时，工件与支架一起移动，从而使推杆在壳体内移动，由皮圈的摩擦力来减振、消振。

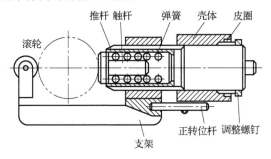

图 6-20　摩擦减振器

(3) 冲击减振器。它是利用两物体相互碰撞消耗能量的原理。如图 6-21 是一冲击式减振镗刀杆，在振动体 M 上装一个起冲击作用的自由质量 m，系统振动时，自由质量 m 将反复冲击振动体 M，以消耗振动能量，达到减振的目的。

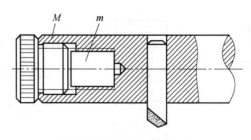

图 6-21　冲击式减振镗刀

习题与思考题

6-1　机械零件的表面质量包括哪些内容？它们对零件使用性能有什么影响？

6-2　表面粗糙度与表面波度有何区别？它们分别是如何度量的？

6-3　影响表面粗糙度的因素有哪些？如何减小加工表面粗糙度？

6-4　什么是加工硬化现象？产生加工硬化的主要原因是什么？

6-5　什么是表面残余应力？它对零件使用性能有何影响？

6-6　什么是磨削烧伤？如何控制？

6-7　试分析超精加工、珩磨、研磨的工艺特点及适用场合。

6-8　机械加工中的振动有哪几类？对机械加工有何影响？

6-9　什么是强迫振动？有何特点？如何消除和控制机械加工中的强迫振动？

6-10　什么是自激振动？有何特点？控制自激振动的措施有哪些？

6-11　简述再生颤振、振型耦合原理。

6-12　常用的减振、消振装置有哪几种？它们的工作原理分别是什么？

第7章　机器装配工艺规程设计

本章知识要点

(1)装配工艺规程的制定。
(2)机器结构的装配工艺性。
(3)装配尺寸链。
(4)保证装配精度的装配方法。

探索思考

(1)"机器换人"——发展智能机器装配的科学问题与关键技术。
(2)装配质量控制和检验新技术。

预习准备

工艺尺寸链的分析与解算。

7.1　装配过程概述

机器制造的最后一个工艺过程是将加工好的零件装配成机器的装配工艺过程。机器的质量最终通过装配来保证。同时，通过机器的装配，也能发现机器设计或零件设计中的问题，从而不断改进和提高产品质量、降低成本、提高产品的综合竞争能力。

1. 机器装配的内容

装配是机器制造中的最后一个阶段，其主要内容包括零件的清洗、刮研、平衡及各种方式的连接；调整及校正各零部件的相对位置使之符合装配精度要求；总装后的检验、试运转、油漆及包装等。其具体内容如下。

(1)清洗。用清洗剂清除零件上的油污、灰尘等脏污的过程称为清洗。它对保证产品质量和延长产品的使用寿命均有重要意义。常用的清洗方法有擦洗、浸洗、喷洗和超声波清洗等。常用的清洗剂有煤油、汽油和其他各种化学清洗剂，使用煤油和汽油作清洗剂时应注意防火，清洗金属零件的清洗剂必须具备防锈能力。

(2)连接。装配过程中常见的连接方式包括可拆卸连接和不可拆卸连接两种。螺纹连接、键连接、销钉连接和间隙配合属于可拆卸连接；而焊接、铆接、粘接和过盈配合属于不可拆卸连接。过盈配合可使用压装、热装或冷装等方法来实现。

(3)平衡。对于机器中转速较高、运转平稳性要求较高的零部件，为了防止其内部质量分布不均匀而引起有害振动，必须对其高速回转的零部件进行平衡试验。平衡可分为静平衡和动平衡两种，前者主要用于直径较大且长度短的零件(如叶轮、飞轮、皮带轮等)；后者用于长度较长的零部件(如电机转子、机床主轴等)。

(4)校正及调整。在装配过程中为满足相关零部件的相互位置和接触精度而进行的找正、找平及相应的调整工作。其中除调节零部件的位置精度外，为了保证运动零部件的运动精度，还需调整运动副之间的配合间隙。

(5)验收试验。机器装配完后，应按产品的有关技术标准和规定，对产品进行全面的检验和必要的试运转工作。只有经检验和试运转合格的产品才准许出厂。多数产品的试运转在制造厂进行，少数产品(如轧钢机)由于制造厂不具备试运转条件，因此其试运转只能在使用厂安装后进行。

2. 装配精度

机器的质量主要取决于机器结构设计的正确性、零件的加工质量、机器的装配精度。正确规定机器的装配精度，不仅关系到产品质量和工作性能，还关系到制造、装配的难易程度和生产成本。装配精度是确定零件精度和制定装配工艺规程的主要依据。

1)装配精度的内容

机器的装配精度应根据机器的工作性能来确定，一般包括以下几类。

(1)位置精度。位置精度是指机器中相关零部件的距离精度和相互位置精度。当机床主轴箱装配时，相关轴之间中心距尺寸精度以及同轴度、平行度和垂直度等位置精度。

(2)运动精度。运动精度是指有相对运动的零部件在相对运动方向和相对运动速度方面的精度。相对运动方向的精度常表现为部件间相对运动的平行度和垂直度，如卧式车床溜板的运动精度就规定为溜板移动对主轴中心线的平行度。相对运动速度精度即传动精度，如滚齿机滚刀主轴与工作台之间的相对运动精度。

(3)配合精度。配合精度包括配合表面间的配合质量和接触质量。配合质量是指两个零件配合表面之间达到规定的配合间隙或过盈的程度，它影响着配合的性质。接触质量是指两配合或连接表面间达到规定的接触面积的大小和接触点分布的情况，它主要影响接触刚度，同时也影响配合质量。

2)装配精度与零件精度的关系

机器及其部件是由零件装配而成的，因此，零件的精度特别是关键零件的精度直接影响相应的部件和机器的装配精度。一般情况下，装配精度高，则必须提高各相关零件的精度，使它们的误差累积之后仍能满足装配精度的要求。但是，对于某些装配精度项目来说，如果完全由有关零件的制造精度来直接保证，则相关零件的制造精度都将很高，给加工带来很大困难。这时常按经济加工精度来确定零件的加工精度，使之易于加工，而在装配时则采取一定的工艺措施(修配、调整等)来保证装配精度。这样虽然增加了装配工作量和装配成本，但从整个产品制造来说，仍是比较经济的。

产品的装配方法根据产品的性能要求、生产类型、装配生产条件来确定。不同的装配方法，零件的加工精度和装配精度具有不同的相互关系，为了定量地分析这种关系，用尺寸链分析的方法，解决零件精度与装配精度之间的定量关系。

在制定产品的装配工艺过程、确定装配工序、解决生产中的装配质量问题时，也需要应用装配尺寸链进行分析计算。

7.2　装配尺寸链的分析与计算

1. 装配尺寸链的概念

在机器的装配关系中，由相关零件的尺寸或相互位置关系所组成的尺寸链，称为装配尺寸链。装配尺寸链的封闭环就是装配所要保证的装配精度或技术要求，封闭环是零部件装配后最后形成的尺寸或位置关系。在装配尺寸链中，除了封闭环以外的所有环都称为组成环，组成环分为增环和减环。

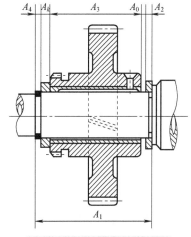

如图 7-1 所示装配关系，双联齿轮是空套在轴上的，在轴向也必须有适当的装配间隙，既能保证转动灵活，又不致引起过大的轴向窜动。故规定轴向间隙量 $A_0 =$ 0.05～0.2mm。此尺寸即装配精度。与此装配精度有关的相关零件的尺寸分别为 A_1、A_2、A_3、A_4、A_k，这组尺寸 A_1、A_2、A_3、A_4、A_k、A_0 即组成一装配尺寸链。

图 7-1　线性装配尺寸链举例

装配尺寸链按各环的几何特征和所处空间位置不同可分为直线尺寸链、角度尺寸链、平面尺寸链和空间尺寸链。其中直线尺寸链是最常见的。

2. 装配尺寸链的查找方法

正确地建立装配尺寸链，是进行尺寸链计算的基础。为此，首先应明确封闭环。对于装配尺寸链，装配精度要求就是封闭环。再以封闭环两端的任一零件为起点，沿封闭环的尺寸方向，分别找出影响装配精度要求的相关零件，直至找到同一个基准零件或同一基准表面。

3. 查找装配尺寸链应注意的问题

在查找装配尺寸链时，应遵循以下原则。

1）装配尺寸链的简化原则

机械产品的结构通常都比较复杂，影响某一装配精度的因素可能很多，在查找该装配尺寸链时，在保证装配精度的前提下，可忽略那些影响较小的因素，使装配尺寸链适当简化。以车床主轴锥孔轴心线和尾座顶尖套锥孔轴心线对车床导轨的等高度的装配尺寸链的建立为例，如图 7-2 所示，由于各个同轴度 e_1、e_2、e_3，以及床身上安装主轴箱的平导轨面和安装尾座的平导轨面之间的高度误差 e_4 的数值对组成环 A_1、A_2、A_3 的影响很小，对装配精度(封闭环)的影响也较小，所以装配尺寸链可以简化成图 7-3 所示的结果。

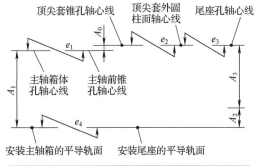

图 7-2　车床主轴与尾座中心线等高装配尺寸链

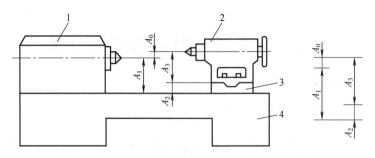

图 7-3　车床主轴中心线与尾座中心线的等高性要求

1-主轴箱；2-尾座；3-底板；4-床身

2）装配尺寸链最短路线和一件一环的原则

由尺寸链的基本理论可知，封闭环的误差是由各组成环误差累积得到的。在封闭环公差一定的条件下，尺寸链中组成环数目越少，各组成环所分配到的公差就越大，各相关零件的加工就更容易。因此，在产品结构设计时，在满足产品工作性能的前提下，应尽可能简化结构，使影响封闭环精度的有关零件数目最少。

在结构既定的情况下查找装配尺寸链时，应使每一个零件仅以一个尺寸作为组成环。相应地，应将该尺寸或位置关系直接标注在有关零件图上。这样，组成环的数目就仅等于有关零件的数目，即一件一环的原则。

3）装配尺寸链的方向性原则

在同一装配结构中，在不同方向都有装配精度要求时，应按不同方向分别建立装配尺寸链。例如，在蜗轮副传动结构中，为了保证其正常啮合，除应保证蜗杆与蜗轮的轴线距离精度，还必须保证两轴线的垂直度精度、蜗杆轴线与蜗轮中心平面的重合度要求。这是在三个不同方向上的三个装配精度要求，因而应分别建立装配尺寸链。

4．装配尺寸链的计算

在确定了装配尺寸链的组成之后，就可以进行具体的分析计算工作。装配尺寸链的计算方法与装配方法密切相关，同一项装配精度，采用不同的装配方法时，其装配尺寸链的计算方法也不相同。

装配尺寸链的计算是在产品设计过程中进行的，多采用反计算法，而正计算法仅用于验算。反计算即已知装配精度（封闭环）的基本尺寸及其偏差，求解与该项装配精度有关的各零、部件（组成环）的基本尺寸及其偏差。

计算装配尺寸链的公式可分为极值法和概率法。概率法仅适用于大批量生产的装配尺寸链计算；而极值法可用于各种生产类型的装配尺寸链计算。

1）装配尺寸链的极值解法

在装配尺寸链中，一般各组成环的基本尺寸是已知的，在计算时仅对其进行验算。所以计算装配尺寸链主要是将封闭环的公差合理地分配成各组成环的公差。

按极值法解算装配尺寸链的公式与工艺尺寸链的计算公式相同，这里不再赘述。

采用极值法解算装配尺寸链时，为保证装配精度要求，应确保各组成环公差之和小于或等于封闭环公差，但为了使各组成环公差尽可能大，在计算时取等号，即

$$T_0 = \sum_{i=1}^{m} |\xi_i| T_i \tag{7-1}$$

对于线性尺寸链，$|\xi_i|=1$，则

$$T_0=\sum_{i=1}^{m}T_i=T_1+T_2+\cdots+T_m$$

式中，T_0 为封闭环公差；T_i 为第 i 个组成环的公差；ξ_i 为第 i 个组成环的传递系数；m 为组成环的环数。

在按极值法计算装配尺寸链时，可按以下步骤进行。

(1)校核封闭环尺寸

$$A_0=\sum_{i=1}^{m}\xi_i A_i \tag{7-2}$$

(2)按等公差原则，计算各组成环平均公差

$$T_{av}=\frac{T_0}{\displaystyle\sum_{i=1}^{m}|\xi_i|} \tag{7-3}$$

当装配尺寸链中有 q 个组成环的公差已经确定时(组成环是标准件或已在别的装配尺寸链中先行确定)，其余组成环的平均公差计算公式为

$$T_{av}=\frac{T_0-\displaystyle\sum_{j=1}^{q}|\xi_j|}{\displaystyle\sum_{i=q+1}^{m}|\xi_i|} \tag{7-4}$$

(3)根据各组成环基本尺寸的大小和加工时的难易程度，对各组成环的公差进行适当的调整。在调整过程中应遵循以下原则。

① 组成环是标准件尺寸时(如轴承环的宽度或弹性挡圈的厚度等)，其公差值及其分布在相应标准中已有规定，为已定值。

② 当组成环是几个尺寸链的公共环时，其公差值及其分布由对其要求最严的尺寸链先行确定，对其余尺寸链则也为已定值。

③ 尺寸相近、加工方法相同的组成环，其公差值相等。

④ 难加工或难测量的组成环，其公差可适当加大，易加工、易测量的组成环，其公差可取较小值。各组成环的公差值尽量取成标准值，各组成环的公差等级尽量相近。

⑤ 选一组成环作为协调环，按尺寸链公式最后确定。协调环应选择易于加工、易于测量的组成环，但不能选择标准件或已经在其他尺寸链中确定了公差及其偏差的组成环作为协调环。

⑥ 确定各组成环的极限偏差，对于属于外尺寸的组成环(如轴的直径)按基轴制(h)确定其极限偏差；对属于内尺寸的组成环(如孔的直径)按基孔制(H)确定其极限偏差，协调环的极限偏差按公式计算确定。

2)装配尺寸链的概率解法

用极值解法时，封闭环的极限尺寸是按组成环的极限尺寸来计算的，而封闭环公差与组成环公差之间的关系是由式(7-1)来计算的。显然，此时各零件具有完全的互换性，机器的使用要求能得到充分的保证。但是，当封闭环精度要求较高，而组成环数目又较多时，由于各环公差大小的分配必须满足式(7-1)的要求，故各组成环的公差值 T_i 必将取得很小，从而导致

加工困难，制造成本增加。生产实践表明，一批零件加工时其尺寸处于公差带范围的中间部分的零件占多数，接近两端极限尺寸的零件占极少数。至于一批部件在装配时(特别是对于多环尺寸链的装配)，同一部件的各组成环，恰好都是接近极值尺寸的，这种情况就更为罕见。这时，如按极值解法计算零件尺寸公差，则显然是不经济的。但如按概率法来进行计算，就能扩大零件公差，且便于加工。

装配尺寸链的组成环是有关零件的加工尺寸或相对位置精度，显然，各零件加工尺寸的数值是彼此独立的随机变量，因此作为各组成环合成量的封闭环的数值也是一个随机变量。由概率理论可知，在分析随机变量时，必须了解其误差分布曲线的性质和分散范围的大小，同时还应了解尺寸聚集中心(即算术平均值)的分布位置。

(1) 各环公差值的计算。由概率论可知，各独立随机变量(装配尺寸链的组成环)的均方根偏差 σ_i 与这些随机变量之和(尺寸链的封闭环)的均方根偏差 σ_0 之间的关系为

$$\sigma_0^2 = \sum_{i=1}^{m} \sigma_i^2 \tag{7-5}$$

但由于解算尺寸链是以误差量或公差量之间的关系来计算的，所以上述公式还需要转化成所需要的形式。

正如在加工误差的统计分析中已介绍过的那样，当零件加工尺寸服从正态分布时，其尺寸误差分散范围 ω_i 与均方根偏差 σ_i 之间的关系为

$$\omega_i = 6\sigma_i \text{ 即 } \sigma_i = \frac{1}{6}\omega_i$$

当零件尺寸不为正态分布时，需引入一个相对分布系数 k_i，因此

$$\sigma_i = \frac{1}{6} k_i \omega_i$$

相对分布系数 k_i 表明了所研究的尺寸分布曲线的不同分散性质(即曲线的不同形状)，并取正态分布曲线作为比较的根据(正态分布曲线的 k 值为1)。各种 k_i 值可参见表4-5。

尺寸链中如果不存在公差数值比其余各组成环公差大很多，且尺寸分布又偏离于正态分布很大的组成环，则不论各组成环的尺寸为何种分布曲线，只要组成环的数目足够多，则封闭环的分布曲线通常总是趋近于正态分布的，即 $k_0 \approx 1$。一般来说，组成环环数不少于五个时，封闭环的尺寸分布都趋近于正态分布。

此外，在尺寸分散范围 ω_i 恰好等于公差 T_i 的条件下，就得到尺寸链计算的一个常用公式：

$$T_0 = \sqrt{\sum_{i=1}^{m} k_i^2 \xi_i^2 T_i^2} \tag{7-6}$$

只有在各组成环都是正态分布的情况下，才有

$$T_0 = \sqrt{\sum_{i=1}^{m} \xi_i^2 T_i^2}$$

若各组成环公差相等，即令 $T_i = T_{av}$，则可得各环平均公差 T_{av} 为

$$T_{av} = \frac{T_0}{\sqrt{\sum_{i=1}^{m} \xi_i^2}} = \frac{\sqrt{\sum_{i=1}^{m} \xi_i^2}}{\sum_{i=1}^{m} \xi_i^2} T_0$$

当装配尺寸链为直线尺寸链时，有

$$T_{\mathrm{av}} = \frac{T_0}{\sqrt{m}} = \frac{\sqrt{m}}{m} T_0$$

与用极值法求得的组成环平均公差比较，概率解法可将组成环平均公差扩大 $\sqrt{m}$ 倍。但实际上，由于各组成环的尺寸分布曲线不一定是按正态分布的，即 $k_i > 1$，所以实际扩大的倍数小于 $\sqrt{m}$。

用概率解法之所以能够扩大公差，是因为在确定封闭环正态分布曲线的尺寸分散范围时假定 $\omega_0 = 6\sigma_0$，而这时部件装配后在 $T_0 = 6\sigma_0$ 范围内的数量可占总数的 99.73%，只有 0.27% 的部件装配后不合格。这样做，在生产上仍是经济的。因此，这个不合格率常常可忽略不计，只有在必要时才通过调换个别组件或零件来解决废品问题。

(2) 各环基本尺寸和中间偏差的计算。根据概率论，封闭环的算术平均值 $\overline{A}_0$ 等于各组成环算术平均值 $\overline{A}_i$ 的代数和，即

$$\overline{A}_0 = \sum_{i=1}^{m} \xi_i \overline{A}_i \tag{7-7}$$

当各组成环的尺寸分布曲线均属于对称分布，而且分布中心与公差带中心重合时，算术平均值 $\overline{A}_i = A_i + \Delta_i$ $(i = 0,1,2,\cdots,m)$，即算术平均值等于基本尺寸与中间偏差之和。因此上式可以分为以下两式，即

$$A_0 = \sum_{i=1}^{m} \xi_i A_i$$

$$\Delta_0 = \sum_{i=1}^{m} \xi_i \Delta_i \tag{7-8}$$

此时的计算公式与极值解法时所用相应计算公式完全一致。

当组成环的尺寸分布属于非对称分布时，算术平均值 $\overline{A}$ 相对于公差带中心的尺寸即平均尺寸就有一偏移量，此偏移量可用 $\alpha \dfrac{T}{2}$ 表示(图 7-4)。这时

$$\overline{A} = A + \Delta + \frac{1}{2}\alpha T \tag{7-9}$$

显然，在 T 为定值的条件下，偏移量越大，α 也越大，可见 α 可用来说明尺寸分布的不对称程度。因而 α 称为相对不对称系数，一些尺寸分布曲线的 α 值可参见表 4-5。

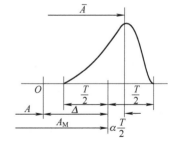

图 7-4　不对称分布时的尺寸计算关系

由于多数情况下封闭环为正态分布，所以当某些组成环为偏态分布时，其公称尺寸计算公式不变，而中间偏差计算公式为

$$\Delta_0 = \sum_{i=1}^{m} \xi_i \left(\Delta_i + \frac{1}{2}\alpha_i T_i \right) = \sum_{i=1}^{m} \xi_i \Delta_i + \sum_{i=1}^{m} \frac{1}{2}\xi_i \alpha_i T_i \tag{7-10}$$

(3) 概率解法时的近似估算法。对概率解法进行准确计算时，需要知道各组成环的误差分布情况(T_i、k_i 及 α_i 值)。如有现场统计资料或成熟的经验统计数据，便可据之进行准确计算。

而在通常缺乏这种资料或不能预先确定零件的加工条件时，便只能假定一些 k_i 以及 α_i 值进行近似估算。

这一方法是以假定各环的尺寸分布曲线均对称分布于公差带的全部范围内，即 $\alpha_i=0$ ，并取平均相对分布系数 k_{av} 来作近似估算的。至于 k_{av} 的具体数值，有的资料建议在 1.2～1.7 范围内选取；有的资料则在一定的统计试验基础上，建议采用 $k_{av}=1.5$ 的经验数据。

这样，对直线尺寸链整个计算只用到两个简化公式：

$$T_0=k_{av}\sqrt{\sum_{i=1}^{m}T_i^2}\qquad(7\text{-}11)$$

$$\Delta_0=\sum_{i=1}^{m}\xi_i\Delta_i$$

但必须指出，在采用概率近似算法时，要求尺寸链中组成环的数目不能太少。

7.3　保证装配精度的装配方法

根据产品的精度及性能要求、结构特点、生产类型以及生产条件等，可采取不同的装配方法。保证装配精度的方法有互换装配法、选择装配法、修配装配法和调整装配法。

7.3.1　互换装配法

根据零件的互换程度，互换装配法可分为完全互换法和大数互换装配法。

1. 完全互换法

零件按图纸公差加工，装配时所有零件不需经过任何选择、调整和修配，就能达到规定的装配精度和技术要求，这种装配方法称为完全互换法。完全互换法的装配精度主要取决于零件的制造精度。

这种装配法的特点是：装配工作简单，生产率高；有利于组织流水生产、协作生产，同时也有利于维修工作。但是，当装配精度要求较高时，尤其是组成环数目较多时，组成环公差规定的严，零件制造困难，成本高。采用完全互换法装配时，装配尺寸链采用极值法解算装配尺寸链。

例 7-1　图 7-5 为某双联转子泵的轴向装配关系简图。已知装配间隙要求为 $A_0=0.05\sim0.15$ mm，各组成环的基本尺寸为：$A_1=41$ mm，$A_2=A_4=17$ mm，$A_3=7$ mm。试按极值法确定各组成环公差及上、下偏差。

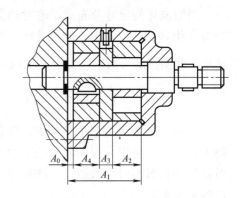

图 7-5　双联转子泵的轴向装配关系简图

解：

（1）画出装配尺寸链图，校验各环基本尺寸。图 7-5 的下方是装配尺寸链图，其中 A_0 是封闭环，$A_0=0_{+0.05}^{+0.15}$ mm，A_1 是增环，其余是减环。

封闭环计算的基本尺寸为

$$A_0 = A_1 - A_2 - A_3 - A_4 = 0$$

可见各环基本尺寸的确定无误。

(2)确定各组成环的平均公差。为了满足封闭环公差值 $T_0 = 0.1\,\mathrm{mm}$ 的要求，即

$$\sum_{i=1}^{4} T_i = T_1 + T_2 + T_3 + T_4 \leqslant T_0 = 0.1\,\mathrm{mm}$$

各组成环平均公差的数值，即

$$T_{av} = \frac{T_0}{m} = \frac{0.1}{4} = 0.025\,(\mathrm{mm})$$

(3)选择协调环。考虑到尺寸 A_2、A_3、A_4 可用平面磨床加工，其公差容易确定，故选尺寸 A_1 为协调环。

(4)确定各组成环的公差及上、下偏差。在组成环平均公差基础上，考虑零件加工的难易程度和偏差入体原则，由此确定：

$$A_2 = A_4 = 17_{-0.018}^{0}\,\mathrm{mm}$$

$$A_3 = 7_{-0.015}^{0}\,\mathrm{mm}$$

协调环 A_1 的公差值 T_1 应为

$$T_1 = T_0 - T_2 - T_3 - T_4 = 0.1 - (0.018 \times 2 + 0.015) = 0.049\,(\mathrm{mm})$$

而协调环的中间偏差值为

$$\Delta_1 = \Delta_0 + \Delta_2 + \Delta_3 + \Delta_4 = 0.1 + (-0.009 \times 2) + (-0.0075) = 0.0745\,(\mathrm{mm})$$

协调环的上、下偏差为

$$\mathrm{ES}_1 = \Delta_1 + \frac{1}{2}T_1 = 0.0745 + \frac{0.049}{2} = 0.099\,(\mathrm{mm})$$

$$\mathrm{EI}_1 = \Delta_1 - \frac{1}{2}T_1 = 0.0745 - \frac{0.049}{2} = 0.05\,(\mathrm{mm})$$

所以协调环 $A_1 = 41_{+0.05}^{+0.099}\,\mathrm{mm}$，由偏差入体原则，可得 $A_1 = 41.05_{0}^{+0.049}\,\mathrm{mm}$。

2. 大数互换装配法

用完全互换法装配，装配过程虽然简单，但它是根据增环、减环同时出现极值情况来建立封闭环与组成环之间的尺寸关系的，在封闭环为既定值时，由于组成环分得的公差过小常使零件加工产生困难。实际上，在一个稳定的工艺系统中进行成批生产和大量生产时，零件尺寸出现极值的可能性极小；装配时，所有增环同时接近最大(或最小)，而所有减环又同时接近最小(或最大)的可能性极小，可以忽略不计。完全互换法装配以提高零件加工精度为代价来换取完全互换装配，有时是不经济的。

大数互换装配法又称统计互换装配法，指机器或部件的所有合格零件，在装配时无须选择、修配或改变其大小或位置，装入后即能使绝大多数装配对象达到装配精度的装配方法。

其实质是将组成环的制造公差适当放大，使零件容易加工，这会使极少数产品的装配精

度超出规定要求，但这是小概率事件，很少发生，从总的经济效果分析，仍然是经济可行的。

采用大数互换装配法时，装配尺寸链采用概率法解算。

例 7-2　已知条件与例 7-1 相同，试用概率法确定各组成环尺寸公差及上、下偏差。

解：

(1) 尺寸链分析及基本尺寸验算同上。

(2) 确定各组成环的平均公差。封闭环的公差为

$$T_0 = 0.15 - 0.05 = 0.1 \ (\text{mm})$$

由概率解法封闭环公差计算公式为

$$T(A_0) = \sqrt{\sum_{i=1}^{n-1} T^2(A_i)}$$

则各组成环平均公差为

$$T_{\text{av}} = \frac{T_0}{\sqrt{m}} = \frac{0.1}{\sqrt{4}} = 0.05 \ (\text{mm})$$

由所得数值可以看出，概率解法所计算的各组成环的平均公差比极值解法的大，在生产中能够降低零件加工精度，提高经济效益。

(3) 选择协调环及确定各组成环公差及上、下偏差。

仍选择 A_1 为协调环，因平均公差接近于各组成环的 IT9，本例按 IT9 确定 $A_2 \sim A_4$ 的公差，查表得

$$T_2 = T_4 = 0.043\text{mm}, \quad T_3 = 0.036\text{mm}$$

所以协调环的公差为

$$T_1 = \sqrt{T_0^2 - T_2^2 - T_3^2 - T_4^2} = 0.071\text{mm}$$

各组成环公差及其偏差确定如下：

$$A_2 = A_4 = 17_{-0.043}^{\ 0}\text{mm}$$

$$A_3 = 7_{-0.036}^{\ 0}\text{mm}$$

(4) 确定协调环的公差及偏差。

协调环的中间偏差值计算如下：

$$\Delta_1 = \Delta_0 + \Delta_2 + \Delta_3 + \Delta_4 = 0.1 + (-0.0215 \times 2) + (-0.018) = 0.039 \ (\text{mm})$$

协调环的上、下偏差为

$$\text{ES}_1 = \Delta_1 + \frac{1}{2}T_1 = 0.039 + \frac{0.071}{2} = 0.075 \ (\text{mm})$$

$$\text{EI}_1 = \Delta_1 - \frac{1}{2}T_1 = 0.039 - \frac{0.071}{2} = 0.004 \ (\text{mm})$$

即 $A_1 = 41_{+0.004}^{+0.075}\text{mm}$，由偏差入体原则，可得 $A_1 = 41.004_{\ 0}^{+0.071}\text{mm}$。

由两种解法计算结果可见，对 A_1 尺寸，精度等级基本不变；而对于 A_2、A_3、A_4 尺寸，其精度等级分别由 IT7 级降低到 IT8 级，降低了加工难度。

当以完全互换法解尺寸链所得零件制造公差在规定生产条件下难以制造时，常常按经济制造精度来规定各组成环的公差，从而使封闭环误差超过规定的公差范围，这时便需要采取

相应的装配工艺措施(修配法或调节法)，使超差部分得到补偿。以满足规定的要求，或者根据不同的条件，采取选择装配法。

7.3.2　选择装配法

选择装配法是将尺寸链中组成环的公差放大到经济可行的程度，然后选择合适的零件进行装配，以保证规定的装配精度要求。常用于装配精度要求较高而组成环数又较少的成批或大量生产中。选择装配法有直接选配法、分组装配法、复合选配法三种装配形式。

1.　直接选配法

装配工人从许多待装配的零件中，凭经验挑选合格的零件通过试凑进行装配的方法。这种方法的优点是不需将零件分组，但工人选择零件需要较长时间，且装配质量在很大程度上取决于装配工人的技术水平，不宜用于节拍要求较严的大批大量生产，这种装配方法没有互换性。

2.　分组装配法

将组成环的公差按互换装配法中极值解法所求得的值放大数倍(一般为 2～4 倍)，使之能按经济精度加工，然后将零件测量和分组，再按对应组分别进行装配，满足原定装配精度的要求。由于同组零件可以进行互换，故又称为分组互换法。

分组装配法是在对装配精度要求很高而组成环数较少时，采用完全互换法或大数互换法解尺寸链，组成环的公差非常小，这时可将组成环公差增大若干倍(一般为 2～4 倍)，使组成环零件可以按经济精度进行加工，然后再将各组成环按实际尺寸分为若干组，各对应组进行装配，同组零件具有互换性，并保证全部装配对象达到规定的装配精度。特点是扩大了组成环的制造公差，零件制造精度不高，但可获得高的装配精度，增加了零件测量、分组、存储、运输的工作量。常用于大批大量生产中装配精度要求高、组成环数少的装配尺寸链中。

现以某发动机的活塞销与活塞销孔的装配为例来讨论分组装配法。如图 7-6(a)所示，其装配技术要求规定，销子直径 d 和销孔直径 D 在冷态装配时，应有 0.0025～0.0075mm 的过盈量。即

$$T_0 = 0.0075 - 0.0025 = 0.005 \text{ (mm)}$$

若活塞销和活塞销孔采用互换装配法，并设活塞销和活塞销孔的公差作"等公差分配原则"，则它们的公差都仅为 0.0025mm。活塞销公差按基轴制原则确定，则其尺寸为

$$d = 28_{-0.0025}^{0} \text{ mm}$$

相应地，可求得活塞销孔尺寸为

$$D = 28_{-0.0075}^{-0.0050} \text{ mm}$$

显然，制造这样精度的活塞销和活塞销孔是很困难的，也是很不经济的。因此生产上采用的办法是将它们的公差值均按同向放大四倍，如图 7-6(b)所示，使活塞销尺寸确定为 $d = 28_{-0.010}^{0}$ mm，活塞销孔尺寸则为 $D = 28_{-0.015}^{-0.005}$ mm。这样，活塞销外圆可用无心磨床磨削加工，活塞销孔可用金刚镗床镗削加工，然后用精密量具来测量，并按尺寸大小分成四组，用不同颜色区别，以便进行分组装配。虽然互配零件的公差扩大了四倍，但只要用对应组的零件进行互配，其装配精度完全符合设计要求。

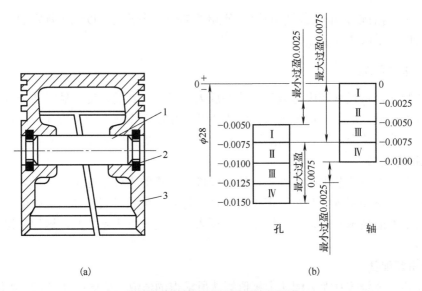

图 7-6　活塞销与活塞的装配关系

1-活塞销；2-轴用弹性挡圈；3-活塞

分组装配应满足的条件如下。

(1)配合件公差应当相等，公差要向同方向增大，增大的倍数要等于分组数。如果轴、孔公差不相等，采用分组互换可以保持配合精度不变，但配合性质却发生变化，这时各组的最大间隙和最小间隙不等，因此在生产上应用不广。

(2)要保证零件分组后对应组零件数量相匹配。如果零件尺寸分布不相同或不是对称分布，造成各组零件数量不等，在聚集相当数量后，通过专门加工一批零件来配套，以减少零件的积压和浪费。

(3)分组数不宜太多，只要将公差放大到经济加工精度即可，否则由于零件的测量、分组、保管的工作量增加，会使组织工作复杂，容易造成生产混乱。

(4)要保证分组后各组的配合精度和配合性质符合原设计要求，原规定的几何公差和表面粗糙度值不能随公差增大而任意增大。

3. 复合选配法

复合选配法是上述两种方法的复合，即把零件预先测量分组，装配时再在各对应组中直接选配，汽车发动机的汽缸与活塞的装配就是采用这种方法。

7.3.3　修配装配法

修配装配法简称修配法，常用于装配单件生产、小批生产中装配那些装配精度要求高、组成环数又多的机器结构。采用修配法装配时，各组成环均按经济精度加工，装配时封闭环所积累的误差通过修配装配尺寸链中某一组成环尺寸(此组成环称为修配环)的办法，达到规定的装配精度要求。为减少修配工作量，应选择那些便于进行修配(装拆方便，修刮面小)的组成环作修配环。同时，不应选已进行表面处理的零件作修配环，以免修配时破坏表面处理层。

修配法用极值解法解算装配尺寸链，这种解法的主要任务是确定修配环在加工时的实际尺寸，使修配时有足够的，而且是最小的修配量。

例 7-3　图 7-7 为车床溜板箱齿轮与床身齿条的装配结构，为保证车床溜板箱沿床身导轨移动平稳灵活，要求溜板箱齿轮与固定在床身上的齿条间在垂直平面内必须保证有 0.17～0.28mm 的啮合间隙。已知 $A_1 = 53$mm，$A_2 = 25$mm，$A_3 = 15.74$mm，$A_4 = 71.74$mm，$A_5 = 22$mm，试确定修配环尺寸并验算修配量。

解：（1）选择修配环，从便于修配考虑，选取组成环 A_2 为修配环。

（2）确定组成环的极限偏差，按加工经济精度确定各组成环公差，并按入体原则确定极限偏差，有

$$A_1 = 53\text{h}10 = 53_{-0.12}^{\ 0}\text{mm}$$

$$A_3 = 15.74\text{h}11 = 15.74_{-0.055}^{\ 0}\text{mm}$$

$$A_4 = 71.74\text{js}11 = 71.74 \pm 0.095\text{mm}$$

$$A_5 = 22\text{js}11 = 22 \pm 0.065\text{mm}$$

并设 $A_2 = 25_{\ 0}^{+0.13}\text{mm}$。

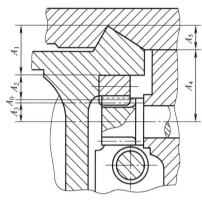

图 7-7　车床溜板箱齿轮与床身齿条的装配结构

（3）计算封闭环的极限尺寸 $A_{0\max}$ 和 $A_{0\min}$。由公式

$$A_{0\max} = \sum_{i=1}^{m} \vec{A}_{i\max} - \sum_{i=m+1}^{n-1} \vec{A}_{i\min} \ \text{可得}$$

$$\begin{aligned}
A_{0\max} &= A_{4\max} + A_{5\max} - A_{1\min} - A_{2\min} - A_{3\min} \\
&= (71.74 + 0.095) + (22 + 0.065) - (53 - 0.12) - 25 - (15.74 - 0.055) \\
&= 0.335(\text{mm})
\end{aligned}$$

由公式 $A_{0\max} = \sum_{i=1}^{m} \vec{A}_{i\min} - \sum_{i=m+1}^{n-1} \vec{A}_{i\max}$ 可得

$$\begin{aligned}
A_{0\min} &= A_{4\min} + A_{5\min} - A_{1\max} - A_{2\max} - A_{3\max} \\
&= (71.74 - 0.095) + (22 - 0.065) - 53 - (25 + 0.13) - 15.74 \\
&= -0.29(\text{mm})
\end{aligned}$$

故 $A_0 = 0_{-0.290}^{+0.335}\text{mm}$，由此可知封闭环不符合装配要求，需要通过调整修配环来达到规定的装配精度。

（4）确定修配环尺寸，图 7-8 左侧公差带图给出了装配要求，溜板箱齿轮与床身齿条间在垂直平面内的啮合间隙最大值为 0.28mm，最小值为 0.17mm，图 7-8 中部方框线给出的是按上述组成环尺寸计算得到的齿条相对于齿轮的啮合间隙变化范围，最大为 +0.335mm，最小为 -0.29mm。当出现齿条相对于齿轮的啮合间隙大于 0.28mm 时，就将无法通过修配组成环 A_2 来达到规定的装配精度要求，分析图 7-8 所示的尺寸关系可知，适当增大修配环 A_2 的基本尺寸可以使修配环 A_2 留有必要的修配量；但增大修配环 A_2 的基本尺寸，装配过程中修配量相应增大，为使最大修配量不致过大，修配环 A_2 的基本尺寸增量 ΔA_2 可取为

$$\Delta A_2 = 0.335 - 0.28 \approx 0.06(\text{mm})$$

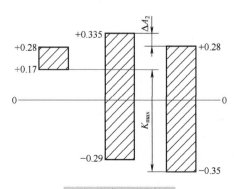

图 7-8　修配量验算图

故修配环基本尺寸

$$A_2 = 25 + \Delta A_2 = 25 + 0.06 = 25.06 (\text{mm})$$

(5)验算修配量，图 7-8 右侧方框图给出的是当修配环按 $A_2 = 25.06_0^{+0.13}$ mm 制造时，齿条相对于齿轮的啮合间隙变化范围，最大为 +0.28mm，最小为 -0.29-0.06=-0.35mm。当出现齿条相对于齿轮的啮合间隙为最大值 +0.28mm 时，无须修配就满足装配要求；当出现齿条相对于齿轮的间隙为 -0.35mm 时，修配量最大，A_2 最大修配量 $K_{\max} = 0.35 + 0.17 = 0.52$mm，验算结果表明修配环的修配量是合适的。

修配装配法的主要优点是：组成环均能以加工经济精度制造，且可获得较高的装配精度。不足之处是：增加了修配工作量，生产效率低，对装配工人技术水平要求高。

7.3.4 调整装配法

装配时用改变调整件在机器结构中的相对位置或选用合适的调整件来达到装配精度的装配方法，称为调整装配法，调整装配法与修配装配法的原理基本相同。在以装配精度要求为封闭环建立的装配尺寸链中，除调整环外各组成环均以加工经济精度制造，由于扩大组成环制造公差造成封闭环超差，通过调节调整件相对位置达到装配精度要求。调节调整件相对位置的方法有可动调整法、固定调整法和误差抵消调整法等三种。

1．可动调整法

图 7-9(a)所示结构是靠拧螺钉 1 来调整轴承外环相对于内环的轴向位置，从而使滚动体与内环、外环间具有适当间隙；螺钉 1 调到位后，用螺母 2 背紧。图 7-9(b)所示结构为车床刀架横向进给机构中丝杠螺母副间隙调整机构，丝杠螺母间隙过大时，可拧动螺钉 2，使撑垫 3 向上移，迫使螺母 1、4 分别紧靠丝杠 5 的两侧螺旋面，以减小丝杠与螺母 1、4 之间的间隙。

可动调整法的主要优点是：组成环的制造精度不高，但可获得较高的装配精度；在机器使用中可随时通过调节调整件的相对位置来补偿由于磨损、热变形等引起的误差，使之恢复到原来的装配精度；它比修配法操作简便，易于实现。不足之处是需增加一套调整机构，增加了结构复杂程度。

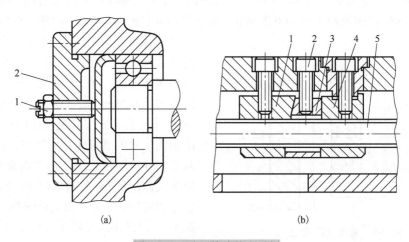

(a)　　　　　　　　　　　　　　(b)

图 7-9　可动调整法装配示例

2．固定调整法

在以装配精度要求为封闭环建立的装配尺寸链中，组成环均按加工经济精度制造，由于扩大组成环制造公差造成封闭环超差，可通过更换不同尺寸的固定调整环进行补偿，最终达到装配精度要求，这种装配方法称为固定调整装配方法。

例 7-4　图 7-10 所示为车床主轴大齿轮的装配情况。要求双联齿轮的轴向间隙量 $A_0 = 0.05 \sim 0.2\,\mathrm{mm}$（$T_0 = 0.15\,\mathrm{mm}$）。其尺寸为 $A_1 = 115\,\mathrm{mm}$；$A_2 = 8.5\,\mathrm{mm}$；$A_3 = 95\,\mathrm{mm}$；$A_4 = 2.5_{-0.12}^{\ 0}\,\mathrm{mm}$（标准件）；$A_5 = 9\,\mathrm{mm}$。试以固定调整法解算各组成环的极限偏差，并求调整环的分组数和调整环的尺寸系列。

解：（1）建立装配尺寸链，如图 7-11 所示。

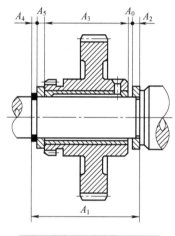

图 7-10　双连齿轮装配简图

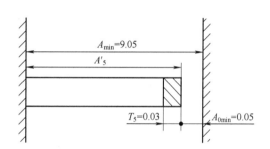

图 7-11　装配尺寸关系图

（2）选择调整环，选择加工比较容易，拆卸比较方便的组成环 A_5 为调整环。

（3）确定组成环公差，按经济加工精度确定各组成环公差，并按入体原则标注偏差如下：

$$A_2 = 8.5_{-0.1}^{\ 0}\,\mathrm{mm}, \quad A_3 = 95_{-0.1}^{\ 0}\,\mathrm{mm}, \quad A_4 = 2.5_{-0.12}^{\ 0}\,\mathrm{mm}, \quad A_5 = 9_{-0.03}^{\ 0}\,\mathrm{mm}$$

组成环 A_1 的下偏差用极值法公式计算如下：

$$\mathrm{EI}_1 = \mathrm{EI}_0 + \mathrm{ES}_2 + \mathrm{ES}_3 + \mathrm{ES}_4 + \mathrm{ES}_5 = 0.05 + 0 + 0 + 0 + 0 = 0.05(\mathrm{mm})$$

为便于加工，令 A_1 的制造公差 $T_1 = 0.15\,\mathrm{mm}$，故 $A_1 = 115_{+0.05}^{+0.20}\,\mathrm{mm}$。

（4）确定调整范围。在未装入调整环 A_5 之前，先实测齿轮左端端面到挡圈右端面轴向间隙 A 的大小，然后再选一组合适厚度的调整环 A_5 装入该间隙中，要求达到装配精度。所测间隙 $A(A = A_5 + A_0)$ 的变动范围就是所要求取的调整范围 δ。

$$
\begin{aligned}
A_{\max} &= A_{1\max} - A_{2\min} - A_{3\min} - A_{4\min} \\
&= (115 + 0.20) - (8.5 - 0.1) - (95 - 0.1) - (2.5 - 0.12) \\
&= 9.52(\mathrm{mm})
\end{aligned}
$$

$$A_{\min} = A_{1\min} - A_{2\max} - A_{3\max} - A_{4\max} = (115 + 0.05) - 8.5 - 95 - 2.5 = 9.05(\mathrm{mm})$$

所以

$$\delta = A_{\max} - A_{\min} = 9.52 - 9.05 = 0.47(\mathrm{mm})$$

(5)确定调整环的分组数 i。由于调整环自身有制造误差，故取封闭环公差与调整环制造公差之差作为调整环尺寸分组间隔 Δ，有

$$i = \frac{\delta}{\Delta} = \frac{0.47}{0.15 - 0.03} \approx 3.97$$

调整环的分组数不宜过多，否则组织生产费事，一般取 3～4 为宜，本例中取 $i = 4$。

(6)确定调整环 A_5 的尺寸系列。从实测间隙 A 出现最小值 A_{min} 时，在装入一个最小基本尺寸的调整环 A_5' 后，应能保证齿轮轴向具有装配精度要求的最小间隙值（$A_{0min} = 0.05mm$），如图 7-11 所示。由图知，$A_5' = A_{min} - A_{0min} = 9.05 - 0.05 = 9mm$，由此得 $A_5' = 9_{-0.03}^{0}$ mm，以此为基础，再依次加上一个尺寸间隙 Δ，便可求得调整环 A_5 的尺寸系列为 $9_{-0.03}^{0}$ mm，$9.12_{-0.03}^{0}$ mm，$9.24_{-0.03}^{0}$ mm，$9.36_{-0.03}^{0}$ mm。各调整环的适用范围见表 7-1。

表 7-1　调整环尺寸系列及适用范围

编号	调整环尺寸/mm	适用的间隙 A/mm	调整后的实际间隙/mm
1	9.00～8.03	9.05～9.17	0.05～0.20
2	9.12～8.03	9.17～9.29	0.05～0.20
3	9.24～8.03	9.29～9.41	0.05～0.20
4	9.36～8.03	9.41～9.52	0.05～0.19

固定调整装配方法适于在大批大量生产中装配那些装配精度要求较高的机器结构。在产量大、精度高的装配中，固定调节件可用不同厚度的薄金属片冲出，如 1mm、2mm、0.10mm、0.30mm、0.01mm、0.05mm 等，再加上一定厚度的垫片，就可以组合成各种尺寸。在不影响接触刚度的前提下，使调节更为方便。这种方法在汽车、拖拉机生产中应用很广。

3. 误差抵消调整法

在机器装配中，通过调整被装零件的相对位置，使误差相互抵消，可以提高装配精度，这种装配方法称为误差抵消调整法。它在机床装配中应用较多，例如，在车床主轴装配中通过调整前后轴承的径跳方向来控制主轴的径向跳动；在滚齿机工作台分度蜗轮装配中，采用调整蜗轮和轴承的偏心方向来抵消误差，以提高工作台主轴的回转精度。

调整装配法的主要优点是：组成环均能以加工经济精度制造，但却可获得较高的装配精度；装配效率比修配装配法高。不足之处是要另外增加一套调整装置。可动调整法和误差抵消调整法适于在成批生产中应用，固定调整法则主要用于大批量生产。

以上论述了互换装配法、选择装配法、修配装配法及调整装配法等保证装配精度的方法。一个机器(或部件)到底采用什么装配方法来保证装配精度取决于产品的装配精度要求、机器(或部件)的结构特点、尺寸链的环数、生产批量及现场生产条件等因素，进行综合考虑，确定一种最佳的装配方法，以保证产品优质、高效和低成本的要求。故一般选择原则为：首先应优先选择互换装配法，因为该法的装配工作简单、可靠、经济、生产率高以及零部件具有互换性，能满足机器(或部件)成批或大量生产的要求，并且对零件的加工也无过高的要求；当装配精度要求较高时，采用互换装配法装配，将会使零件的加工比较困难或很不经济，就应该采用其他装配方法。当大批量生产时可采用分组装配法或调整法。单件成批生产时可采用修配装配法；当装配精度要求很高，不宜选择其他装配方法时，也可采用修配装配法。

7.4　装配工艺规程的制定

在机器的制造工艺过程中，与装配有关的工艺过程称为装配工艺过程。将装配工艺过程以工艺文件的形式固定下来就是装配工艺规程。装配工艺规程是制定装配生产计划、进行技术准备、指导装配生产的主要技术文件，也是新建或扩建装配车间的主要依据。装配工艺规程的好坏对保证装配质量、提高装配生产效率、降低装配生产成本等都有重要的影响。

1. 制定装配工艺规程的主要内容

(1)划分装配单元，确定装配方法。

(2)拟定装配顺序，划分装配工序。

(3)计算装配时间定额。

(4)确定各工序装配技术要求，制定质量检查方法及工具。

(5)确定装配时零部件的输送方法及所需要的设备和工具。

(6)选择和设计装配过程中所需的工具、夹具及专用设备。

2. 制定装配工艺规程的基本原则

(1)保证产品装配质量，并力求提高质量，以延长产品的使用寿命。

(2)合理安排装配顺序和工序，尽量减少钳工修配的工作量，缩短装配周期，提高装配效率。

(3)尽可能减少装配占地面积。

3. 制定装配工艺规程时所需的原始资料

(1)产品的总装配图和各部件装配图，为了在装配时对某些零件进行修配加工和核算装配尺寸链，有时还需要某些零件图。

(2)产品验收的技术条件，检验的内容和方法。

(3)产品的生产纲领。

(4)现有的生产条件。

4. 制定装配工艺规程的步骤

根据上述原则和原始资料，可以按下列步骤制定装配工艺规程。

1)研究产品的装配图和验收技术条件

(1)审查图纸的完整性和正确性，对其中的问题、缺点或错误提出解决的建议，与设计人员协商后予以修改。

(2)对产品的装配结构工艺性进行分析，明确各零部件之间的装配关系。

(3)审核产品装配的技术要求和检查验收的方法，确切掌握装配中的技术关键问题，并制定相应的技术措施。

(4)研究设计人员所确定的保证产品装配精度的方法，进行必要的装配尺寸链的初步分析和计算。

2)确定装配的组织形式

根据产品的生产纲领和产品的结构特点，并结合现场的生产设备和条件，确定装配的生产类型和组织形式。各种生产类型的工作特点和组织形式见表 7-2。

表 7-2　各种生产类型装配工作的特点和组织形式

生产类型	大批量生产	成批生产	单件小批生产
装配工作特点	产品固定，生产活动长期重复，生产周期一般较短	产品在系列化范围内变动，分批交替投产或多品种同时投产，生产活动在一定时期内重复	产品经常变换，不定期重复生产，生产周期一般较长
组织形式	多采用流水装配线，有连续移动、间歇移动及可变节奏移动等方式，还可采用自动装配机或自动装配线	笨重、批量不大的产品多采用固定流水装配，批量较大时采用固定装配，多品种平行投产时可变节奏流水装配	多采用固定装配或固定式流水装配进行总装，同时对批量较大的部件也可采用流水装配
装配方法	按互换法装配，允许有少量简单调整，精密偶件成对供应或分组供应装配，无任何修配工作	主要采用互换法，但灵活运用其他保证装配精度的装配工艺方法，如调整法、修配法及合并法，以节约加工费用	以修配法和调整法为主，互换法比例较少
工艺过程	工艺过程划分很细，力求达到高度的均衡性	工艺过程划分应适合批量的大小，尽量使生产均衡	一般不详细制定工艺文件，工序可适当调度，工艺也可灵活掌握
工艺装备	专业化程度高，宜采用高效工艺装备，易于实现机械化自动化	通用设备较多，但也采用一定数量的专用工、夹、量具，以保证装配质量和提高功效	一般为通用设备及通用工、夹、量具
手工操作要求	手工操作比重小，熟练程度容易提高，便于培养新工人	手工操作比重小，技术水平要求较高	一般为通用设备及通用工、夹、量具
应用实例	汽车、拖拉机、内燃机、滚动轴承、手表、缝纫机	机床、机车车辆、中小型锅炉、矿山采掘机械	重型机床、大型内燃机、大型锅炉、汽轮机

装配组织形式主要分为固定式和移动式两种。固定式装配全部装配工作都在固定工作地进行。根据生产规模，固定式装配又可分为集中式固定装配和分散式固定装配。按集中式固定装配形式装配，整台产品的所有装配工作都由一个工人或一组工人在一个工作地集中完成。它的工艺特点是：装配周期长，对工人技术水平要求高，工作地面积大。按分散式固定装配形式装配，整台产品的装配分为部装和总装，各部件的部装和产品总装分别由几个或几组工人同时在不同工作地分散完成。它的工艺特点是：产品的装配周期短，装配工作专业化程度较高。固定装配多用于单件小批生产或重量大、体积大的批量生产中。

移动式装配，被装配产品(或部件)不断地从一个工作地移动到另一个工作地，每个工作地分别完成一部分装配工作，各装配地点工作的总和就完成了产品的全部装配工作。根据零、部件移动的方式不同又可分为连续移动、间歇移动和变节奏移动三种方式。这种装配组织形式常用于产品的大批大量生产中，以组成流水作业线和自动作业线。

装配组织形式的选择主要取决于产品结构特点(包括尺寸、重量、装配精度)和生产类型。

3)划分装配单元、确定装配顺序

将产品划分为不同的装配单元是制定装配工艺规程中最重要的一个步骤，一个产品的装配单元可以划分为零件、合件、组件、部件和产品五个级别。其中合件是由两个或两个以上零件结合成的不可拆卸的整体件；组件是由若干零件和合件的组合体；部件是由若干零件、合件和组件结合成的、能完成某种功能的组合体，如普通车床的床头箱、进给箱等。在确定除零件外其他几个级别的装配单元的装配顺序时，首先需要选择某一个零件(或合件、部件)作为装配基准件，其余零件、合件、组件或部件按一定顺序装配到基准件上，成为下一级的装配单元。装配基准件一般选择产品的基体或主干零部件，因为它有较大的体积和重量以及足够的支承面，有利于装配和检验的进行。

确定了装配基准件后，就可以安排装配顺序。安排装配顺序的一般原则是先下后上、先内后外、先难后易、先精密后一般、先重大后轻小，预处理工序在前。最后将装配顺序用装配系统图的形式表示出来。装配系统图的格式如图 7-12 所示。图 7-13 所示为车床床身装配简图，它是车床总装的基准部件。一般采用固定式装配形式，其装配系统图如图 7-14 所示。

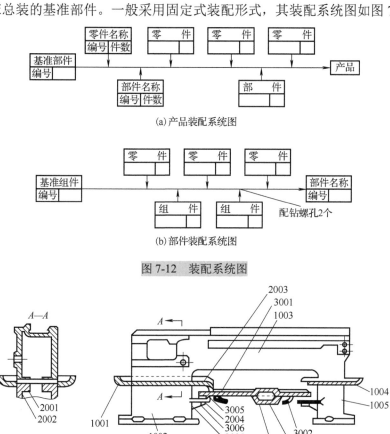

(a) 产品装配系统图

(b) 部件装配系统图

图 7-12　装配系统图

图 7-13　普通车床床身装配简图

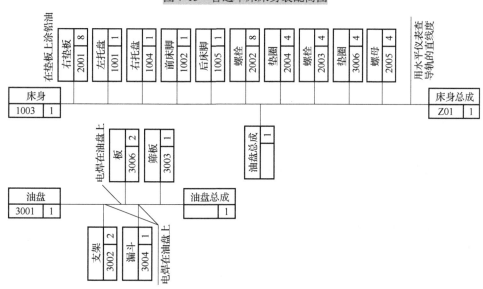

图 7-14　床身部件装配系统图

装配顺序确定后就可将装配工艺过程划分为若干个工序，确定每个工序的工序内容、使用的设备和工具以及工时定额等，并规定每个工序的技术要求和检验指标。对于流水装配线，应尽量使每个工序所需时间大致相同。

工序内容确定以后，就可以制定装配工艺卡片。单件小批生产时，通常可用装配系统图代替装配工艺卡片。成批生产时，通常制定部件及总装的装配工艺卡片。大批大量生产时，每个工序都应制定装配工艺卡片。

制定装配工艺规程最后步骤是按产品图样要求和验收技术条件制定检验与实验规范。产品装配完毕后，按此规范对产品进行检验。

4) 划分装配工序

(1) 确定工序的集中与分散程度。

(2) 划分装配工序，确定工序内容。

(3) 确定所需设备和工具，如需专用设备和夹具，应拟定设计任务书。

(4) 制定各工序操作规范，压入力、温度、扭矩等。

(5) 确定各工序装配质量要求及检测方法。

(6) 确定工序时间定额，平衡各工序节拍。

5) 编制装配工艺文件

(1) 单件小批生产时，通常只绘制装配工艺系统图，装配时按产品装配图及装配工艺系统图规定的装配顺序进行。

(2) 成批生产时，通常还需制定总装和部装的装配工艺卡，按工序表明工作内容、设备名称、工具夹具名称及编号、工人技术等级、时间定额等。

(3) 大批大量生产中，不仅制定装配工艺卡，还要制定装配工序卡，指导工人进行装配。此外，还应按产品装配要求，制定检验卡及试验卡等工艺文件。

7.5　机器结构的装配工艺性评价

1. 机器结构应能划分成几个独立的装配单元

机器结构如能划分成几个独立的装配单元生产好处很多，主要是：便于组织平行装配作业，缩短装配周期；便于组织厂际协作生产，便于组织专业化生产；有利于机器的维护修理运输。机器局部结构改进不影响产品装配进度，有利于产品改进和更新换代。图 7-15 给出了两种传动轴结构，图 7-15(a)所示齿顶圆直径大于箱体轴承孔孔径，轴上零件须依次逐一装到箱体中；图 7-15(b)所示结构齿顶圆直径小于箱体轴承孔孔径，轴上零件可以在箱体外先组装成一个组件，然后再装入箱体中，这就简化了装配过程，缩短了装配周期。

2. 尽量减少装配过程中的修配劳动量和机械加工劳动量

图 7-16(a)所示结构，车床主轴箱以山形导轨作为装配基准，装在床身基准面的修刮劳动量大。图 7-16(b)所示结构，车床主轴箱以平导轨作装配基准，装配时基准面的修刮劳动量显著减少，是一种装配工艺性较好的结构。

在机器设计中，采用调整法装配代替修配法装配可以减少修配工作量。图 7-17 给出了两种车床横刀架底座后压板结构，图 7-17(a)所示结构用修刮压板装配面的方法使横刀架底座后压板和床身下导轨间具有规定的装配间隙，图 7-17(b)所示结构采用可调整结构使后压板与床身下导轨间具有规定的装配间隙，图 7-17(b)所示结构比图 7-17(a)所示结构的装配工艺性好。

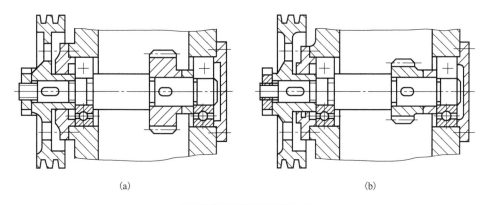

图 7-15　两种传动轴结构

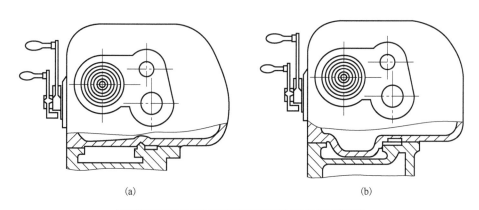

图 7-16　车床主轴箱与床身的两种不同装配结构

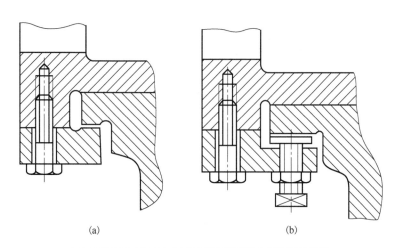

图 7-17　车床横刀架底座后压板两种不同结构形式

　　机器装配过程中要尽量减少机械加工量。在机器装配中安排机械加工不仅会延长装配周期，而且机械加工所产生的切屑如清除不净，往往会加剧机器磨损。图 7-18 所示两种轴颈的润滑结构，图 7-18(a)所示结构在轴套装到箱体上后需配钻油孔，在装配工作中增加了机械加工工作量；图 7-18(b)所示结构改在轴套上预先加工油孔，装配工艺性就好。

图 7-18　两种不同的轴润滑形式

3. 机器结构应便于装配和拆卸

图 7-19 给出了轴承座组件装配的两种不同设计方案。图 7-19(a)所示结构，装配时两轴承同时装入轴承座的配合孔中，既不好观察，也不易同时对准；图 7-19(b)所示结构，装配时先让后轴承装入配合孔中 3～5mm，前轴承才开始装入，容易装配。

图 7-20 为轴承装配的两种结构方案。图 7-20(a)所示结构为轴承座台肩内径等于或小于轴承外圈内径，而轴承内圈直径又等于或小于轴肩直径，轴承内外圈均无法拆卸，装配工艺性差；图 7-20(b)所示结构，轴承座台肩内径大于轴承外瓦的内径，轴肩直径小于轴承内瓦外径，装配工艺性好。

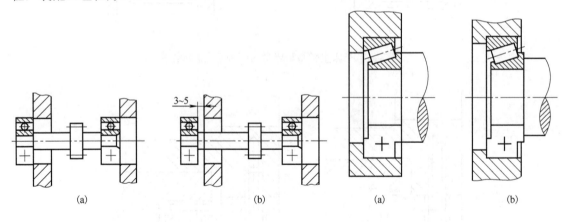

图 7-19　轴承座装配两种形式　　　　　图 7-20　轴承座台肩和轴肩结构

习题与思考题

7-1　什么是零件、套件、组件和部件？什么是机器的总装？

7-2　装配工艺规程包括哪些主要内容？它们是经过哪些步骤制定的？

7-3　什么是完全互换装配法？什么是大数互换装配法？试分析其异同,各适用于什么场合？

7-4　装配精度一般包括哪些内容？装配精度与零件的加工精度有何区别？它们之间又有何关系？试举例说明。

7-5　保证装配精度的方法有哪几种？各适用于什么装配场合？

7-6　装配尺寸链是如何构成的？装配尺寸链封闭环是如何确定的？它与工艺尺寸链的封闭环有何区别？

7-7　什么是装配单元？为什么要把机器划分为许多独立装配单元？

7-8　说明装配尺寸链中组成环、封闭环、协调环、补偿环和公共环的含义，它们各有何特点？

7-9　图 7-21 所示为减速器某轴结构简图，已知 $A_1 = 40\text{mm}$，$A_2 = 36\text{mm}$，$A_3 = 4\text{mm}$。要求装配后齿轮端部间隙 A_0 保持在 $0.10\sim0.25\text{mm}$，如采用完全互换法装配，试确定 A_1、A_2、A_3 的极限偏差。

7-10　如图 7-22 所示的轴类零件，为保证弹性挡圈顺利装入，要求保证轴向间隙 $A_0 = 0_{+0.05}^{+0.41}\text{mm}$。已知各组成环的基本尺寸 $A_1 = 32.5\text{mm}$，$A_2 = 35\text{mm}$，$A_3 = 2.5\text{mm}$。试用极值法和统计法分别确定各组成环的极限偏差。

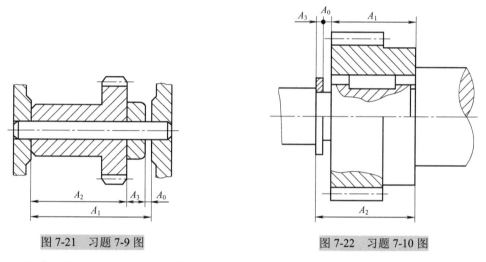

图 7-21　习题 7-9 图　　　　　　　　图 7-22　习题 7-10 图

7-11　现有一轴、孔配合，配合间隙要求为 $0.04\sim0.26\text{mm}$，已知轴的尺寸为 $\phi 50_{-0.01}^{0}\text{mm}$，孔的尺寸为 $\phi 50_{0}^{+0.20}\text{mm}$。若用完全互换法进行装配，能否保证装配精度要求？用大数互换装配法装配能否保证装配精度要求？

7-12　设有一轴、孔配合，若轴的尺寸为 $\phi 80_{-0.01}^{0}\text{mm}$，孔的尺寸为 $\phi 80_{0}^{+0.20}\text{mm}$，试用完全互换法和大数互换装配法装配，分别计算其封闭环公称尺寸、公差和分布位置。

参 考 文 献

艾兴, 等, 2004. 高速切削加工技术[M]. 北京: 国防工业出版社.

宾鸿赞, 王润孝, 2006. 先进制造技术[M]. 北京: 高等教育出版社.

蔡光起, 2002. 机械制造技术基础[M]. 沈阳: 东北大学出版社.

陈红霞, 2010. 机械制造工艺学[M]. 北京: 北京大学出版社.

陈日曜, 2000. 金属切削原理[M]. 北京: 机械工业出版社.

陈旭东, 2010. 机床夹具设计[M]. 北京: 清华大学出版社.

华瑞奥, 1995. 机械制造工艺学[M]. 北京: 中国铁道出版社.

黄天铭, 1988. 机械制造工艺学[M]. 重庆: 重庆大学出版社.

吉卫喜, 2001. 机械制造技术[M]. 北京: 机械工业出版社.

荆长生, 1992. 机械制造工艺学[M]. 西安: 西北工业大学出版社.

荆长生, 李俊山, 1992. 机械制造工艺学学习指导与习题[M]. 西安: 陕西科学技术出版社.

李旦, 1999. 机械制造工艺学试题精选与答题技巧[M]. 哈尔滨: 哈尔滨工业大学出版社.

李益民, 1987. 机械制造工艺学习题集[M]. 北京: 机械工业出版社.

李长河, 2009. 机械制造基础[M]. 北京: 机械工业出版社.

李长河, 2018. 纳米流体微量润滑磨削理论与关键技术[M]. 北京: 科学出版社.

李长河, 丁玉成, 2011. 先进制造工艺技术[M]. 北京: 科学出版社.

李长河, 修世超, 2012. 磨粒、磨具加工技术与应用[M]. 北京: 化学工业出版社.

李长河, 修世超, 蔡光起, 2007. 超高速磨削技术特征与应用[J]. 精密制造与自动化, 3: 39-43.

刘登平, 2008. 机械制造工艺及机床夹具设计[M]. 北京: 北京理工大学出版社.

刘晋春, 赵家齐, 赵万生, 2007. 特种加工[M]. 4版. 北京: 机械工业出版社.

卢秉恒, 2006. 机械制造技术基础[M]. 2版. 北京: 机械工业出版社.

卢秉恒, 于骏一, 张福润, 2003. 机械制造技术基础[M]. 北京: 机械工业出版社.

孟少农, 1992. 机械加工工艺手册[M]. 北京: 机械工业出版社.

曲宝章, 黄光烨, 2002. 机械加工工艺基础[M]. 哈尔滨: 哈尔滨工业大学出版社.

任家隆, 2005. 机械制造技术[M]. 北京: 机械工业出版社.

融亦鸣, 朱耀祥, 罗振璧, 2002. 计算机辅助夹具设计[M]. 北京: 机械工业出版社.

盛晓敏, 邓朝晖, 2008. 先进制造技术[M]. 北京: 机械工业出版社.

王光斗, 王春福, 2011. 机床夹具设计手册[M]. 3版. 上海: 上海科学技术出版社.

王启平, 1999. 机械制造工艺学[M]. 哈尔滨: 哈尔滨工业大学出版社.

王先逵, 2003. 广义制造论[J]. 机械工程学报, (10): 86-94.

王先逵, 2007a. 机械加工工艺手册[M]. 2版. 北京: 机械工业出版社.

王先逵, 2007b. 机械制造工艺学[M]. 北京: 机械工业出版社.

王玉玲, 李长河, 2018. 机械制造工艺学[M]. 北京: 北京理工大学出版社.

吴桓文, 1990. 机械加工工艺基础[M]. 北京: 高等教育出版社.

熊良山, 严晓光, 张福润, 2000. 机械制造技术基础[M]. 武汉: 华中科技大学出版社.

徐海枝, 2009. 机械加工工艺编制[M]. 北京: 北京理工大学出版社.

徐嘉元, 曾家驹, 1998. 机械制造工艺学(含机床夹具设计)[M]. 北京: 机械工业出版社.

杨斌久，李长河，2009．机械制造技术基础[M]．北京：机械工业出版社．

杨海成，祁国宁，2004．制造业信息化技术的发展趋势[J]．中国机械工程，（19）：1693-1696．

杨建军，李长河，2014．金属切削机床设计[M]．北京：电子工业出版社．

杨叔子，2011．机械加工工艺师手册[M]．2版．北京：机械工业出版社．

姚福生，郭重庆，吴锡英，等，2000．先进制造技术[M]．北京：清华大学出版社．

于俊一，1989．典型零件制造工艺[M]．北京：机械工业出版社．

于俊一，邹青，2004．机械制造技术基础[M]．北京：机械工业出版社．

袁根福，祝锡晶，2007．精密与特种加工技术[M]．北京：北京大学出版社．

袁哲俊，王先逵，2007．精密和超精密加工技术[M]．2版．北京：机械工业出版社．

张世昌，2002．机械制造技术基础[M]．天津：天津大学出版社．

张世昌，2004．先进制造技术[M]．天津：天津大学出版社．

赵长发，2008．机械制造工艺学[M]．哈尔滨：哈尔滨工程大学出版社．

赵志修，1985．机械制造工艺学[M]．北京：机械工业出版社．

郑焕文，1988．机械制造工艺学[M]．沈阳：东北工学院出版社．

郑修本，1999．机械制造工艺学[M]．2版．北京：机械工业出版社．

周世学，2006．机械制造工艺与夹具[M]．北京：北京理工大学出版社．

朱焕池，1996．机械制造工艺学[M]．北京：机械工业出版社．

朱耀祥，1990．组合夹具[M]．北京：机械工业出版社．

朱正心，2001．机械制造技术[M]．北京：机械工业出版社．